リチウムイオン二次電池用炭素系負極材の開発動向

Recent Developments of Carbon Anodes for Lithium Ion Batteries

監修：川崎晋司
Supervisor：Shinji Kawasaki

シーエムシー出版

はじめに

　リチウムイオン電池が商品化されてからすでに四半世紀が過ぎましたが，いまだにその市場は拡大を続けており，社会におけるその重要性はますます大きくなっています。当初は携帯電話やノートパソコンなどの小型電子機器への利用が中心でしたが，現在では電気自動車などの大型機器へも多数搭載されるようになってきています。将来においては，再生可能エネルギー社会において自然エネルギー発電の出力安定化やバックアップなどにリチウムイオン電池が大規模に活用されることが期待されています。こうした期待に応えるためには現状よりさらに性能を高めることが求められるのは自明ですが，具体的に何を行えばよいでしょうか。答えはもちろん簡単ではありません。しかし，なにはもとよりリチウムイオン電池において各部材がどのように動作しているのかを正しく詳細に知ることが必要です。

　本書では炭素系負極に焦点をあて，どのように負極が動作しているのかをさまざまな手法でさまざまな角度から解明することからスタートします（第Ⅰ編）。リチウムイオン電池が商品化されるうえでもっとも大きなカギとなった炭素系負極の動作メカニズムが，現時点でどこまで明らかになっているのかを理解できます。

　続いて第Ⅱ編では商品化から四半世紀の間，リチウムイオン電池のエネルギー密度を向上させてきた炭素系負極の材料改良や今後期待される新材料について，材料メーカーの技術者，大学の研究者が解説しています。ここでは炭素材料の構造や物性についてさまざまな知見を得ることができます。

　炭素系負極が非常にうまく機能しているのは，最初の充電時に形成される皮膜（SEI 皮膜）によるところが大きいと考えます。しかし，このきわめて重要な SEI 皮膜が炭素表面でどのように形成されるのかについては必ずしも十分に理解されていません。この炭素表面での反応を正しく理解することは，リチウムイオン電池の性能向上のみならず炭素電極を必要とする次世代蓄電池や燃料電池の開発においても重要であると考えます。さまざまな炭素材料表面でのさまざまな化学反応の様子が網羅的にまとめられたのは，本書の第Ⅲ編が初めてだと思います。

　第Ⅰ編から第Ⅲ編まで全体を通してリチウムイオン電池の炭素系負極に関する最新の情報がまとめられていますので，電池関係技術者・研究者にはぜひ一度手に取っていただけたらと思います。

2019 年 9 月

名古屋工業大学
川崎晋司

執筆者一覧（執筆順）

川崎　晋司	名古屋工業大学　大学院工学研究科　生命・応用化学専攻　教授	
福塚　友和	名古屋大学　大学院工学研究科　電気工学専攻　教授	
安部　武志	京都大学　大学院工学研究科　物質エネルギー化学専攻／大学院地球環境学堂　地球親和技術学廊　教授	
岡　秀亮	㈱豊田中央研究所　環境・エネルギー1部　電池材料・プロセス研究室　研究員	
後藤　和馬	岡山大学　大学院自然科学研究科　准教授	
森脇　博文	㈱東レリサーチセンター　有機分析化学研究部　有機分析化学第1研究室　主任研究員	
馬場　良貴	㈱八山　代表取締役	
武内　正隆	昭和電工㈱　融合製品開発研究所／先端電池材料事業部　副所長	
福井　俊巳	㈱KRI　構造制御材料研究部　取締役執行役員／構造制御材料研究部長	
藤本　康治	㈱KRI　構造制御材料研究部　エネルギー材料研究室　エネルギー材料研究室長	
田中　俊輔	関西大学　環境都市工学部　エネルギー・環境工学科　教授	
西山　憲和	大阪大学　大学院基礎工学研究科　化学工学領域　教授	
能登原　展穂	長崎大学　大学院工学研究科	
瓜田　幸幾	長崎大学　大学院工学研究科　准教授	
森口　勇	長崎大学　大学院工学研究科　教授	
太田　道也	群馬工業高等専門学校　物質工学科　教授	
清水　雅裕	信州大学　学術研究院工学系　助教	
新井　進	信州大学　学術研究院工学系　教授	
石井　陽祐	名古屋工業大学　大学院工学研究科　生命・応用化学専攻　助教	

是津 信行	信州大学　工学部　物質化学科／ 先鋭領域融合研究群　先鋭材料研究所　教授
手嶋 勝弥	信州大学　先鋭領域融合研究群　先鋭材料研究所　所長／ 工学部　物質化学科　教授
馬 仁志	物質・材料研究機構　国際ナノアーキテクトニクス研究拠点 機能性ナノマテリアルグループ　グループリーダー
佐々木 高義	物質・材料研究機構　国際ナノアーキテクトニクス研究拠点　拠点長
仁科 勇太	岡山大学　異分野融合先端研究コア／大学院自然科学研究科　研究教授
東 信晃	岡山大学　異分野融合先端研究コア／大学院自然科学研究科　特任助教
都甲 薫	筑波大学　数理物質系　物理工学域　准教授
豊田 昌宏	大分大学　理工学部　共創理工学科　教授
曽根田 靖	産業技術総合研究所　創エネルギー研究部門 エネルギー変換材料グループ　研究グループ長
尾崎 純一	群馬大学　大学院理工学府　附属元素科学国際教育研究センター 教授／センター長
川口 雅之	大阪電気通信大学　工学部／エレクトロニクス基礎研究所 教授／所長（兼）
吉澤 徳子	産業技術総合研究所　創エネルギー研究部門　総括研究主幹
大澤 善美	愛知工業大学　工学部　応用化学科　教授
糸井 弘行	愛知工業大学　工学部　応用化学科　准教授
稲本 純一	兵庫県立大学　大学院工学研究科　助教
松尾 吉晃	兵庫県立大学　大学院工学研究科　教授

目　次

【第Ⅰ編　充放電メカニズム・構造解析】

第1章　黒鉛負極／電解液界面でのリチウムイオン移動とその活性化障壁
　　　　　　　　　　　　　　　　　　福塚友和，安部武志

1　はじめに …………………………… 3
2　リチウムイオン電池の内部抵抗 …… 4
3　黒鉛負極／電解液界面の構造 ……… 6
4　黒鉛負極／電解液界面のリチウムイオン移動 …………………………… 7
4.1　黒鉛負極への溶媒和リチウムイオン移動 ……………………………… 7
4.2　黒鉛負極へのリチウムイオン移動 … 9
5　まとめ ……………………………… 13

第2章　分光実験によるリチウムイオン二次電池負極の充放電メカニズム解析
　　　　　　　　　　　　　　　　　　岡　秀亮

1　はじめに …………………………… 14
2　リチウムイオンの挿入脱離による黒鉛構造変化 …………………………… 15
　2.1　回折法（X線，中性子線）……… 15
　2.2　ラマン分光法 …………………… 16
　2.3　電子エネルギー損失分光法（EELS）…………………………… 18
　2.4　X線ラマン分光法（XRS）……… 19
3　リチウムイオンの挿入脱離による黒鉛表面変化 ……………………………… 20
　3.1　飛行時間型二次電子質量分析法（TOF-SIMS）…………………… 20
　3.2　X線光電子分光法（XPS）……… 20
　3.3　硬X線光電子分光法（HAXPES）21
　3.4　中性子反射率法（NR）………… 23
4　まとめ ……………………………… 23

第3章　NMR測定を用いた炭素負極におけるイオン挿入過程と過充電状態の解析
　　　　　　　　　　　　　　　　　　後藤和馬

1　炭素材料に取り込まれたリチウムのNMR信号 …………………………… 26
2　過充電負極の^{7}Li NMRによる解析 … 31

第4章　サイクル試験による耐久試験後のSiO／炭素系負極のSEI被膜，負極合剤層の分布評価
　　　　　　　　　　　　　　　　　　森脇博文

1　はじめに …………………………… 34
2　LIB負極の劣化分析 ……………… 34

I

2.1 試料前処理と測定手法 …………… 34	3.2 SEI 被膜の構造解析 ……………… 38
3 サイクル試験における SiO／炭素系負極の劣化分析事例 ………………… 36	3.3 活物質粒子の劣化分析 …………… 43
3.1 分析に使用した試作セルの詳細 … 36	4 おわりに …………………………………… 45

【第Ⅱ編　炭素系負極材の開発・応用】

第1章　リチウムイオン電池用負極の最新技術と将来展望　　馬場良貴

1 はじめに ………………………………… 49	2.5 材料開発の方法 …………………… 50
2 黒鉛系負極の課題など ………………… 49	3 黒鉛系負極の最新技術 ………………… 51
2.1 開発の歴史 ………………………… 49	3.1 金属系負極 ………………………… 51
2.2 コスト …………………………… 49	3.2 黒鉛系材料 ………………………… 51
2.3 ハンドリング ……………………… 49	4 将来展望 ………………………………… 51
2.4 電池特性 …………………………… 50	

第2章　昭和電工における黒鉛負極材の開発と展開　　武内正隆

1 はじめに ………………………………… 52	ト天然黒鉛（NGr）の耐久性比較とその解析 ……………………………… 57
2 炭素系 LIB 負極材料の開発状況 ……… 53	3.3 人造黒鉛 SCMG® の膨張特性 …… 59
2.1 LIB 負極材料の種類と代表特性 … 53	3.4 人造黒鉛 SCMG® の急速充放電性（入出力特性） …………………………… 60
2.2 LIB および負極材料要求項目 …… 54	
3 人造黒鉛負極材のサイクル寿命，保存特性，入出力特性の改善 ………………… 55	3.5 人造黒鉛 SCMG® のさらなる高容量化：Si 黒鉛複合負極材の開発 ……… 62
3.1 人造黒鉛 SCMG® の特徴 ………… 55	
3.2 人造黒鉛 SCMG®（AGr），表面コー	

第3章　エレクトロスプレーデポジッション法を利用した LIB 用負極材料の開発　　福井俊巳，藤本康治

1 はじめに ………………………………… 65	3.1 Si-C 複合材料形成 ………………… 67
2 電界紡糸法とは ………………………… 65	3.2 LIB 負極特性 ……………………… 70
3 電界紡糸法による LIB 用 Si 系負極材料 ……………………………………… 67	4 まとめ …………………………………… 72

第4章 ソフトテンプレート法によるメソポーラスカーボンの合成

田中俊輔, 西山憲和

1 はじめに …………………………………… 73
2 規則性ポーラスカーボンの合成 ……… 73
3 ソフトテンプレート法によるメソポーラスカーボンの合成 …………………… 74
4 メソポーラスカーボンの細孔制御, 細孔構造制御 ……………………………… 76
5 アルカリ賦活によるミクロ孔の導入と高表面積化 ……………………………… 77
6 メソポーラスカーボンの形態制御 …… 78
7 無溶媒合成プロセスの開発 …………… 80
8 おわりに …………………………………… 83

第5章 多孔カーボン・活物質複合電極の開発

能登原展穂, 瓜田幸幾, 森口 勇

1 ナノ多孔カーボン・SnO_2 複合材料の合成 ………………………………………… 85
2 ナノ多孔カーボン・SnO_2 複合材料の充放電特性 ……………………………… 87
3 ナノ多孔カーボン・SnO_2 複合電極の全固体電池への応用 ……………………… 89

第6章 多孔質炭素小球体の調製と負極特性

太田道也

1 はじめに …………………………………… 92
2 炭素小球体の調製 ……………………… 93
  2.1 気相経由での炭素小球体の調製 … 94
  2.2 液相または固相経由での炭素小球体の調製 ……………………………… 96
  2.3 高分子を利用した無孔質および多孔質炭素小球体の調製 ………………… 97
3 LiB 用負極材を目指した多孔質炭素小球体の調製と負極特性 …………………… 99
4 おわりに …………………………………… 102

第7章 めっき技術を用いたリチウムイオン電池用 CNT/Sn 電極の開発

清水雅裕, 新井 進

1 はじめに …………………………………… 104
2 電気めっき法による CNT 自立膜内部への活物質(Sn)の担持 ……………… 105
3 SWCNT/Sn 自立膜複合電極のリチウムイオン電池負極特性 ……………………… 109
4 おわりに …………………………………… 110

第8章 内包 CNT の電池電極特性

石井陽祐, 川崎晋司

1 はじめに …………………………………… 112
2 キノン内包 SWCNT の電池電極特性

……………………………………113	……………………………………118
3　リン内包 SWCNT の電池電極特性 …117	5　まとめ………………………………120
4　ヨウ素内包 SWCNT の電池電極特性	

第9章　多層 CNT を用いたリチウムイオン二次電池　　是津信行，手嶋勝弥

1　はじめに……………………………121	度型リチウムイオン電池…………124
2　導電助剤としての MWCNT…………122	5　SWCNT と MWCNT のハイブリッドに
3　導電性バインダーとしての MWCNT	よる高出力化…………………………126
……………………………………123	6　高容量負極への応用 …………………128
4　短い MWCNT を用いた高エネルギー密	7　まとめ………………………………129

第10章　酸化マンガンナノシート／グラフェン超格子複合材料
　　　　　　　　　　　　　　　　　　　　　　　　　　　馬　仁志，佐々木高義

1　背景 …………………………………130	格子複合材料の負極特性……………133
2　酸化マンガンナノシート／グラフェン超	4　酸化マンガンナノシート／グラフェン超
格子複合材料の合成 …………………132	格子複合材料の電極反応機構 ………135
3　酸化マンガンナノシート／グラフェン超	5　おわりに……………………………136

第11章　酸化グラフェンの合成と負極特性　　仁科勇太，東　信晃

1　GO の作製方法と還元型 rGO の負極応用	2　rGO を機能化した負極材料 …………140
……………………………………139	2.1　ヘテロ元素を導入した rGO 負極
1.1　GO および rGO の作製方法………139	……………………………………141
1.2　rGO の LIB 負極としての応用 …139	2.2　rGO と他負極材料との複合化 ……141

第12章　全固体二次電池負極に向けた多層グラフェンの
　　　　　　　新規合成技術　　　　　　　　　　　　　　都甲　薫

1　全固体二次電池とグラフェンの負極応用	2.2　Ni 誘起層交換合成した多層グラフェン
……………………………………145	の諸特性……………………………148
2　多層グラフェンの新規合成法 ………146	2.3　層交換合成した多層グラフェンの充
2.1　金属誘起層交換……………………146	放電特性……………………………150

【第Ⅲ編　今後解決しなければならない課題】

第1章　炭素表面での反応の重要性について　　豊田昌宏, 曽根田　靖

1　はじめに …………………………… 155
2　炭素材料の多様性 —構造と微細組織—
　　………………………………………… 155
3　SEI（Solid Electrolyte Interphase）被膜 ………………………………… 158
4　リチウム-黒鉛層間化合物 ………… 159
5　乱層構造炭素（非黒鉛炭素）へのインターカレーション ……………… 161
6　黒鉛結晶へのインターカレーション
　　………………………………………… 161
7　複合材へのインターカレーション … 163
8　おわりに …………………………… 165

第2章　ヘテロ原子-ドープカーボンの触媒活性　　尾崎純一

1　はじめに …………………………… 167
2　カーボンの触媒作用と触媒設計への道のり ………………………………… 167
3　固体高分子形燃料電池カソード触媒用カーボンアロイ触媒 ……………… 169
4　ヘテロ元素ドープカーボンのORR触媒活性 ………………………………… 170
　4.1　窒素ドープカーボン ………… 170
　4.2　その他の異種元素ドープカーボン
　　……………………………………… 171
　4.3　複合ドープカーボン ………… 171
　4.4　BNドープカーボン …………… 171
　4.5　PNドープカーボン …………… 172
　4.6　ナノシェルカーボンと異種元素ドープ ………………………………… 173
5　結論 ………………………………… 176

第3章　B/C/N系材料のリチウムイオン二次電池負極特性　　川口雅之

1　はじめに …………………………… 180
2　B/C/N系材料の作製と生成物 …… 181
　2.1　B/C/N材料とB/C材料の作製 … 181
　2.2　生成物の組成 ………………… 181
　2.3　B/C/N系材料の結晶構造 …… 182
3　電気化学インターカレーションと負極特性 ………………………………… 185
　3.1　Liイオン二次電池負極特性 … 185
4　おわりに …………………………… 188

第4章　炭素表面での反応のTEM観察　　吉澤徳子

1　はじめに …………………………… 190
2　炭素表面構造のTEM観察技法 …… 191
　2.1　TEMの基本構成 ……………… 191
　2.2　炭素材料に用いられる各種TEM観察像 ………………………………… 192
3　炭素材料のバルクおよび表面構造 … 194

4	電極表面構造の顕微鏡観察……196
5	炭素微小球（GCNS）負極の電池特性と表面構造……196
6	まとめ……199

第5章　CVDコーティングによる炭素表面での反応制御
大澤善美，糸井弘行

1 CVD法を利用したカーボンコーティングによる表面修飾の概要……201
　1.1　はじめに……201
　1.2　CVD法によるカーボンコーティングの研究事例……201
　1.3　流通式CVD法とパルスCVD/CVI法……202
2 天然素材から得た低結晶性炭素へのカーボンコーティング……204
　2.1　コーティング試料の表面構造……204
　2.2　コーティング試料の充放電特性……206
3 難黒鉛化性炭素粉体へのカーボンコーティング……208
　3.1　コーティング試料の構造評価……208
　3.2　コーティング試料の充放電特性……211
4 黒鉛粉体へのカーボンコーティング……211
　4.1　コーティング試料の構造評価……212
　4.2　コーティングによるPC分解反応の抑制……214
　4.3　コーティングによるレート特性の向上……215

第6章　グラフェン系炭素表面での反応特性
稲本純一，松尾吉晃

1 緒言……218
2 GLGのリチウムイオン挿入の初期過程……219
3 GLGへのリチウムのプレドープと充放電……222
4 まとめ……223

第7章　単層カーボンナノチューブ電極表面の反応特性
川崎晋司，石井陽祐

1 はじめに……225
2 SWCNT集合体の構造的特徴とイオン吸着サイト……226
3 SWCNTのリチウムイオン電池電極としての性能……228
4 SWCNT表面での反応特性……231
5 おわりに……233

第Ⅰ編
充放電メカニズム・構造解析

第1章　黒鉛負極／電解液界面でのリチウムイオン移動とその活性化障壁

福塚友和[*1]　安部武志[*2]

1　はじめに

　リチウムイオン電池（LIB）は正極にリチウム含有遷移金属酸化物，負極に炭素系材料，電解液にリチウム塩を溶解した有機溶媒（有機電解液）が使われており，代表的な構成は図1に示すようなものである。正極および負極は電子伝導性およびリチウムイオン伝導性を有する混合伝導体であり，電解液はイオン（リチウムイオンと対アニオン）伝導体である。充電時はリチウムイオンが正極から脱離し，電解液を経由して負極に挿入する。放電時は逆方向のリチウムイオン移動が起こる。電解液中では対アニオンによるイオン輸送も進行するが，LIBの反応は電池内のリチウムイオン移動に起因するものとなる。このような正極と負極間のリチウムイオンの行き来という単純な描像であることからLIBはロッキングチェア型電池とも言われる[1]。また，正極および負極内でリチウムはリチウムイオンとして存在し，電極内での電荷補償は正極および負極自身が電子により酸化還元されることで担われており，電池内にリチウム金属が存在しない。このことが現行のLIBが"リチウムイオン"電池と呼ばれる理由である。このような反応系は金属の析出溶解反応系とは大きく異なり，インサーション反応と呼ばれている。それぞれの反応系

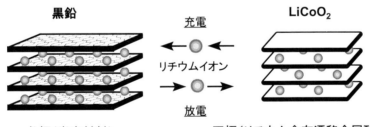

図1　現行のリチウムイオン電池の構成

---

*1　Tomokazu Fukutsuka　名古屋大学　大学院工学研究科　電気工学専攻　教授
*2　Takeshi Abe　京都大学　大学院工学研究科　物質エネルギー化学専攻／
　　大学院地球環境学堂　地球親和技術学廊　教授

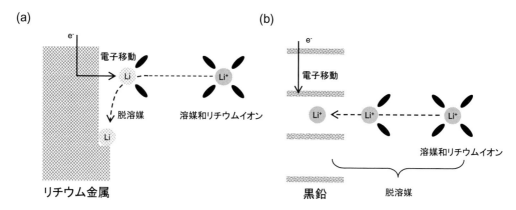

図2 (a) リチウム金属および (b) 黒鉛のリチウム塩含有機電解液中での反応機構概略図

の特徴をリチウムを例にして図2に示す。(a) のリチウム金属は析出溶解反応系であり，リチウム金属／電解液界面で溶媒和リチウムイオンが電子を受け取り還元される。その後，脱溶媒和過程を経てリチウム金属表面に吸着し，成長する。一方，(b) の黒鉛はインサーション反応系であり，溶媒和リチウムイオンが脱溶媒和過程を伴いながら黒鉛層間にリチウムイオンのまま挿入され，電荷補償のために黒鉛自身が電子を受け取る（溶媒によっては脱溶媒和なしに溶媒和リチウムイオンのまま挿入されるものもある）。インサーション反応は析出溶解反応のようにイオンとの電子授受を考えなくていいために単純に見えるが，析出溶解反応系と同様に電極／電解液界面に存在すると考えられる電気二重層をイオンが動的に横切る必要があることや，溶媒和イオンから溶媒を外す必要があり，電極／電解液界面での挙動はより複雑となると考えられる。本章ではリチウムイオン電池黒鉛負極に着目し，黒鉛負極／電解液界面におけるリチウムイオン移動に関して活性化障壁の観点から解説する。

2 リチウムイオン電池の内部抵抗

なぜ界面におけるリチウムイオン移動が重要なのかを考える。LIBは軽さや長時間動作が望まれる家庭用の小型携帯機器から始まり，瞬間的な電流が必要な電動工具，さらには大型用途である非常用電源や電気自動車用電源としても一部実用化されている。しかし，現行のLIBの本質的な性能では1回の充電でガソリン車並みの走行距離を得ることはできず，$500\ \mathrm{W\ h\ kg^{-1}}$ を超える高いエネルギー密度をもつ革新型二次電池が世界的に盛んに研究されている。ただし，革新型二次電池は未だ研究段階のものであり，実用上の電源としてはLIBに頼らざるを得ない。小型LIBのエネルギー密度はすでに性能限界に近い値に達しており，これ以上のエネルギー密度の向上は現行の活物質材料では難しい。一方で電気自動車用LIBのエネルギー密度はまだ低く，エネルギー密度の向上が可能なように見える。しかし，現実には電気自動車用途では急速充電（高入力特性）が重視されるためエネルギー密度を犠牲にしている。すなわち，電池内の活物

第1章　黒鉛負極／電解液界面でのリチウムイオン移動とその活性化障壁

質量に依存するエネルギー密度を下げて内部抵抗を低減させている。内部抵抗が大きいと急速充電時にはオーム損（内部抵抗と充電電流の積）により見かけの電圧が電池電圧より大きくなるため，十分にリチウムイオンが挿入される前に充電が完了する。そのため，高エネルギー密度を維持したまま電気自動車の急速充電を可能にするためにはLIBの内部抵抗を低減する必要がある。

　LIB電極は電極活物質，導電剤炭素および結着剤である有機バインダーと混合して集電体金属に塗布した多孔性の合剤電極である。さらにセパレータが正負極間に配置されている。電解液は合剤電極およびセパレータに含浸保持されている。LIBの内部抵抗の要因となる合剤電極およびセパレータ内での電子およびイオンの輸送過程を図3に示す。それぞれの過程は，①集電体金属と電極活物質あるいは導電剤炭素間の電子移動，②合剤電極内での電子輸送，③は合剤電極内に含浸された電解液内でのイオン（リチウムイオンと対アニオン）輸送，④は電極活物質／電解液界面におけるリチウムイオン移動，⑤は電極活物質内でのリチウムイオンの拡散，⑥はセパレータ内に含浸された電解液内でのイオン輸送，である。①と②の電子抵抗は集電体の工夫や導電剤の最適化などで十分に低い。⑤は固相内のリチウムイオン拡散であり，実用化されている電極活物質では比較的速く，拡散の遅い材料はそもそも電極活物質とならない。③と⑥は電解液のイオン伝導度の向上や，合剤電極では多孔度などを最適化すること，セパレータでは厚さを限界まで薄くすることでこの抵抗を下げている。しかし，イオン輸送は電解液および空隙構造に強く依存するため[2,3]，今後さらなる検討が必要である。④は③のイオン輸送と並び大きな抵抗要素となり得る。実用上は電極活物質の微粒子化により，電極表面積を増加させることで実効的なリチウムイオン移動抵抗を下げているが電解液の分解などの副反応の速度も大きくなるため，過

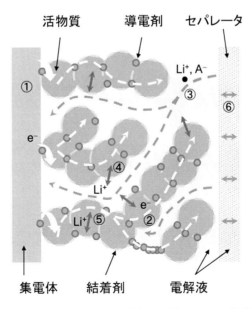

図3　リチウムイオン電池合剤電極内の電子・イオン輸送過程

度な微粒子化は問題となる。これらのことから、③と④の過程がLIBの内部抵抗の主要因となり得る[4]。

3 黒鉛負極／電解液界面の構造

黒鉛へのリチウムイオン挿入は図4に示す充放電曲線から分かるように非常に低い電位（リチウム金属基準で0.25 V以下）で進行し、この電位は有機溶媒の還元安定性の限界を超える。熱力学的には充電反応で外部から電子を黒鉛に注入すると、その電子は黒鉛負極／電解液界面で有機溶媒と反応し、有機溶媒の還元分解反応が進行し続け、リチウムイオンの挿入は進行しないことになる。しかし、炭酸エチレン（EC）を溶媒に用いると初回充電時に電解液は黒鉛負極／電解液界面で還元分解されるが、その還元分解生成物が黒鉛表面で被膜を作る。この被膜はリチウムイオンを通すが、電子は通さないという性質を示す。すなわち、被膜が形成されると黒鉛負極／電解液界面での電子移動反応が進行しないため、それ以降の電解液の還元分解が抑制される。これにより、充電反応で黒鉛の電位をさらに下げることができ、速度論的にリチウムイオンの挿入が進行可能となり、この被膜はSolid Electrolyte Interphase（SEI）と呼ばれている[5]。このため、黒鉛負極／電解液界面は単純な黒鉛と電解液の接触ではなく、物理的には黒鉛／SEI／電解液という構造となり、電解液と黒鉛間でSEIを介して溶媒和リチウムイオンの移動が進行する。さらに電気化学反応に必要な電気二重層が形成されるが、この電気二重層がSEI／電解液界面なのか黒鉛／SEI界面なのか、SEIを中心とした広い領域に存在するのか、など詳細は分かっていない。これは黒鉛以外の炭素系材料でも溶媒適合性は異なるが同様である。

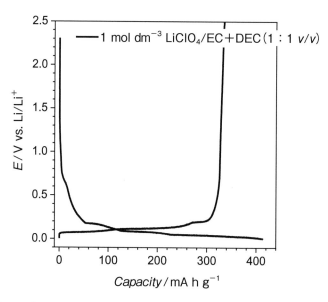

図4 典型的なリチウムイオン電池黒鉛負極の初回充放電曲線

4 黒鉛負極／電解液界面のリチウムイオン移動

3節で述べたように黒鉛負極／電解液界面は微視的には図5に示すような構造となる。すなわち，界面リチウムイオン移動に関与する要素は黒鉛，SEI，電解液となる。このうちどの要素が界面リチウムイオン移動の活性化障壁に大きく寄与するのかを明らかにすることが界面リチウムイオン移動抵抗低減の鍵となる。反応速度の面で考えると，活性化エネルギーを 60 kJ mol^{-1} から 50 kJ mol^{-1} に低減することができれば約50倍の反応速度の増大に相当し，ナノ粒子などを用いて見かけの電極面積を増大させるよりその効果が大きいことが分かる。この活性化障壁を検討するために，筆者らは交流インピーダンス測定を用いた。交流インピーダンス測定から界面リチウムイオン移動抵抗が得られれば，その温度依存性から式(1)にしたがって，活性化エネルギー（E_a）を得ることができる。活性化エネルギーの評価の注意点は成書を参考にされたい[6]。

$$\log\left(\frac{1}{R_{ct}}\right) = A' - \left(\frac{E_a}{2.303R}\right)\frac{1}{T} \tag{1}$$

R_{ct}：電荷移動抵抗，A'：頻度因子項，R：気体定数，T：絶対温度

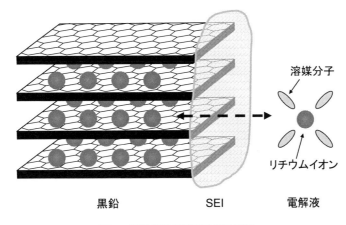

図5 黒鉛負極の界面近傍の構造

4.1 黒鉛負極への溶媒和リチウムイオン移動

リチウムイオンが溶媒和したまま黒鉛へ挿入する過程を調べた結果を紹介する。黒鉛のモデルとしてバインダーなどを含まないブロック材料である高配向性熱分解黒鉛（HOPG）を用いた[7]。作用極として用いたのはHOPGの基底面（ベーサル面）であるが，ベーサル面にはステップエッジが存在するため，このエッジサイトからイオンが挿入可能である。参照極と対極としてリチウム金属を，電解液にトリフルオロメタンスルホン酸リチウム（LiCF$_3$SO$_3$）を 1 mol dm^{-3} 溶解したジメトキシエタン（DME）を用いた。DMEは電子供与性が非常に高く，ルイス酸であるリチウムイオンと強く溶媒和し，黒鉛には溶媒和リチウムイオンとして挿入脱離する溶媒で

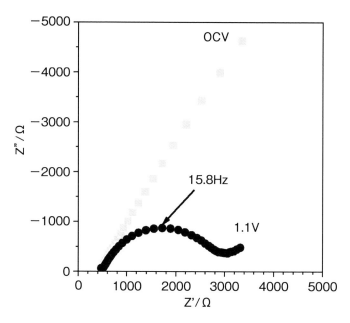

図6　1 mol dm^{-3} LiCF$_3$SO$_3$/DME 中での HOPG のナイキストプロット

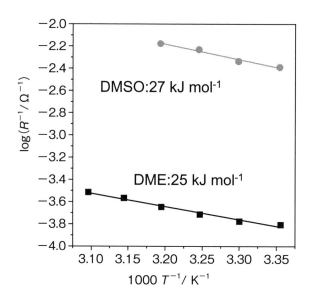

図7　HOPG の界面溶媒和リチウムイオン移動抵抗の温度依存性と活性化エネルギー

ある。図6に得られたナイキストプロットを示す。浸漬電位（OCV）では溶媒和リチウムイオンの挿入脱離反応が生じないためにブロッキング電極の挙動を示したが，黒鉛に溶媒和リチウムイオンが挿入脱離する電位より低い電位から円弧成分が認められた。この円弧は電位依存性を示

第1章　黒鉛負極／電解液界面でのリチウムイオン移動とその活性化障壁

し，またリチウム塩濃度にも依存したことから界面溶媒和リチウムイオン移動抵抗と帰属した。また，特性周波数は 15.8 Hz 付近であった。図7の界面溶媒和リチウムイオン移動抵抗の温度依存性から活性化エネルギーが 25 kJ mol^{-1} となった。図7には溶媒にジメチルスルホキシド（DMSO）を用いた結果も載せているが 27 kJ mol^{-1} となり，共挿入系では溶媒によらず同等の値であった。

4.2 黒鉛負極へのリチウムイオン移動
4.2.1 EC系電解液中での活性化エネルギー

リチウムイオンが脱溶媒和して黒鉛へ挿入する過程を調べた結果を紹介する[7]。電解液に過塩素酸リチウム（LiClO$_4$）を EC + 炭酸ジエチル（DEC）（1：1 by vol.）に 1 mol dm^{-3} 溶解したものを用いた。この系のナイキストプロットを図8に示す。0.8 V vs. Li/Li$^+$ まではキャパシタンス成分しか認められないが，リチウムイオンが挿入し始める電位になると，低周波数側に円弧が認められた。この円弧成分はリチウム塩濃度に比例したことから界面リチウムイオン移動反応によるものと帰属し，特性周波数は 50 mHz であった。図9に示す界面リチウムイオン移動抵抗の温度依存性より活性化エネルギーは 53〜59 kJ mol^{-1} となった。

リチウムイオン挿入反応の活性化エネルギーが溶媒和リチウムイオンの挿入反応より大きく，特性周波数が低いことから，黒鉛負極／電解質界面でのリチウムイオン移動反応は遅く，この要因が脱溶媒和過程に起因することが示唆された。また，脱溶媒和過程を伴わないと考えられる黒鉛電極へのアニオン挿入の系でも 15 kJ mol^{-1} という低い値が得られたことから[8]，脱溶媒和過

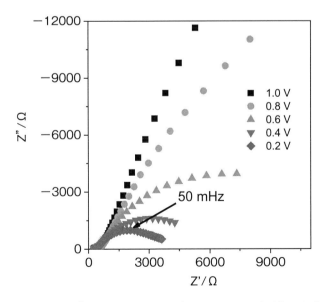

図8　1 mol dm^{-3} LiClO$_4$/EC + DEC 中での HOPG のナイキストプロット

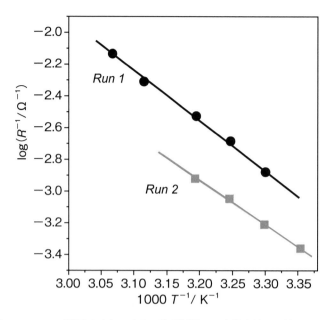

図9 HOPGの界面リチウムイオン移動抵抗の温度依存性と活性化エネルギー

程が高い活性化障壁を与える要因であることが示唆された。

4.2.2 活性化エネルギーの溶媒依存性とリチウムイオン－溶媒間相互作用

脱溶媒和過程に影響を与えるものはリチウムイオンと溶媒間の相互作用であると予想される。これを検証するにはリチウムイオンと相互作用の強さが異なる種々の溶媒を用いて活性化エネルギーを調べることが必要である。しかし，黒鉛負極の場合にはリチウムイオン挿入反応に溶媒適合性があるため，溶媒間の比較が容易ではない。そこで，モデル電極として使用可能な材料としてプラズマ化学気相法で作製した炭素薄膜電極を用いた。炭素薄膜電極では多くの溶媒でリチウムイオンの挿入脱離反応が進行する。この炭素薄膜を作用極として，溶媒にEC，DMSO，炭酸プロピレン（PC）を用いた。はじめにEC系電解液を用い，同一のSEIを形成させてから電解液を入れ替えることで溶媒の違いのみを調べた[9]。図10の界面リチウムイオン移動抵抗の温度依存性に示すように，いずれの溶媒でも直線関係から活性化エネルギーが得られ，溶媒により異なる値を示した。リチウムイオン－溶媒錯体（1-1錯体）の反応エンタルピーを密度汎関数計算で求めた結果，ECとPCの差が$6.5\ kJ\ mol^{-1}$，ECとDMSOで$25.4\ kJ\ mol^{-1}$となり，実験で得られた活性化エネルギーの差である$11\ kJ\ mol^{-1}$，$22.1\ kJ\ mol^{-1}$と非常に近かった。このことから活性化エネルギーはリチウムイオンと溶媒分子の相互作用の強さに大きく影響を受けることが明確になった。すなわち，活性化障壁の主要因がリチウムイオンと溶媒の相互作用により決まる脱溶媒和過程であることが示された。

第1章 黒鉛負極／電解液界面でのリチウムイオン移動とその活性化障壁

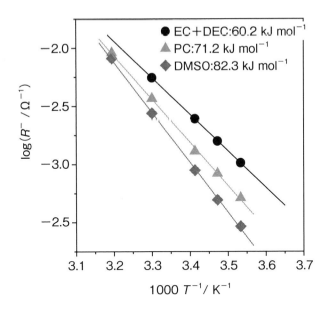

図10 種々の電解液中の炭素薄膜の界面リチウムイオン移動抵抗の温度依存性と活性化エネルギー

4．2．3 脱溶媒和過程と活性化障壁の関係

　電解液中でリチウムイオンは溶媒和されているが，1 mol dm^{-3} 程度の濃度では溶媒和リチウムイオンの配位数は4程度である。そのため脱溶媒和は多段階で進行すると予想されるが，どの脱溶媒和過程が活性化障壁に影響を与えるのか不明である。そこで溶媒にECと炭酸ジメチル（DMC）の混合溶媒を用い，溶媒和リチウムイオンの組成を変化させることで，どの脱溶媒和過程が活性化障壁に影響を与えるのか調べた[10]。作用極にHOPG，電解液に1 mol dm^{-3} のLiClO$_4$ を溶解したEC + DMC（1：1 by vol.），EC + DMC（1：9 by vol.），DMCを用いた。この場合も同一のEC系電解液を用い，同一のSEIを形成させてから電解液を入れ替えることで溶媒の違いのみを調べた。図11の界面リチウムイオン移動抵抗の温度依存性から，EC + DMC（1：1 by vol.），EC + DMC（1：9 by vol.），DMCの活性化エネルギーはそれぞれ58 kJ mol^{-1}，55 kJ mol^{-1}，40 kJ mol^{-1} という値が得られた。体積比からEC + DMC（1：9 by vol.）では溶媒和リチウムイオン中の溶媒比はEC：DMC = 1：3程度であると考えられる。このことを踏まえると溶媒和リチウムイオン中にECが存在する場合はECにより活性化エネルギーが支配されていることが示唆される。すなわち，多段階の脱溶媒和過程が進行する場合，リチウムイオンと相互作用が最も強い溶媒が脱溶媒和する過程が活性化障壁を与えると考えられる。

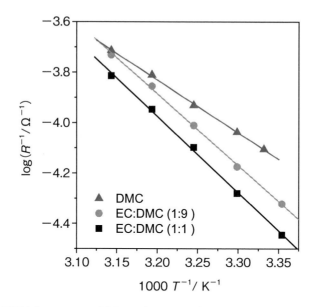

図11 種々の電解液中のHOPGの界面リチウムイオン移動抵抗の温度依存性と活性化エネルギー

4.2.4 活性化障壁とSEIの関係

3節で述べたように黒鉛負極／電解液界面は物理的には黒鉛負極／SEI／電解液という構造となる。上記までの結果で電解液が活性化障壁に大きな影響を与えることが明らかとなったが，SEIとの関係は不明である。そこで，SEIを変化させて活性化エネルギーを評価した。ここでは炭素薄膜電極を用いた。炭素薄膜電極に酸素（O_2）プラズマあるいは三フッ化窒素（NF_3）プラズマを照射することで炭素薄膜の表面を改質した[11,12]。表面改質により炭素薄膜に含酸素官能基やフッ素原子が導入され，サイクリックボルタモグラムの初回還元過程の形状が変化し，SEIも改質されていることが示唆された。このようにしてSEIが改質された炭素薄膜電極のEC系電解液中での活性化エネルギーを表1に示す。プラズマ処理流量により活性化エネルギーが異なり，SEIの違いが活性化エネルギーに影響を与える可能性が示唆された。また，異なる添加剤を用いてSEIを形成した場合に活性化エネルギーの溶媒依存性が変化する結果も報告しており[10]，形成条件によってはSEIも活性化エネルギーに影響を与えることが考えられる。

表1 酸素あるいは三フッ化窒素プラズマで処理した炭素薄膜の界面リチウムイオン移動抵抗の活性化エネルギー

	pristine	5 sccm	20 sccm
O_2 plasma	64 kJ mol^{-1}	47 kJ mol^{-1}	46 kJ mol^{-1}
NF_3 plasma		45 kJ mol^{-1}	60 kJ mol^{-1}

第 1 章　黒鉛負極／電解液界面でのリチウムイオン移動とその活性化障壁

5　まとめ

　本章ではリチウムイオン電池黒鉛負極／電解液界面のリチウムイオン移動過程に関して活性化障壁の観点から調べた結果を説明した。脱溶媒和過程と活性化障壁の関係が重要であることを明確にしたが，今後は溶媒および SEI 制御も含めて，高入力化のため活性化障壁の低減に向けてさらなる研究が必要である。また，革新型二次電池として期待されている全固体リチウム二次電池では本質的に脱溶媒和過程が存在しないため，この場合の界面イオン移動の活性化障壁についての詳細など課題も多く残されている。

文　　献

1) B. Scrosati, *J. Electrochem. Soc.*, **139**, 2776 (1992)
2) T. Fukutsuka *et al.*, *Electrochim. Acta*, **199**, 380 (2016)
3) Y. Saito *et al.*, *J. Phys. Chem. C*, **119**, 4702 (2015)
4) 福塚友和，炭素，**283**, 108 (2018)
5) E. Peled, *J. Electrochem. Soc.*, **126**, 2047 (1979)
6) 福塚友和ほか，電気化学・インピーダンス測定のデータ解析手法と事例集，p.179, 技術情報協会 (2018)
7) T. Abe *et al.*, *J. Electrochem. Soc.*, **151**, A1120 (2004)
8) T. Fukutsuka *et al.*, *J. Electrochem. Soc.*, **163**, A499 (2016)
9) T. Fukutsuka *et al.*, *Tanso*, **245**, 188 (2010)
10) Y. Yamada *et al.*, *Langmuir*, **25**, 12766 (2009)
11) T. Fukutsuka *et al.*, *Electrochemistry*, **71**, 1111 (2003)
12) T. Fukutsuka *et al.*, *J. Power Sources*, **146**, 151 (2005)

第2章　分光実験によるリチウムイオン二次電池負極の充放電メカニズム解析

岡　秀亮*

1　はじめに

　リチウムイオン二次電池は高いエネルギー密度を有するため，従来のニッケルカドミウム電池やニッケル水素電池に比べて電池の小型化・軽量化が可能となり，携帯電話，ノートパソコンなどのモバイル用途での利用が拡大している。また，最近ではハイブリッド自動車や電気自動車など車載用電源としてもリチウムイオン二次電池の利用が進められている[1,2]。リチウムイオン二次電池の負極としては，卑な電位で可逆にリチウムイオンを吸蔵・放出して電荷を貯蔵することが必要である。リチウム金属は 3861 mA h/g と高い理論容量を有し最も卑な電極電位を示すため，古くから研究がなされている[3]。デンドライト状のリチウム析出による内部短絡やリチウム失活が課題であり，近年では電解液[4]や集電体[5]，さらに表面処理技術[6]の適用による検討が活発に進められているが，現在でも二次電池用負極としては実用化されていない。一方，世の中に供されているリチウムイオン二次電池においては，開発当初は比較的結晶性が低い非晶質炭素材が用いられたが，現在では高エネルギー密度が得られる高結晶性の黒鉛が使用されることが多い。

　黒鉛は炭素六角網面平面が弱いファンデルワールス力により積層されており，その層間に原子・分子が挿入されて黒鉛層間化合物を形成する[7]。リチウムイオン二次電池の負極として用いられる際には，リチウム-黒鉛層間化合物の形成を利用している。（リチウムイオン電池としての）充電時には外部回路を通じて黒鉛負極に電子が供給され，その電荷補償のために電解液中のリチウムイオンが黒鉛結晶構造内に挿入される。放電時にはリチウム-黒鉛層間化合物から電子が引き抜かれるとともに，同じく電荷補償のためにリチウムイオンが電解液中に脱離する。リチウム-黒鉛層間化合物は，そのリチウム含有量により複数のステージ構造をとり得る[8]。充放電時にはリチウムイオンの挿入脱離に伴いステージ構造が変化し，異なるステージ構造の結晶相が二相共存で反応が進行するため，特徴的な段階的電位変化が現れる。また，黒鉛はリチウム電位基準で 0.1 V 程度の電位で充放電反応が進行するが，電解液として用いられる一般的な材料（ヘキサフルオロリン酸リチウム；$LiPF_6$ などのリチウム塩，炭酸エチレン・炭酸ジメチルなどの溶媒）は，上記のような卑な電位では還元分解することが熱力学的に予想される。このような還元反応が連続的に進行すれば，電池内リチウムの消費および絶縁被膜の形成により可逆な二次電池

---

*　Hideaki Oka　㈱豊田中央研究所　環境・エネルギー1部　電池材料・プロセス研究室研究員

第 2 章　分光実験によるリチウムイオン二次電池負極の充放電メカニズム解析

にはならないはずである。それにもかかわらず黒鉛負極は安定にリチウムイオンを挿入脱離することが可能であるが，これは炭酸エチレンの還元分解により生成する固体／電解質界面（SEI）被膜がリチウムイオン伝導性かつ電子絶縁性に優れた特性を示すことにより，電解液の連続的な還元分解が抑制されるためである[9]。

　リチウムイオン二次電池の黒鉛負極の充放電メカニズムを詳細に理解するため，リチウムイオンの挿入脱離に伴う結晶構造や表面被膜の変化が詳細に解析されている。また，最近ではoperando，つまり電気化学反応進行下において分析する技術が開発され，現象理解の強力なツールとなっている。本報告ではさまざまな分光学的手法によりリチウムイオン二次電池黒鉛負極の充放電メカニズムについて解析した結果を概説する。

2　リチウムイオンの挿入脱離による黒鉛構造変化

　黒鉛にリチウムイオンが挿入あるいは脱離することで，層間距離に代表される構造の変化，および電子状態や化学状態の変化が生じる。これらの変化を分析的に検知することで，黒鉛へのリチウムイオンの挿入脱離メカニズムを明らかにすることが可能となる。ただし，上述のとおり黒鉛負極は粒子表面にSEI被膜が形成するため，一般的に用いられる分析のうち主に表面からの情報を主体とする手法では黒鉛構造の情報を得ることは困難であり，注意が必要である。ここでは，主にリチウムイオンの挿入脱離による黒鉛のバルク構造変化に関する分析結果について紹介する。

2.1　回折法（X線，中性子線）

　天然黒鉛あるいは3000℃程度の高温で結晶化された人造黒鉛は，大きな炭素六角網面が規則的に積層した構造から成る。炭素六角網面の層間にリチウムイオンが挿入されることで層間距離の拡大および積層構造の変化が生じ，これを回折法で明らかにすることで黒鉛負極のリチウムイオン挿入脱離挙動の情報を得ることができる。一般的には作用極として黒鉛を用いた電気化学セルにおいて，対極としてリチウム金属あるいはリチウム含有正極を用いて，電気化学的に黒鉛にリチウムイオンを一定量挿入する。その後，セルを解体してリチウムイオンを挿入した黒鉛の回折測定を実施することで，層間距離変化および積層構造変化を明らかにすることが可能である。しかし，リチウムイオンが挿入した黒鉛は空気中では不安定であり，微量の水分と反応してその状態が変化する懸念がある。そこで，operandoで回折測定を実施してリチウムイオンの挿入脱離反応による黒鉛の結晶構造変化を明らかにする試みが多く報告されている[10〜12]。$2\theta = 23\sim27°$付近の黒鉛（00L）反射ピークについて，リチウムイオンの挿入に伴う変化を放射光X線回折測定で追跡した結果を図1に示す。まず黒鉛の各層間にリチウムイオンが挿入されたdiluteステージ1が生成する。その後ステージ4との共存領域を経て，ステージ2L，さらにステージ2が生成する。単相のステージ2を経てステージ1との二相共存となり，最終的にステージ1単

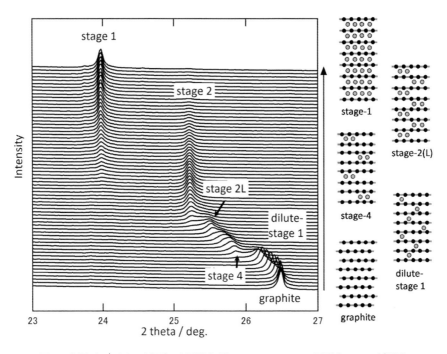

図1 充電（Li$^+$イオン挿入）時黒鉛負極のoperando XRD図形とステージ構造

相となる。このように黒鉛はリチウムイオンの挿入に伴い大きな層間距離変化を示すが，(00L)以外の反射ピークを追跡することで積層構造変化を把握することも可能となる。特に黒鉛へのリチウムイオンの挿入に伴い，ABAB積層からAAAA積層へと遷移することが知られているが[13]，その遷移が黒鉛にリチウムイオン挿入が開始されて直後の領域で生じることが報告されている[14]。このように，黒鉛にリチウムイオンが挿入脱離する際には，層間距離および積層構造のドラスティックな変化を伴う。ただし，黒鉛物性（層間距離，結晶子サイズ，黒鉛化度，粒子形態など），および充放電条件（レート，温度など）が変化することで，リチウムイオンの挿入脱離に伴う黒鉛結晶構造変化が異なることが報告されており[15,16]，必ずしも黒鉛負極へのリチウムイオン挿入脱離反応が上記のようなスキームで進行するとは限らない。

また，X線と同様に中性子線を用いた回折測定でも黒鉛へのリチウムイオン挿入脱離挙動の挙動把握が検討されている[17〜19]。中性子線の場合X線に比べて透過性が高いため，SUSなどの電池外部容器が存在しても内部の電池材料のoperando回折測定が可能であることが特徴である。

2.2 ラマン分光法

物質に単色光を照射して得られるラマン散乱光は，物質の組成や結晶性，配向性などの情報を有しており，これを利用したラマン分光は黒鉛や非晶質炭素材などの分析に良く用いられている[20〜23]。高結晶性の黒鉛では，1580 cm^{-1}付近に鋭いピークが現れる。これはGバンドピーク

第 2 章　分光実験によるリチウムイオン二次電池負極の充放電メカニズム解析

と呼ばれ，黒鉛の炭素六角網面内の sp^2 結合に由来する。また，リチウムイオン二次電池の負極材として用いられる黒鉛では，粒子表面の非晶質炭素被覆層および球形化過程で導入された欠陥などに起因した 1350 cm^{-1} 付近の D バンドピークも観測される。黒鉛へのリチウムイオン挿入・脱離によるラマンスペクトル変化を追跡することで，その充放電メカニズムを知ることが可能である。operando でラマン測定可能なセルを用いて得られたラマンスペクトルを図 2 に示す[24]。G バンドピークはリチウムイオン挿入初期には 1580 cm^{-1} から 1590 cm^{-1} にシフトしており，リチウムイオンが黒鉛層間にランダムに挿入して dilute ステージ 1 を形成することに対

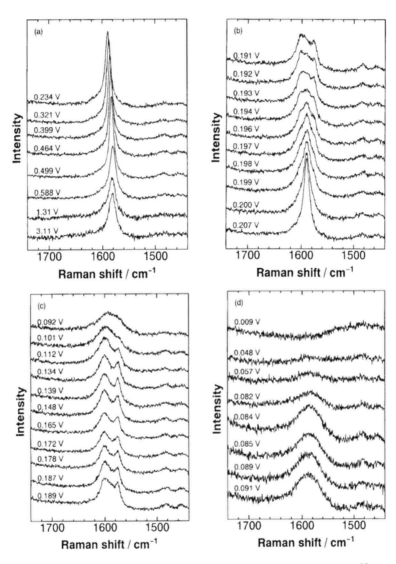

図 2　リチウムイオン挿入時の黒鉛負極の operando ラマンスペクトル[24]
(a)→(b)→(c)→(d) の順に充電（リチウムイオン挿入）が進行。

応する。その後,0.20 V以下で2つのピークに分裂するが,高次ステージ構造を形成する黒鉛層間化合物で確認される現象であり,黒鉛層間に挿入したリチウムイオン層と接する炭素(bounding layer)と接しない炭素(interior layer)が区別されるために生じる[25]。高波数側がbounding layer炭素由来,低波数側がinterior layer炭素由来のピークである。0.1 Vを下回る電位においては,interior layer炭素由来のピークが消失して,1つのピークに集約される。これは1層おきの黒鉛層間にリチウムイオンが挿入されたステージ2を形成するためであり,この場合には全ての炭素がリチウムイオンとの相互作用をする形になる。さらに電位が低下すると1580 cm^{-1}付近のピークが消失するが,非常に電子伝導性の高いステージ1構造が形成されることで,光学的な分析深さが変化したためと考察されている[26]。

2.3 電子エネルギー損失分光法(EELS)

EELSは微細な部分の組成や原子の結合状態に関する情報を得ることができる手法で,主に透過型電子顕微鏡(TEM)と組み合されて用いられる。黒鉛およびC_6LiのEELSスペクトルを図3に示す[27]。黒鉛およびC_6LiのC-K端スペクトル(図3(a))より,黒鉛のsp^{2}結合に由来する285 eV付近のπ*ピークがリチウムイオンの挿入により強度低下は確認されるが,ピークエネルギーは変化しないことがわかる。これは,リチウムイオンを吸蔵した黒鉛ではリチウムの2s軌道から炭素のπ*軌道に電子遷移するためと考えらえる。一方,L-K端スペクトル(図3(b))をみると,C_6LiのLi-K端スペクトルは完全に一致はしないがLi金属と類似しており,イオン結合性が高いLiFとは異なる。つまり,リチウムから炭素への電荷移動は限定的であることが示唆される。

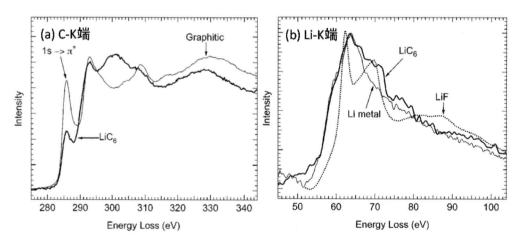

図3 黒鉛およびC_6LiのEELSスペクトル[27]
(a) C-K端,(b) Li-K端

第 2 章　分光実験によるリチウムイオン二次電池負極の充放電メカニズム解析

2.4　X線ラマン分光法（XRS）

最近ではX線非弾性散乱測定のひとつであるXRSを用いた黒鉛負極の分析が報告されている[28,29]。透過能の高い硬X線を用いて入射X線エネルギーの一部を軽元素の吸収端励起に用いることで、軟X線を用いたXAFSと同等のスペクトルを得ることができる手法である。また、得られるスペクトルが粒子の表面近傍だけでなくバルク平均的な情報であることが特徴であるとともに、従来の軟X線では困難であった軽元素のその場化学状態解析が可能となる[30]。Li挿入量を変えた黒鉛負極についてoperandoでXRS測定を実施する測定系およびセルの概要[31]を図4(a), (b)に示す。約10 keVの硬X線をセルに照射することで発生した散乱X線は、湾曲した分光結晶によって高エネルギー分解能で分光されるとともに、二次元検出器の位置に集光される。セルに対するX線照射位置を調整することで、ラミネートフィルムやセパレータなどのセル部材の影響を排除した黒鉛負極のXRSスペクトルが取得可能になる。電位を変えてLi挿入量を調整した黒鉛負極のoperando XRSスペクトル[31]を図4(c)に示す。横軸のエネルギー損失（eV）は入射X線エネルギーから分光X線エネルギーを差し引いたものである。前項で説明

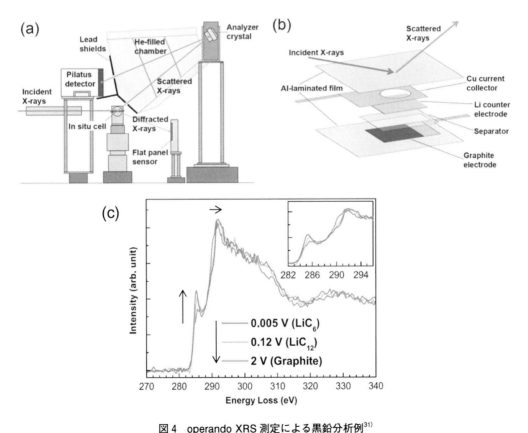

図4　operando XRS測定による黒鉛分析例[31]
(a) 測定系，(b) セル概要，(c) Li量の異なる黒鉛負極のC-K端スペクトル

したEELSと同様に，285 eV付近のC1s軌道からπ*軌道への遷移に相当するπ*ピーク，および290 eV付近のC1s軌道からσ*軌道への遷移に相当するブロードな立ち上がりが確認される。黒鉛に挿入されているLi量が増加すると，π*ピークの低減およびσ*立ち上がり位置の低エネルギーシフトが確認された。これらの結果は，ex-situでのXRS測定結果の報告例[28,29]と同じ傾向であり，operandoで軽元素の化学状態情報を得ることが可能な手法として，今後の展開が期待される。

3　リチウムイオンの挿入脱離による黒鉛表面変化

　黒鉛負極におけるSEI被膜の重要性，および電池性能への影響についてはさまざまな総説が報告[32～35]されているのでそちらを参考にされたい。本章ではいくつかの表面分析による黒鉛表面SEI被膜の分析例について紹介するとともに，黒鉛負極の充放電挙動との関係について考察する。

3.1　飛行時間型二次電子質量分析法（TOF-SIMS）

　TOF-SIMSは表面数nm以下の有機物の構造情報を高感度に得ることができる手法である。また，スパッタを用いて深さ方向分析を行うことも可能である。TOF-SIMSを用いた黒鉛などの負極分析では，SEI被膜成分としてF^-，PO_2^-，PO_3^-，$LiPFO_2^-$，$C_3H_5O_3^-$など，電解質由来のリン酸化合物やリン酸エステル，溶媒由来の含酸素有機物のフラグメントが検出されている[36,37]。ただし，最表面敏感であり，分析前の洗浄・乾燥方法などにより分析結果が変化することに注意が必要である。

3.2　X線光電子分光法（XPS）

　最表面の分析手法である点はTOF-SIMSと同じであるが，被膜の状態解析や定量測定に向いた手法がXPSである。試料に軟X線を照射して，表面物質のイオン化に伴い放出される光電子を補足してエネルギーを分析することで，組成分析および化学結合状態の分析が可能である。また，スパッタエッチングすることで表面から内部への深さ方向分析も可能である。電極として高配向熱分解黒鉛（HOPG）を用いて形成したSEI被膜についてXPS分析を実施した結果[38]を図5に示す。ベーサル面ではC-H-Oから成るポリマーなどの有機系被膜が主体であるのに対して，断面（エッジ面）では炭酸リチウムなどの無機系被膜が多いという特長が示された。また，被膜厚みについては，エッジ面の方がベーサル面よりも厚い被膜が形成していることが示唆されている。

第2章　分光実験によるリチウムイオン二次電池負極の充放電メカニズム解析

(a) ベーサル面

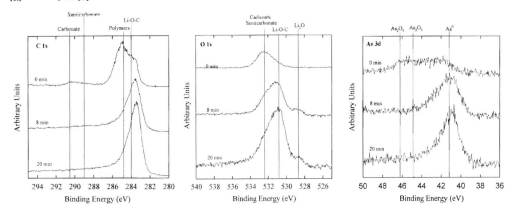

(b) エッジ面
(cross-sectional plane)

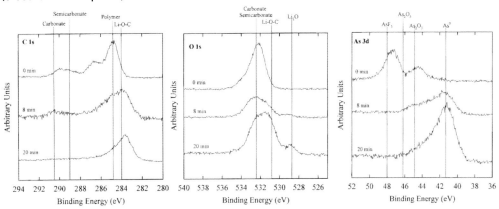

図5　HOPG 上の SEI 被膜の XPS 分析結果[38]
（a）ベーサル面，（b）エッジ面

3.3　硬 X 線光電子分光法（HAXPES）

　上記した通り，XPS は被膜表面成分の量および化学状態についての情報を得ることができるが，逆に表面の情報しか得られず被膜内部の情報は乏しい。前項で紹介したようにスパッタエッチングで深さ方向の情報を得ることも可能であるが，破壊分析となることから実際の電池内と同じ状態であるか懸念が残る。そこで，硬 X 線を用いた光電子分光法の技術が開発されており，負極被膜分析にも活用されている。HAXPES はより高いエネルギーの硬 X 線を用いることで XPS よりも深い領域の情報を得ることが可能となり，SEI 被膜全量の分析ができる。また，照射する X 線のエネルギーを変えることで，分析深さを制御することも可能である。充電状態の

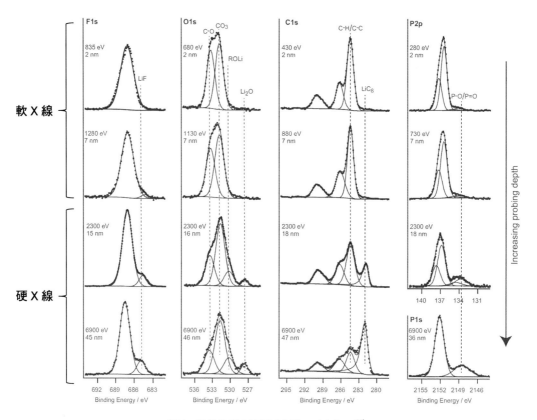

図6 黒鉛負極の光電子分光スペクトル[39]
上部2測定：軟X線，下部2測定：硬X線

黒鉛負極に関する軟X線および硬X線の光電子分光スペクトル[39]を図6に示す。軟X線では表面10 nm以下のスペクトルが得られ，C-O，CO_3，C-H，C-Cなどの有機成分に由来するピークが検出される。それに対して，硬X線では10～50 nm程度の分析深さでLiFやLi_2Oなどの無機成分，および基材であるC_6Li由来のピークが確認されている。つまり，XPSとは異なり，非破壊で被膜の深さ分析を実施することが可能である。サイクル，電解質塩，電解液添加剤によるSEI被膜の変化についてHAXPESを用いた検討が報告されている[40～44]。

また，充電状態（リチウムイオン挿入）と放電状態（リチウムイオン脱離）の黒鉛負極についてHAXPES分析[45]を実施して得られたC1sスペクトルより黒鉛由来のピーク強度に注目をすると，セル電圧4.2 Vに充電した際に比べて2.7 Vに放電した際のピーク強度が増加している。このことから，リチウムイオン挿入量により黒鉛表面のSEI被膜厚みが変化していることが示唆される。

3.4 中性子反射率法（NR）

モデル電極を用いた炭素負極表面被膜の解析事例として，NR を用いた SEI 被膜分析が報告されている[46, 47]。NR は，物質内部における固体と液体との界面構造（密度分布，層厚みなど）を非破壊かつナノレベルで調べることが可能な手法である。飛散角の小さい中性子線を試料表面に基板側から入射させ，固液界面近傍で反射された強度を測定するものである。その反射強度変化から深さ方向の散乱長密度が求められ，各層の膜厚・密度・界面情報が決定される。さらに NR は中性子線を用いていることから SEI 被膜の主成分である軽元素の検出が容易であるという特長も有する。中性子反射率測定で得られた結果の一例[46]を図 7 に示す。充電過程において SEI 被膜が成長する様子を観測し，充電が進むにつれて SEI 被膜の厚みが増加するとともに構成物の割合が変化していることが示唆された。また，充電過程においてリチウムイオンが炭素負極に吸蔵される挙動も確認されることから，電解液の還元分解による SEI 被膜形成とリチウムイオンの挿入の各挙動とそれぞれに供される電流量との関係について明確化することも可能となる。

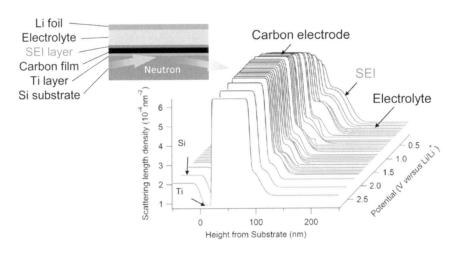

図 7　中性子反射率測定による被膜形成過程の解析[46]

4　まとめ

リチウムイオン二次電池の黒鉛負極の充放電挙動を理解するため，さまざまな分光学的手法による解析結果について紹介した。これらの分析結果から想定される黒鉛負極の充放電挙動の概要を図 8 に示す。リチウムイオンの挿入脱離による黒鉛の構造変化については，層間への選択的なリチウムイオン挿入によるステージ構造を形成することが明らかである。一方，黒鉛表面に関しては，電解液成分の還元分解により，黒鉛側には無機系の，電解液側には有機系の被膜が主に形成されている。また，黒鉛エッジ面の方がベーサル面よりも厚い被膜が形成されており，エッ

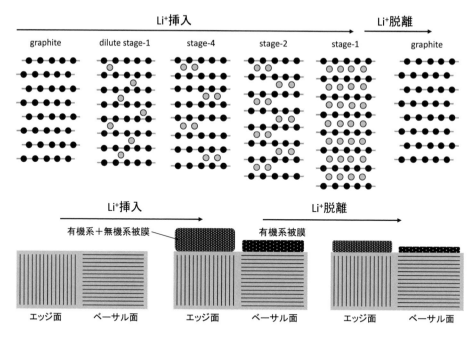

図8 黒鉛負極の充放電メカニズム概要

ジ面の方が無機系被膜の割合が高い被膜で形成されている。また，リチウムイオン挿入量により黒鉛表面のSEI被膜厚みが変化するとともに，充放電サイクルなどの耐久試験によりSEI被膜の厚みは増加する。これらの知見は，今後リチウムイオン二次電池における黒鉛負極のポテンシャルを引き出して，高入出力，長寿命，高安全にリチウムイオン二次電池を利用するために必要と考えらえる。

文　　　献

1) T. Okada *et al., Transp. Res. D Trans. Environ.*, **67**, 503 (2019)
2) 平成30年度特許出願技術動向調査報告書，p.7, 特許庁 (2019)
3) M. S. Whittingham, *Prog. Solid State Chem.*, **12**, 41 (1978)
4) R. Miao *et al., Sci. Rep.*, **6**, 21771 (2016)
5) K. Yan *et al., Energy Storage Mater.*, **11**, 127 (2018)
6) K. Yan *et al., Nat. Energy*, **1**, 16010 (2016)
7) 渡辺信淳，グラファイト層間化合物，p.4, 近代編集社 (1986)
8) T. Ohzuku *et al., J. Electrochem. Soc.*, **140**, 2490 (1993)
9) 小久見善八, *GS News Tech. Rep.*, **62**, 2 (2003)

10) 戸村啓二ほか，炭素，**1994**（165），288（1994）
11) A. H. Whitehead *et al.*, *J. Power Sources*, **63**, 41（1996）
12) Y. Reynier *et al.*, *J. Power Sources*, **165**, 616（2007）
13) A. Missyul *et al.*, *Powder Diffr.*, **32**, S56（2017）
14) 藤本宏之ほか，第45回炭素材料学会年会講演要旨集，1A02, 1A03（2018）
15) D. Aurbach *et al.*, *J. Power Sources*, **119-121**, 2（2003）
16) 加治亘章ほか，SPring-8利用研究成果集，**5**, 2012B4700, 2013A4700（2017）
17) N. Sharma and V. K Peterson, *J. Power Sources*, **244**, 695（2013）
18) V. Zinth *et al.*, *J. Power Sources*, **361**, 54（2017）
19) J. Wilhelm *et al.*, *J. Electrochem. Soc.*, **165**, A1846（2018）
20) F. Tuinstra and J. L. Koenig, *J. Chem. Phys.*, **53**, 1126（1970）
21) 片桐元，炭素，**1998**（183），168（1998）
22) R. Baddour-Hadjean and J.-P. Pereira-Ramos, *Chem. Rev.*, **110**, 1278（2010）
23) 藤沢健，長野県工技センター研報，**9**, M33（2014）
24) M. Inaba *et al.*, *J. Electrochem. Soc.*, **142**, 20（1995）
25) G. L. Doll *et al.*, *Phys. Rev. B*, **36**, 4940（1987）
26) C. Sole *et al.*, *Faraday Discuss.*, **172**, 223（2014）
27) A. Hightower *et al.*, *Appl. Phys. Lett.*, **77**, 238（2000）
28) M. Balasubramanian *et al.*, *Appl. Phys. Lett.*, **91**, 031904（2007）
29) G. E. Stutz *et al.*, *Appl. Phys. Lett.*, **110**, 253901（2017）
30) U. Boesenberg *et al.*, *Carbon*, **143**, 371（2019）
31) T. Nonaka *et al.*, *J. Power Sources*, **419**, 203（2019）
32) E. Peled, *J. Electrochem. Soc.*, **126**, 2047（1979）
33) R. Yazami, *Electrochim. Acta*, **45**, 87（1999）
34) D. Aurbach, *J. Power Sources*, **89**, 206（2000）
35) S. Tsubouchi *et al.*, *J. Electrochem. Soc.*, **159**, A1786（2012）
36) E. Peled *et al.*, *J. Power Souces*, **97-98**, 52（2001）
37) I. V. Veryovkin *et al.*, *Nucl. Instrum. Methods Phys. Res. B*, **332**, 368（2014）
38) D. Bar-Tow *et al.*, *J. Electrochem. Soc.*, **146**, 824（1999）
39) S. Malmgren *et al.*, *Electrochim Acta*, **97**, 23（2013）
40) M. Matsumoto *et al.*, *ECS Trans.*, **69**, 13（2015）
41) 平田和久ほか，SPring-8利用研究成果集，**5**, 2013A1296（2017）
42) 平田和久ほか，SPring-8利用研究成果集，**6**, 2012B1184（2018）
43) M. Nie *et al.*, *J. Electrochem. Soc.*, **162**, A7008（2015）
44) D. Farhat *et al.*, *Electrochim. Acta*, **281**, 299（2018）
45) K. C. Hogstrom *et al.*, *Electrochim. Acta*, **138**, 430（2014）
46) H. Kawaura *et al.*, *ACS Appl. Mater. Interfaces*, **8**, 9540（2016）
47) M. Steinhauer *et al.*, *ACS Appl. Mater. Interfaces*, **9**, 35794（2017）

第3章 NMR測定を用いた炭素負極における
イオン挿入過程と過充電状態の解析

後藤和馬*

はじめに

リチウムイオン電池の用途が小型携帯機器だけでなく電気自動車や航空機，家庭用蓄電機器などの大型機器にも広がり，今後需要がさらに伸びていくと予測されている。電池のさらなる性能向上，そして安全性確保のためには，電極や電解液中のリチウムイオンの状態や，電極反応にともなう電池各部材の状態変化を正確に把握することが欠かせない。そのため，X線散乱や分光，回折，各種電子顕微鏡観察など，さまざまな手法により電極の状態分析が行われている。核磁気共鳴（nuclear magnetic resonance：NMR）法も，リチウムイオン電池の各種部材の解析に用いられてきた。特に電池のような複数の無機物・有機物から構成されているデバイスやその構成材料の解析にあたっては，混合物である対象物質の中から解析したい目的部分についての情報のみを取り出す必要がある。このような系では「ある特定の核種の情報のみを区別して得ることができる」というNMRの特性が非常に役に立つ。また，X線回折では解析が難しい非晶質物質の解析ができるほか，電子顕微鏡などでは観測できない電極内部の物質に関する情報を得ることもできる。特に，リチウムイオン電池の主要元素であるリチウムの原子核は信号強度が大きく，他の核種のNMRに比較してもかなり測定がしやすいため，リチウムイオン電池の解析に向いているといえる。

本章では第1節にて，今までに報告されてきている炭素負極材料（黒鉛およびハードカーボン）の固体Li NMRによる基本的な解析結果を説明する。さらに第2節において，特に安全性評価に欠かせない電池（負極）の過充電状態についての解析例について，著者らの研究例を中心に紹介する。

1 炭素材料に取り込まれたリチウムのNMR信号

NMR観測が可能なLi核には^{6}Liと^{7}Liがある。それぞれ核スピンが1および3/2であり核四極子をもつことから，固体粉末試料をそのまま（static）測定した場合，核四極子相互作用による特有の粉末スペクトルパターンが現れる（図1）。天然存在比，相対感度，共鳴周波数の点から^{7}Li核のほうが信号強度が強く測定しやすいため^{7}Li NMRによる研究例が多いが，^{6}Liは核四

---

* Kazuma Gotoh 岡山大学 大学院自然科学研究科 准教授

第3章　NMR 測定を用いた炭素負極におけるイオン挿入過程と過充電状態の解析

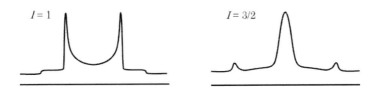

図1　核スピン I（⁶Li）および 3/2（⁷Li）をもつ核の粉末スペクトルパターン

極子結合定数が小さくスペクトル線幅が⁷Li ほど広がらずに済むため，超伝導磁石の高磁場化など近年の NMR 関連技術の発展の結果，⁶Li 核の測定もしばしば行われるようになっている。基本的に固体の高分解能 Li NMR 測定の際には，試料を高速回転させて溶液 NMR のようなシャープな信号を得る MAS（magic angle spinning：マジック角回転）を行うため，スペクトルの形状解析を行うことはそれほど多くない。

⁷Li NMR では，LiCl 水溶液の信号を 0 ppm とすると，金属性を持たないリチウム信号の化学シフトは 0 付近の数 ppm 範囲に収まるが，金属リチウムの信号はナイトシフト（伝導電子によるシフト）により 250～260 ppm に現れることが知られている。炭素に吸蔵されたリチウムを議論する場合，一般的にはリチウムの金属性が高いほど高周波数側に信号が現れると解釈できる。図2にリチウム吸蔵黒鉛の ⁷Li static NMR スペクトルを示す[1,2]。黒鉛は最大で LiC_6（電気容量 372 mA h g^{-1}）の組成までリチウムを取り込むことができ，図3のような配置で全ての層間にリチウムが挿入された第1ステージ構造の GIC となる。LiC_{12} では Li が1層おきに挿入された第2ステージ構造となるが，LiC_6 と LiC_{12} は面内の Li 密度が高い状態であるため，約 41～45 ppm 付近に中心ピークをもつ四極子パターンが現れる。これより Li の容量が下がるとピーク位置は低周波数側（10 ppm 以下）に移動していくことが報告されている。

一方，ハードカーボンの場合，リチウムを電気化学的に吸蔵させていくと，初めは LiCl に近い 0～数 ppm 付近に信号が確認される。特に電気容量に優れ電池電極として適しているとされるのは 1000～1300℃ 程度で焼成されたハードカーボンであるが，このような炭素への電気化学的なリチウム導入においては，一定電流で（ガルバノスタティックに）充電ができ徐々に電圧が変化していくスロープ領域（i）と，その後に定電圧で保持することによりゆっくりとリチウムが吸蔵されていくフラット領域（ii）が存在することが知られている[3,4]。充電量が少ない領域（i）では 0～数 ppm 付近に炭素層間に挿入された状態と推測されるリチウムの信号が観測される。充電量が増加していき領域（ii）に入るあたりから 0～数 ppm 付近のピークは徐々に高周波数側にシフトしはじめ，その値は最終的に満充電時には 85～130 ppm に達する（図4）。この満充電のピークは試料の温度を下げると2つに分裂することが知られており，180 K 程度で約 10 ppm と 180～210 ppm にピークが得られる（図5）[3,5]。85～130 ppm のピークは速い交換下にある2つの異なるサイトのリチウムの平均であり，温度を下げることにより，炭素層間のリチウム（10 ppm 付近）と孤立細孔内で擬金属的な状態で存在しているリチウム（180～

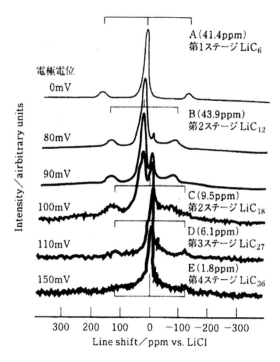

図2 リチウム吸蔵黒鉛の^{7}Li static NMR スペクトル[1,2]

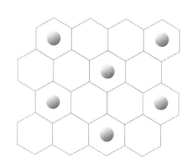

図3 第1ステージ（LiC_6）GIC の Li 吸蔵位置

210 ppm）という2つの状態間のリチウムの交換速度が遅くなり，ピークが分裂したものと解釈されている。線幅が広いこと，またサテライトピークなども現れないことから，内部細孔のサイズは均一ではなくある程度の大きさの分布があり，生じる擬金属リチウムクラスターのサイズにはある程度の幅があると考えられている。

　著者らは，ハードカーボンの内部細孔にリチウムがどのような状態で吸蔵されるかを評価するため，ナノサイズ炭素六角網面に配置されたリチウム原子について，密度汎関数法により安定構造を求めた。本研究ではナトリウムイオン電池の炭素負極も想定してナトリウムについても比較

第3章 NMR測定を用いた炭素負極におけるイオン挿入過程と過充電状態の解析

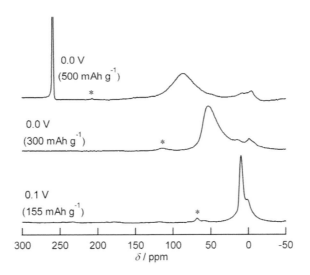

図4 Li導入ハードカーボンの⁷Li MAS NMR[3]

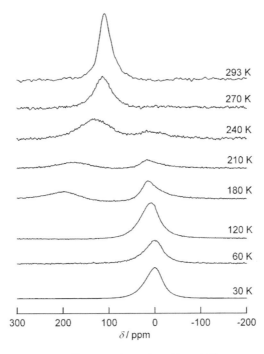

図5 ⁷Li NMR（static）の低温測定[3]

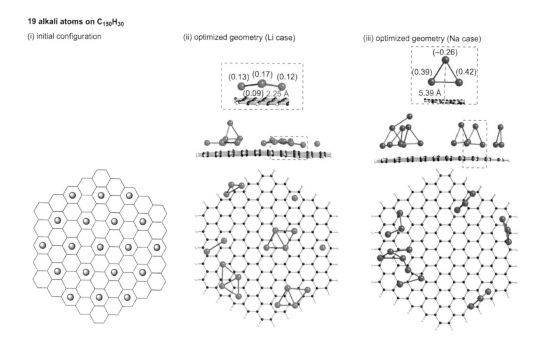

図6 19個のアルカリ金属の $C_{150}H_{30}$ 表面における初期配置 (i), およびリチウム (ii) とナトリウム (iii) における最適化構造[6]

して検討したので,それらの結果もまとめて図6に示す[6]。HOMO-LUMO ギャップが充分に小さい値となる $C_{150}H_{30}$ を炭素六角網面とし,その上に19個のリチウム原子,もしくはナトリウム原子を配置し,最安定構造およびその電子状態を計算した結果,図6 (ii) のようにリチウムでは原子2個からなるクラスターもしくは原子4個からなる平面クラスターが炭素網面に沿って形成されたが,ナトリウムでは図6 (iii) のように原子3個からなる三角形クラスターが炭素網面に垂直に立ち,ナトリウム原子の1つが炭素網面には隣接していない構造が多く観測された。ハードカーボンにはリチウム,ナトリウムとも挿入することができるが,リチウムの吸蔵容量が最大となり最も大きなリチウムクラスターが形成されるハードカーボンの熱処理温度(1000～1300℃)と,ナトリウムが最も多く吸蔵されるハードカーボンの熱処理温度(1500℃以上)は異なることが知られている。1000～1300℃で焼成されたハードカーボンにはリチウムは容易に細孔に入ることによりクラスターを形成するが,1500℃では細孔が大きすぎるために大きなクラスターを形成するのが不利となり,高容量が得られない。これに対しナトリウムの場合,1300℃以下で調製した炭素では細孔サイズが小さいために三角形クラスターが十分に入ることができず大容量が得られないが,1500℃以上で熱処理では十分な大きさの空間が確保されるため,高容量が得られるものと考えられる。最近の ^{23}Na NMR による研究では,ナトリウムもハードカーボン内でクラスターを形成することが報告されている[7]。特に2000℃以上の高温焼成炭

第3章 NMR 測定を用いた炭素負極におけるイオン挿入過程と過充電状態の解析

素でははば金属 Na に近いナイトシフトを示すことがわかってきており[8]，アルカリ金属イオンの種類ごとに，異なったメカニズムにより炭素材料への吸蔵がなされていることが明らかとなってきている。

2 過充電負極の ^{7}Li NMR による解析

リチウムイオン電池の市場規模は現在も拡大しつつあるが，普及に伴い，電池の発火事故の件数も増加しつつあることが報告されている[9]。発火事故のほぼ半数は電池の充電中に発生しており，その原因として製品製造時の不純物混入や，非正規の充電器を用いた過充電が挙げられている。リチウムイオン電池が過充電されると，電池内部の負極表面に針状の金属リチウム（デンドライト）が析出し，これが負極と正極を隔てているセパレータを突き破るため，内部短絡（ショート）が発生し，破裂，発火する。よって，不純物混入防止とともに，過充電は電池の安全性確保のために最も注意を払わなければならない現象である。高性能化に伴い，電池はその性能限界直前まで使用されるようになってきており，以前に比べるとわずかな過充電でも短絡が起こる可能性が高くなっている。また長期使用や物理的衝撃により電極内部の形状が変化すると，変形部分に局所的に過充電状態が生じるため，デンドライトが析出しやすくなることも知られている。

著者らは，リチウムイオン電池の過充電によって生じた負極上のリチウム金属デンドライトが，時間経過によってどのように変化するかを解析するため，その場観測（in situ）NMR を用いた実験を行った[10]。コバルト酸リチウム（LCO）正極と黒鉛もしくはハードカーボン負極から構成された実電池を作製し，充放電が安定してくり返されることを ^{7}Li NMR スペクトルにて確認した後，4.9 V まで 2～3 C で過充電し，その直後から約 17 分（1 s × 1000 回）ごとに積算を繰り返し，スペクトルの変化を記録した。図 7（a）は LCO-黒鉛電池，図 7（b）は LCO-

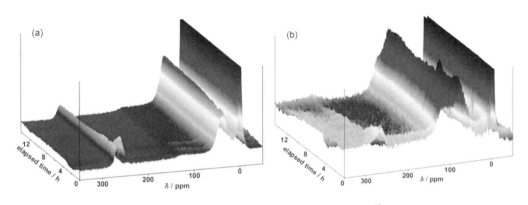

図7 過充電直後からの NMR スペクトルの変化[10]
(a) LCO（コバルト酸リチウム）-黒鉛電池，(b) LCO-ハードカーボン電池。

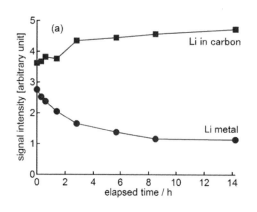 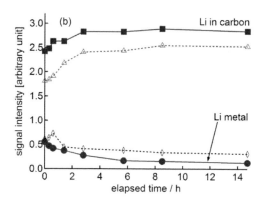

図8 過充電直後からの NMR スペクトル内の各成分の強度（面積）変化[10]
(a) LCO-黒鉛電池，(b) LCO-ハードカーボン電池。(b) の△および◇はそれぞれ炭素内リチウム信号（■）のうちの主要成分およびショルダー構造部分の信号強度を示している。

ハードカーボン電池の結果である。どちらのスペクトルでも，260 ppm 付近のリチウム金属シグナルが数時間の間に大きく減少し，代わりに炭素内吸蔵リチウム（(a)：38 ppm，(b)：80 ppm）のシグナルが増えることが観測された（図8 (a)，(b)）。これは過充電により負極炭素上に析出した金属リチウムが数時間の間に徐々に再酸化し負極内に取り込まれていく緩和現象が起きていることを示している。また，(a) と (b) では後者のほうが金属リチウムの減少幅が大きく，8時間後には 80% 以上の信号が消えている。図5 (b)，図6 (iii) で使われているハードカーボンはアモルファス炭素の一種であり黒鉛に比較して密度が低いため，その内部に隙間（closed pore）を多く有している。このような隙間のある構造が，析出リチウムの再吸蔵に有効であることが明らかとされている。

おわりに

Li NMR は黒鉛負極のステージ構造によるピーク変化を観測できるだけでなく，ハードカーボン内の擬金属的クラスターを観測できるほぼ唯一の方法であるため，以前から負極材料の解析に用いられているが，今後もその重要性は変わらないものと思われる。また，現在著者らは過充電による負極上のデンドライト析出過程について in situ 観測を利用した研究をさらに進めており[11]，黒鉛とハードカーボンでの析出過程の違いを明らかにしつつある。次世代電池の電極材料についての解析も含め，NMR の用途は今後さらに拡大するものと期待される。

第 3 章　NMR 測定を用いた炭素負極におけるイオン挿入過程と過充電状態の解析

文　　献

1) K. Tatsumi *et al.*, Rechargeable Lithium and Lithium-Ion Batteries, S. Megahed, B. M. Barnett, and L.Xie eds., PV94-28, p.97 (1994)
2) 炭素材料学会編，最新の炭素材料実験技術（分析・解析編），第 10 章，サイペック（2001）
3) K. Gotoh *et al.*, *J. Power Sources*, **162**, 1322 (2006)
4) 後藤和馬，石田祐之，炭素，**263**, 104 (2014)
5) K. Tatsumi *et al.*, *Chem. Commun.*, 687 (1997)
6) R. Morita *et al.*, *J. Mater. Chem. A*, **4**, 13183 (2016)
7) J. M. Stratford *et al.*, *Chem. Commun.*, **52**, 12430 (2016)
8) R. Morita *et al.*, *Carbon*, **145**, 712 (2019)
9) 独立行政法人製品評価技術基盤機構，プレスリリース（平成 29 年 7 月 27 日，平成 31 年 1 月 24 日）
10) K. Gotoh *et al.*, *Carbon*, **79**, 380 (2014)
11) 西村維心ほか，第 45 回炭素材料学会年会要旨集，1A01 (2018)

第4章 サイクル試験による耐久試験後のSiO／炭素系負極のSEI被膜,負極合剤層の分布評価

森脇博文*

1 はじめに

リチウムイオン電池（LIB）は民生,車載,定置など用途の多様化が進んでいる。このような幅広い用途に対し,高出力,高容量,高安全性が要求され,LIBに使用される各部材に対し,性能向上に向けた研究・開発が展開されている。

負極では現行の黒鉛系材料に対し,より高容量のSiの合金材料が期待されるが,Siは充放電時の体積変化が大きく,微粒子化の進行に伴い,容量低下を引き起こすといった特性上課題がある。より優れた特性を有する有望な材料として,ナノSi粒子がアモルファスSiO_2に分散された構造のSiO[1]と黒鉛などの炭素と混合化した負極材料が注目され,スマートフォンなどポータブル用途などで実用化されている。

SiO／炭素系負極を使用した充放電サイクル試験を実施した結果,SiOを用いた場合には,従来の炭素系と比較して,容量低下が早いといった報告[2]もあり,当社で市販品をリバースエンジニアリングにて調査した結果でも負極合剤中SiOの添加量は5質量％以下とSiOが持つ高容量化の特徴が生かし切れていないのが現状である。

負極の容量低下の要因には,負極活物質と電解液の界面反応で負極活物質表面にSEI（solid electrolyte interphase）と呼ばれる被膜（以降,"SEI被膜"）が形成[3],導電パス遮断,活物質粒子の孤立などによる容量バランスのずれ,抵抗増加が挙げられる。

本章ではSiO／炭素系負極を使用して作製したラミネートタイプのLIBに対し充放電サイクル試験を実施し,容量低下した負極について,SEI被膜の構造解析,合剤層内の分布評価技術による活物質粒子の劣化解析について,分析事例を交えて紹介する。

2 LIB負極の劣化分析

2.1 試料前処理と測定手法

LIBに使用されている材料には,電解質としてヘキサフルオロリン酸リチウム（$LiPF_6$）など大気中の水分や酸素と反応性が高い化合物が使用されている。$LiPF_6$を大気中で取り扱うと,大

---

* Hirofumi Moriwaki ㈱東レリサーチセンター 有機分析化学研究部
有機分析化学第1研究室 主任研究員

第4章 サイクル試験による耐久試験後のSiO／炭素系負極のSEI被膜，負極合剤層の分布評価

気中の水分の影響で加水分解され，フッ化リチウムやリン酸，フルオロリン酸，リン酸塩などの変性成分が生成し，生成時にフッ酸が発生することが知られている[4]。

そのため，分析する電極試料を大気雰囲気中でサンプリングし，その試料で分析を行った場合，得られる情報には大気の影響による変化が含まれ，劣化による本質的な変化を見落としてしまう。実際にLIBから取り出した負極について，大気に数秒間曝露させたものと非曝露のものについてXPS測定を行い，フッ素およびリンの化学状態を比較した。

大気曝露した負極の表面は，電解質の変性成分（フッ化物やPOx，PFxOy成分）の割合が増加していることが図1のXPSの測定データから確認できる。このことから，グローブボックス（アルゴンガス，露点：-70℃以下，酸素濃度：0.1ppm以下に管理）を活用して，大気非曝露でLIBの材料を取り扱うことが必要不可欠となる。LIBを解体して取り出した電極には電解液（エチレンカーボネート（EC）などのカーボネート成分，$LiPF_6$などの電解質成分）が付着しているため，カーボネート系溶媒（望ましくはLIBに使用された同一のカーボネート）を使用して電極を洗浄，乾燥処理を行い，洗浄後の電極を測定機器まで搬送する一連の操作を大気非曝露環境下での実施が必要不可欠となる。

LIB負極の劣化分析に用いる測定手法を表1に示す。

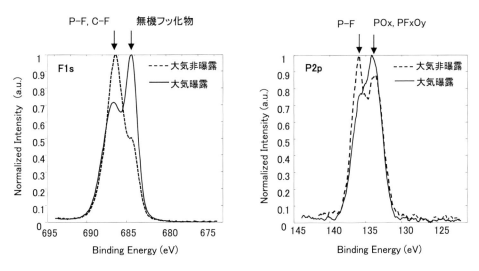

図1 大気曝露に伴う負極表面の組成変化

表1 LIB負極の劣化分析に用いる測定手法

分析箇所・領域	測定手法	得られる知見
合剤層表面	XPS, AES	構成元素とその化学状態，SEI被膜の厚み
	TOF-SIMS	化合物種，SEI被膜の厚み
	SEM	表面形態
合剤層断面	SEM(-EDX), STEM(-EDX)	形態，合剤層内分布
	TOF-SIMS	合剤層内分布
	STEM-EELS	微細領域での化学状態分布
合剤層全体 （極板から採取した合剤粉末）	AAS	全Li量
	^{7}Li固体NMR	Li化学状態（Li化合物の組成，金属Li量）
	IC, CZE	SEI被膜の無機成分の組成
	^{1}H NMR	SEI被膜の有機成分の組成

X線光電子分光法（X-ray Photoelectron Spectroscopy：XPS）
オージェ電子分光法（Auger Electron Spectroscopy：AES）
飛行時間型二次イオン質量分析法（Time-of-Flight Secondary Ion Mass Spectrometry：TOF-SIMS）
走査型電子顕微鏡（Scanning Electron Microscope：SEM）
エネルギー分散型X線分析（Energy dispersive X-ray spectrometry：EDX）
走査型透過電子顕微鏡（Scanning Transmission Electron Microscopy：STEM）
原子吸光法（Atomic Absorption Spectrometry：AAS）
イオンクロマトグラフィー（Ion Chromatography：IC）
キャピラリーゾーン電気泳動法（Capillary Zone Electrophoresis：CZE）
核磁気共鳴（Nuclear Magnetic Resonance：NMR）

3 サイクル試験におけるSiO／炭素系負極の劣化分析事例

本節では充放電サイクル試験を実施し，サイクル試験前，試験後のセルを解体し，取り出した負極に対して，各種分析測定手法を用いて分析した事例を紹介する。

3.1 分析に使用した試作セルの詳細

サイクル試験に使用した試作セルの詳細を以下に示す。

　　正極：［合剤組成］NCM622／カーボンブラック／PVdF（94/3/3（質量％））
　　　　　［層構成］合剤層（両面）142 μm／Al箔 15 μm
　　負極：［合剤組成］黒鉛／SiO／CMC／SBR（87/10/1.5/1.5（質量％））
　　　　　［層構成］合剤層（両面）129 μm／Cu箔 10 μm
　　セパレータ：単層ポリエチレン
　　電解液：1 M LiPF$_6$ ＋ EC/EMC/FEC（25/70/5（体積％））＋ VC（1（質量％））

サイクル試験は充電：1 C CC-CV 4.2 V（0.05 C cut），放電：1 C CC 3.0 Vで300サイクル実施した。

サイクル試験後の放電容量を測定し，サイクル試験前と比較した結果，充放電サイクルに伴っ

第 4 章 サイクル試験による耐久試験後の SiO／炭素系負極の SEI 被膜，負極合剤層の分布評価

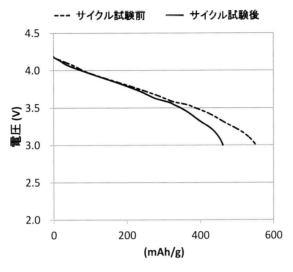

図 2　サイクル試験前後の放電曲線

た容量低下が認められた（図 2）。

次に，単極ごとに劣化程度を評価するために，セルを解体し，正極および負極を取り出し，対極に金属 Li を用いてハーフセルを作製し，放電容量を測定した。得られた正極，負極ハーフセルの放電曲線を図 3, 4 に示す。

正極，負極ともに充放電サイクル試験に伴う容量低下が生じていたが，特に容量低下の程度は負極の方が顕著であった。よって，充放電サイクルによる容量低下は，主に負極に起因していることが推察された。

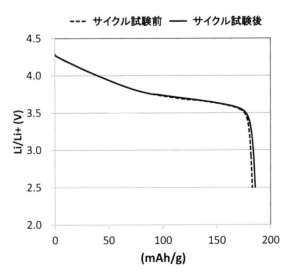

図 3　正極ハーフセルの放電曲線（0.1 C）

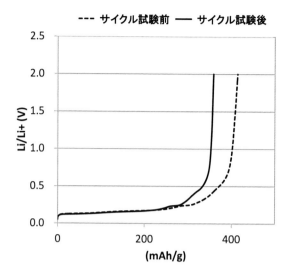

図4 負極ハーフセルの放電曲線（0.1 C）

3.2 SEI被膜の構造解析

負極の容量低下の一因として，負極活物質と電解液の界面反応で負極活物質表面に形成されるSEI被膜はECなどのカーボネート溶媒とLiPF$_6$などの電解質で構成される有機電解液が還元分解により，生成されるさまざまな構造の有機，無機リチウム塩化合物が複合化したものを示す。SEI被膜の役割は負極活物質表面での電解液の反応，分解を抑制する保護機能があるが，一方で活物質粒子の微細化に伴い，SEI被膜が過剰に生成するケースもある。本項ではSEI被膜の構造解析として，負極表面，負極合剤粉末に対して実施した各種分析結果について紹介する。

3.2.1 SEI被膜の膜厚評価（XPSによる深さ方向分析）

XPSでは負極表層のSEI被膜の元素組成や元素の化学状態に関する情報を得ることができる。さらにイオンエッチングを適用することでSEI被膜の相対膜厚を試料間で評価することができる。

図5にアルゴンイオンエッチングを用いたXPSによる深さ方向分析の結果を示す。

酸素のデプスプロファイルではサイクル試験後で増加傾向だったことから，充放電サイクルに伴い電解液の溶媒成分の分解によって生成されたSEI被膜の増加が示唆された。また，リチウムのデプスプロファイルより，サイクル試験後の活物質内部で増加の傾向が見られたことから，充放電に寄与しなくなったリチウム（吸蔵リチウム）の存在が推定された。活物質1粒子といった局所な領域に対しての深さ方向分析にはアルゴンイオンエッチングを用いたオージェ電子分光法（AES）が挙げられる。広範囲（10 μmφ～1 mmφ），局所領域に対してXPS，AESを分析領域に応じて使い分ける[5]。

第4章 サイクル試験による耐久試験後のSiO／炭素系負極のSEI被膜，負極合剤層の分布評価

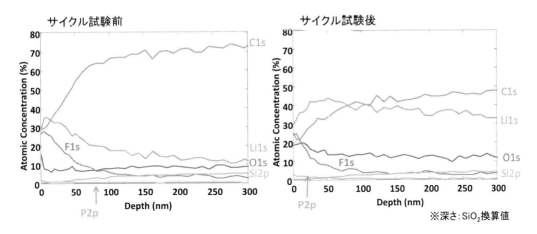

図5 放電負極表面のXPSデプスプロファイル

3．2．2 粒子別SEI被膜の膜厚評価（TOF-SIMS深さ方向分析）

TOF-SIMSでは化合物の部分構造（化合物種）に関する情報を得ることができる。さらにイオンエッチングを適用することでSEI被膜の相対膜厚を試料間で評価することができる。

図6にTOF-SIMSで取得したイオン分布像から黒鉛，SiO活物質粒子を区別し，黒鉛，SiO活物質粒子それぞれに対し，ガスクラスターイオンビーム（GCIB）によるエッチングとTOF-SIMS測定とを組み合わせ，各粒子に対し，イオン種別でデプスプロファイルを取得した。なお，GCIBはクラスターサイズが大きく，1原子あたりのエネルギーが小さいため，有機物へのダメージが小さいことが特徴であり，SEI被膜中の有機成分についても深さ方向分析が可能とな

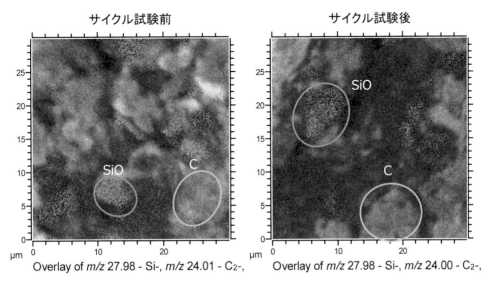

図6 放電負極表面のTOF-SIMSイオン分布像

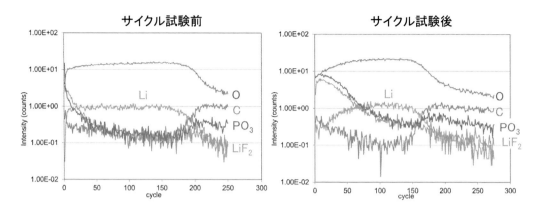

図7 放電負極 黒鉛粒子表面のTOF-SIMSデプスプロファイル

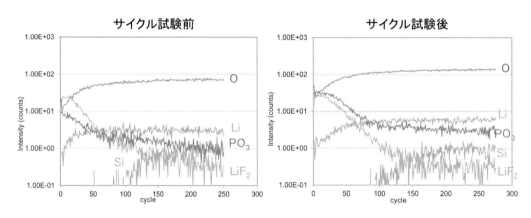

図8 放電負極 SiO粒子表面のTOF-SIMSデプスプロファイル

る。図7に黒鉛粒子，図8にSiO粒子の深さ方向分析結果を示す。

黒鉛粒子の最表層付近ではフッ化リチウムやリン酸塩などから構成される被膜成分を形成しており，これがサイクル経過に伴い増加していることが見受けられた。これは先述の図5のXPSで確認された電極表面付近でのリチウムおよび酸素成分の増加傾向に対応している。

SiO粒子では，サイクル前後ともにSiO粒子内部でリチウムが認められ，特にサイクル試験後の方で強度比が高くなっていることから，サイクル経過に伴う，リチウムの増加が示唆された。これにより，放電状態でも正極に戻れなくなったリチウムがSiO粒子内に吸蔵されたままの状態で存在していることが考えられた。

3.2.3 リチウムの定量，化学状態分析（原子吸光，固体NMR）

放電状態の負極のリチウムの含有量および化学状態を分析するためには原子吸光法および固体^{7}Li NMR測定を実施する。

サイクル試験前，試験後のリチウム含有量の定量結果を図9に示す。

リチウム含有量はサイクル試験前に比べ，試験後で増加，一方，正極に関してはサイクル試験

第4章 リイクル試験による耐久試験後のSiO／炭素系負極のSEI被膜, 負極合剤層の分布評価

後で減少していた。このことから，サイクル試験後では充放電反応に伴い不可逆なリチウムの生成が確認され，サイクル試験後で容量バランスずれが認められた。

図10の固体 ^{7}Li NMR スペクトルを用いてリチウムの化学状態を解析した結果, 化学シフト 0 ppm 付近に SEI（炭酸リチウム, フッ化リチウムなど），リチウム酸化物などに帰属されるピークが認められた。ピーク a, b に関しては SiO, 黒鉛粒子のそれぞれに吸蔵されたリチウム（LiC_{18}, LixSi）と帰属され，サイクル試験後でこれらのピーク強度が増加した。このことから，SiO, 黒鉛粒子ともに吸蔵リチウムの増加の傾向が見られた。なお，金属リチウムに関しては未検出（検出下限：0.01 質量%）であった。0.01 質量%以下の微量の金属リチウムを定量するに

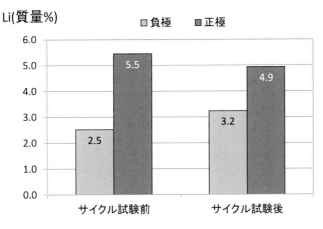

図9 放電電極の合剤中 Li 量（原子吸光）

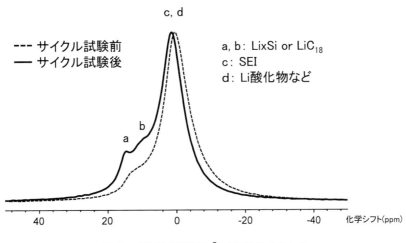

図10 放電負極の固体 ^{7}Li NMR スペクトル

は，電子スピン共鳴法（electron spin resonance：ESR）が有効である。

3.2.4 SEI 被膜の構成成分の定量分析（NMR, IC, CZE）

負極合剤に形成された SEI 被膜をより定量的に評価する手法として，抽出分析が挙げられる[6]。抽出分析とは負極より採取した負極合剤粉末を水および重水を用いて抽出し，SEI 被膜を溶液化して分析することである。この溶液について，^{1}H NMR 測定よりカーボネート溶媒（EC，DEC）由来の SEI 被膜成分（エチレングリコール骨格，アルコキシ基）を，CZE 測定より炭酸塩をそれぞれ定量する。$LiPF_6$ など電解質由来の SEI 被膜（LiF，リン酸塩）の定量には IC を適用する。サイクル試験前，試験後の負極合剤粉末に対し，上記の分析を実施し，分析値を電荷収支計算にて当量に換算した。比較結果を図 11 に示す。

カーボネート溶媒から生成した炭酸リチウム由来の炭酸イオン，エチレングリコール（EG）骨格がサイクル試験後で増加の傾向が認められた。電解質由来では LiF 由来のフッ化物イオン

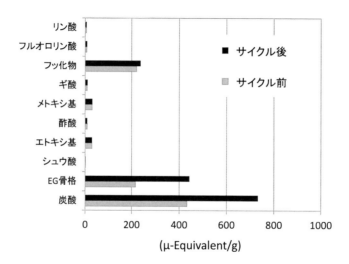

図11　放電負極　SEI の組成分析結果

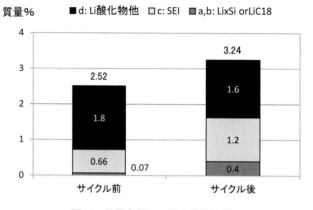

図12　放電負極　Li 量と化学状態

第4章 サイクル試験による耐久試験後のSiO／炭素系負極のSEI被膜，負極合剤層の分布評価

に関してはサイクル試験前，試験後で同程度だった。以上の結果より，本リイクル試験ではカーボネート溶媒の分解で生成されたSEI被膜成分の増加が確認された。

以上の結果，リチウム含有量を固体 ^{7}Li NMRのピーク強度比，SEI被膜の構成成分の定量分析結果を踏まえ，SEI被膜のリチウム，活物質粒子に吸蔵されたリチウムおよび酸化リチウムにそれぞれ分類した計算結果を図12にまとめ，サイクル試験前，試験後で比較した。

この結果より，サイクル試験後に増加した不可逆リチウムはSEI（特にカーボネート溶媒由来成分）とSiO，黒鉛活物質粒子に吸蔵されたリチウムに相当しているものと推定された。

3.3 活物質粒子の劣化分析
3.3.1 合剤層断面の元素分布分析（SEM-EDX）

サイクルに伴う活物質粒子の状態変化を観察するために，負極断面観察および元素分布分析をSEM-EDXで実施した。断面観察に使用する試料はCryo-BIB（broad ion beam）法で加工した。

図13に負極合剤層の断面観察写真を示す。

黒鉛粒子に関してはサイクル試験前，試験後で形態に差はほとんど見られなかったが，SiO粒子に関しては粒子表層が網目状となっていた。さらにこの表層の網目状領域の構成元素を調べるためにSEM-EDX測定を実施した。図14に示したとおり，表層の網目状よりフッ素，リンが主に検出された。これらの元素より電解質（$LiPF_6$）の影響で形状が変化したものと考えられた。

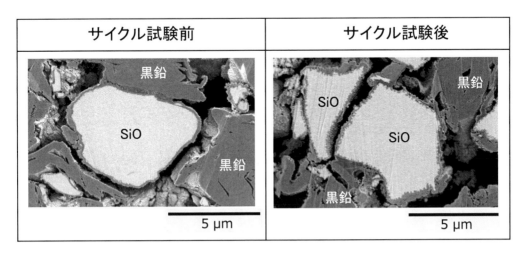

図13 放電負極の断面観察写真

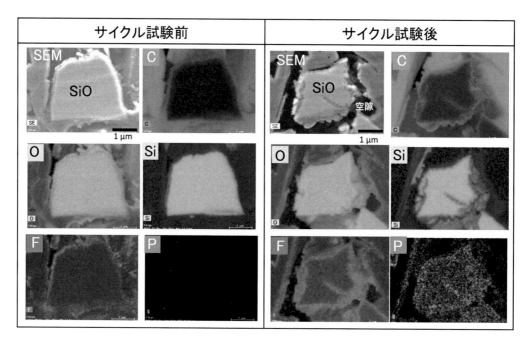

図14 放電負極中 SiO 粒子の元素分布像

3.3.2 活物質粒子のリチウム分布分析（TOF-SIMS）

TOF-SIMS のイオンマッピングを断面方向で適用することによって，活物質に吸蔵されたリチウムの黒鉛，SiO 粒子別での分布状態を評価できる。サイクル試験前，試験後の負極合剤層の断面方向でイオン分布像を取得し，分析した結果を図15に示す。

サイクル試験後でリチウム高強度の SiO 粒子の頻度が増えている（サイクル試験前に見られたリチウム低強度の SiO 粒子は減少）ことがわかった。

サイクル試験後では黒鉛の中にもリチウムが高強度で存在する粒子も散見された。この黒鉛粒子は周辺の SiO 粒子の充放電における体積変化の応力などにより，粒子が孤立化し，リチウムが吸蔵されたままの状態であると考えられた。

以上の結果より，SiO 粒子に関しては電解質の影響で粒子表層劣化し，粒子内部はリチウムが吸蔵された状態（リチウムシリケート化）で存在していることが各種分析結果から推定された。また，周辺の SiO 粒子の体積変化によって孤立化し，リチウム吸蔵状態黒鉛粒子も散見された。

第4章 サイクル試験による耐久試験後のSiO／炭素系負極のSEI被膜，負極合剤層の分布評価

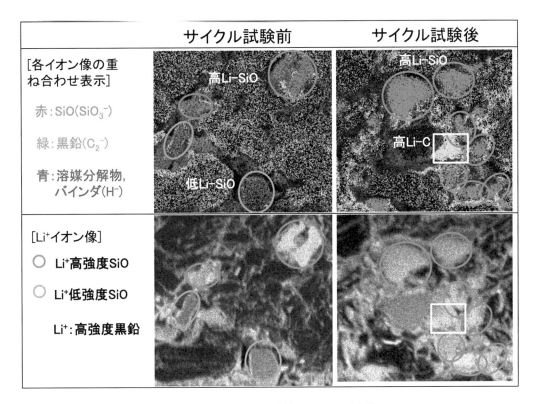

図15　放電負極の活物質粒子のイオン分布像

4　おわりに

　本章では充放電サイクル試験に伴い，容量低下要因の一例として挙げられるSEI被膜生成，活物質粒子の劣化の分析事例を中心に紹介した。今回の事例以外に合剤層の空隙状態を視覚的かつ定量的に捉えることのできる断面SEMの画像解析技術，導電状態を可視化できるトンネリングAFM（TUNA）による導電分布評価などもSiO／炭素系負極の劣化分析に有効な分析手法となる。

　また，正極側で劣化が認められた場合，解体して取り出した正極についてX線回折，ラマン分光，X線吸収微細構造解析（XAFS）およびSTEM観察に適用する。特にSTEM観察においてはその活物質表面の結晶構造変化をnmレベルの微細な領域で分析することが可能となり，正極劣化分析で有用な分析手法の一つである。

　LIB分野は今後も高寿命，高安全性に向けた新規材料の研究開発が進められていく中で，さまざまな耐久試験条件に応じて，劣化状態，現象を高精度，高感度，さらには分析領域の広域化に向けた分析技術で支援できれば幸いである。

文　　献

1) T. Morita and N. Takami, *J. Electrochem. Soc.*, **153**(2), A425 (2006)
2) GS Yuasa Technical Report, 第 11 巻第 2 号 (2014)
3) K. Xu, *Chem. Rev.*, **104**, 4305 (2004)
4) D. Aurbach *et al.*, *J. Power Sources*, **68**, 91 (1997)
5) 藤田学, 森脇博文, *The TRC NEWS*, **108**, 38 (2009)
6) 島岡千喜, 森脇博文, 小川美由紀, 佐藤信之, 第 50 回電池討論会要旨集, 170 (2009)

第Ⅱ編
炭素系負極材の開発・応用

第1章　リチウムイオン電池用負極の最新技術と将来展望

馬場良貴*

1　はじめに

EVの普及に伴い，その性能，コストに最大の影響を及ぼす，リチウムイオン電池の開発に関して注目が集まっている。リチウムイオン電池の最大の特長は，元 三洋電機の池田宏之助博士により発見された，黒鉛系負極にあると断言できる。理由は，単位質量／体積あたり容量の大きさ，電位の低さ，作動電位の安定性，資源的な意味合いでの価格の安さにあると考える。

本章ではリチウムイオン電池用負極の最新技術と将来展望について述べる。

2　黒鉛系負極の課題など

2.1　開発の歴史

リチウムイオン電池の黎明期には主に天然黒鉛系材料が使用された。特に寿命特性改善の過程で，人造黒鉛系材料がメインに使われることになった。両者の違いは，前者が天然の黒鉛を原料に使うことに対して，後者はコークスなどの一次原料を人工的に黒鉛化して活物質を作製することにある。後者の方がいろいろ手を加えることができる部分が多く，開発のバリエーションが広い（課題に対しての解決オプションが豊富である）。一方で，価格的には前者に競争力があり，現状では，表面処理の改善技術などにより，後者に大きく劣らない特性まで改善されつつある。

2.2　コスト

黒鉛系負極材料はコストが安いと述べたが，それは，いわゆる，資源的に希少な金属などを含まないことにある。一方で，需給のバランスなどから，原料となる天然黒鉛やコークスが価格変動を受けていることも事実である。特にEV向けの用途に対しては，安定した品質の材料を，大量にかつ，安価に継続購買できることが必要不可欠になる。

2.3　ハンドリング

リチウムイオン電池の品質（特にばらつきという意味合いでの品質）は，極板の品質で決まると言っても過言ではない。正極板と比較し，水系の負極板は品質の安定が難しい。①スラリの固

---

*　Yoshitaka Baba　㈱八山　代表取締役

液分離，②黒鉛負極活物質の集電箔への密着性低下，③極板硬さ，が最大の課題である。

①は，通常，純水に，負極活物質，バインダなどを分散してスラリにするのであるが，時間とともに分離が進行する（固形成分が沈降し凝集する）。分離が進行した場合，スラリの安定性が低下し，塗工量（単位面積あたりの塗工質量）が安定しない（極板の長さ方向，幅方向，また連続生産での塗工量の安定がリチウムイオン電池の品質安定に必要不可欠である）。固液分離の速さは，活物質の表面性状，粒度分布，表面エネルギーなどが関係すると考えられている。改善には，活物質表面の非晶質炭素コートや，特殊表面処理などが用いられる。また，バインダ仕様，プロセスの最適化も重要になる。

②は，原因は，乾燥中にバインダが極板表面（集電箔と反対側）にマイグレートすることによると考えられている（マイグレートした結果，集電箔近傍のバインダが不足することにより，密着性が低下する）。対策としては，乾燥条件の適正化や，活物質への各種表面コートが有効である。

近年特に容量向上や特性確保のために，充放電に寄与しないバインダの量を削減する開発トレンドがあり，バインダの絶対量が少ない域で，ハンドリング性が極端に低下する可能性が高くなる。

2．4　電池特性

黒鉛系負極は，リチウムイオン電池の①初期容量（設計容量），②サイクル寿命，③保存特性，④低温特性，に特に大きな影響を及ぼす。

①は通常350～360 mA h/g程度の初期充電容量を持つ。一方で，初期効率（初期放電容量／充電容量）は材料仕様により変化し，電池設計にもよるが，高容量化のためには，極力高い値にする必要がある。初期効率は，主に取り込まれ放出されなくなるLi量と，電解液など有機物の還元電気量と相関する。

②は，負極表面に堆積する電解液などの還元物質（通常SEIと呼ばれる）の量／質と相関があると言われている。さらに充放電時の体積変化も影響を及ぼし（形成されたSEIの影響を与える），改善にはバルク，表面双方の適正化が必要になる。

③は②と比較した場合，充電／放電の材料体積変化が少ない分，環境は緩やかと言える一方で，電気／イオンの流れが一方向であるために，②よりも影響が顕著になるケースもある。実使用の条件では②と③の和が，リチウムイオン電池の寿命特性を決定すると考えられている。

④は特に低温時には電解液中のLiの移動が律速になると考えられ，特に黒鉛系負極では反応個所（Liの出入口）が部分的であるゆえに，配慮が必要となる。

2．5　材料開発の方法

通常，電池メーカでは，機種開発グループと材料開発グループを保有する。黒鉛系負極材料は後者で独自に開発を進める。高容量化（初期効率の改善など）や長寿命化など普遍のテーマに向

け，開発データを積み上げる。機種開発やプロジェクトがスタートしたタイミングで，データを持ち寄り，機種に展開する。難しいのは，電池の種類や正極／電解液との相性（交互作用）がある部分で，場合によっては逆の（悪い）結果が出ることもある。

3 黒鉛系負極の最新技術

3.1 金属系負極

SiやSnなどの金属系化合物は黒鉛系負極と同じく，Liを吸蔵する。黒鉛系負極の初期充電容量が350〜360 mA h/gであるのに対して，最大10倍程度大きい初期充電容量を有し，今後のリチウムイオン電池の高容量化には非常に重要な材料である。一方で，体積変化が大きく，現状では，ひとまず，黒鉛系負極に混ぜて使用する方法が採られている。開発の中心は金属化合物材料の適正化であるが，マッチング（相性）という意味で，黒鉛系材料の適正化も開発の主流になっている。また，電解液やバインダに関しても，金属材料を使いこなす観点から，開発が加速している。さらには，負極板の単位面積あたりの容量が増すことにより，正極材料／極板に関しても開発が必要となる。

かかる新規材料の登場により，その周辺の材料の開発トレンドが影響され，変化することは周期的に発生している。

3.2 黒鉛系材料

前述した金属系材料とのマッチングとは別に，黒鉛系負極の改善も加速されている。コストダウンを主目的とした天然黒鉛系材料の表面コートの最適化（コート材／量や熱処理条件の適正化），人造黒鉛と天然黒鉛のブレンドなども検討される。寿命特性の改善を目的とした，表面コートの適正化，基材コークスの適正化によるバルク構造改善などがある。また，粒径の適正化や，表面積の適正化による特性改善も検討される。硬度の違う黒鉛系負極をブレンドすることによる，電解液移動パスの形成も非常に重要になる。

4 将来展望

現状では民生用途（スマートフォンやノートPCなど）に対しては，その製品寿命からおおよそ必要十分な特性が確保されつつあると言えるが，比較的商品寿命が長く，価格に対して電池の占める割合が高い，自動車用途や蓄電池用途（ESSなど）などに対してはさらなる電池寿命，コストの改善が急務で，黒鉛系負極の開発に期待される部分は大きい。

第2章 昭和電工における黒鉛負極材の開発と展開

武内正隆*

1 はじめに

今後のリチウムイオン電池（LIB）の方向性としては，スマホ・タブレットの使用時間の延長や電気自動車の長航続距離化のための高エネルギー密度化や，充電時間の短縮のための，低抵抗・急速充電特性の向上が特に注目されている。もちろん，従来通り安全性の確保がベースにあることは言うまでもない。さらなる高エネルギー密度が期待されている，電解液のかわりに固体電解質を用いた固体LIBも近い将来に実用化されてくるだろう。したがって，負極材もこれらのLIBの方向性を達成する特性が要求されている。すなわち，負極材としては，単位重量あたりのLi挿入量が大きいこと（エネルギー密度向上），Li挿入（充電）時に金属Li（デンドライト）析出がないこと（充電時間の短縮）が重要である。そのためにはLi挿入時の抵抗をできるだけ小さくしなければならない。後述するが，Li挿入時の抵抗が低い負極としては，ハードカーボン（HC）やソフトカーボン（SC）などの低結晶炭素や，LTOのようなLi挿入電位の高いものが優れているが，これらは低初期効率や低エネルギー密度という欠点がある。また安全性としても，Liデンドライト析出がないことが重要であるが，他に，高温保存性が優れる（高温放置しても負極材粒子の内部および表面構造の変化が少ない）負極材が求められる。固体LIBでは流動性のない固体粒子を電解質に用いるので，負極材としては形状的な物性も要求されてくるが，基本的には液体系と同じ高エネルギー密度で急速充放電特性の優れている材料が要求される。

当社（昭和電工）は，長年の人造黒鉛電極事業で培ってきた高温熱処理技術や炭素粉体処理技術を活用し，LIB負極用に人造黒鉛負極材SCMG®（Structure-Controlled-Micro-Graphite）を商業生産している。SCMG®は，車載用LIBや蓄電用LIBのような，長サイクル寿命，保存特性が要求される大型LIB向けグレードを開発し[1~6]，国内外複数の車載・蓄電向けに採用され，生産能力を増やしている。さらに当社は高容量次期負極材料として有望視されているSi黒鉛複合系材料の開発も進めている。2018年にパイロット量産，2019年に本格量産を開始する予定である[7]。本節では，当社SCMG®負極材や開発中のSi黒鉛負極材の特徴などを例示しながら，LIB負極材の現状と開発動向を解説する。

---

* Masataka Takeuchi　昭和電工㈱　融合製品開発研究所／先端電池材料事業部　副所長

2 炭素系 LIB 負極材料の開発状況

2.1 LIB 負極材料の種類と代表特性

図1に LIB 負極として使用または開発されている材料の分類，その代表的具体例を示した。炭素負極材料としては，HC や SC に代表される低結晶性炭素や天然黒鉛，人造黒鉛に代表される高結晶性炭素（黒鉛）材料がある。図2には，これら LIB 負極のなかで，大型 LIB に使用されている材料の単極評価での1回目の充放電カーブを示した（電流値 0.2 C）。これらの中で黒鉛は充放電容量が 330 mAh/g 以上と最も大きい。充放電電位も最も低く，正極と組み合わせた場合の電池電圧が高くなり，LIB としてのエネルギー密度は最も大きくなる。低結晶性炭素の HC や SC は充放電電位が充放電に伴い，徐々に変化しており，充電末期時に Li メタルの析出（デンドライト）が起こりにくく，Li イオン挿入（入力）を速くできるなどの特徴を有し，安全

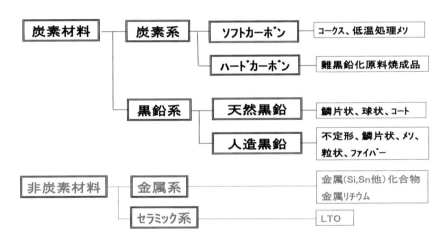

図1 各種 LIB 負極材料の分類と具体例

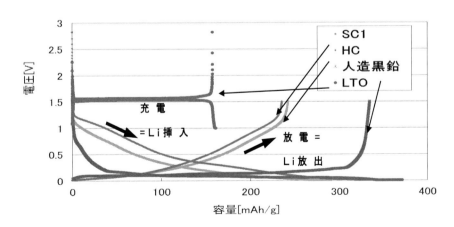

図2 各種 LIB 負極材料の初期充放電カーブ（電流：0.1 C）

という観点でも好ましい特徴を有する。しかしながら，正極と組み合わせた場合の電池電圧は黒鉛負極を用いた場合よりも低い，また初期充放電効率が85%以下と低いため正極のLiの消費が多い，充放電容量も300 mA h/g以下と黒鉛より小さい，真密度が黒鉛より小さいため電極密度が低い，などの理由からLIBのエネルギー密度としては黒鉛系よりかなり小さくなる。非炭素系材料のLTO（$Li_4Ti_5O_{12}$）[8]は充放電電位が1.5 V vs. Li/Li^+と高く，充放電容量も150 mA h/gと炭素・黒鉛系の半分以下であり，エネルギー密度では大幅に不利であるが，充放電電位が高いためLiメタルの析出が起こらない，Liイオン挿入放出での体積変化がほとんどない，ので，急速充電特性・低温特性やサイクル寿命が良好，安全性にも有利という，特徴を有する。

　最近，多量のLiイオンを挿入放出できるため，高容量化が可能な，SiやSn系化合物が注目されている。特にSi系化合物の開発・実用化検討が活発である。Si自身の理論容量は，$Li_{4.4}Si$として4200 mA h/gと現黒鉛負極の10倍以上を有し，今後のLIBの高エネルギー密度化へのキーマテリアルのひとつとなっている。しかしながら，Siは電子伝導性とLi拡散係数がともに低く，さらにLiフル挿入時$Li_{4.4}Si$の体積は，Li放出時のSiに対して4倍以上に膨張・崩壊し，サイクル劣化が著しい。したがって，そのままでは使いにくく，化合物化，微細化，表面処理などの各種改良が進められてきた。Si系化合物としては，SiO_x[9,10]，Siと他の金属との合金や被覆[11]，Siと炭素系材料（黒鉛含む）の複合物などがある。その中でこれまでは，膨張収縮による劣化が比較的おさえやすかったSiO_xが先行して適用検討が進められてきた。これらSi系化合物はさらに黒鉛と混合して，現黒鉛360 mA h/gの1.2～2倍程度（450～700 mA h/g）の容量でまず実用化が試みられている。当社は前述した炭素・黒鉛技術を生かし，高容量Si黒鉛系複合負極を開発している[7,12,22]。また，Si系化合物の充放電サイクル時の膨張収縮による導電性接点低下に，導電助剤として当社のVGCFを混合することが有効であることも明らかにした[13,14]。

2.2 LIBおよび負極材料要求項目

　LIBの要求項目としては，これまでおよび今後も以下の5点が重要である。

① エネルギー密度
② 入出力特性
③ 耐久性（サイクル，保存性）
④ 安全性
⑤ 低価格

負極材料の要求特性も上記①～⑤に密接に関係する。例えば，

①→Liイオン挿入放出容量（充放電容量）が大きい，高充放電初期効率，低充放電電位，高電極密度

②→高Liイオン挿入放出速度，高Liイオン拡散速度，高電気伝導度

③→化学構造安定性，Liイオン挿入放出時の膨張収縮の低さ，Cu箔集電体への高接着強度

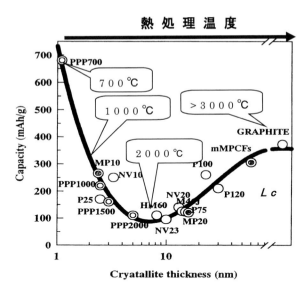

図3 各種炭素材料のLCと充放電容量の関係[15]

④→Liデンドライト抑制(上記②が良好なほど好適),低副反応(電解液との低反応性)
⑤→低製造コスト,容量あたりで低価格

図3に遠藤ら[15]による各種炭素材料の結晶化度(XRD測定によるLc値)と重量あたりの充放電容量(mA h/g)の関係を示した。PPP700のようなLc = 1 nm付近の無定形炭素は700 mA h/gという高容量を示すが,Lcが大きくなるにつれ容量が低下し,Lc = 10 nmを超えた付近からまた容量が上昇する。このLc値は炭素の熱処理温度と相関があり[16],黒鉛は,3000℃付近の高温熱処理で330 mA h/g以上の高容量を示す。低結晶性炭素は一般的に1000〜2000℃の領域で処理されたもので,吸着的なLi挿入により入力特性は優れており,また充放電での体積膨張も小さいことからサイクル寿命も比較的優れているが,容量は100〜280 mA h/gとかなり低い。今後のLIB特性向上のためには,この低結晶性炭素の入出力特性・サイクル寿命と同等の黒鉛系材料の開発が必要となる。

3 人造黒鉛負極材のサイクル寿命,保存特性,入出力特性の改善

3.1 人造黒鉛SCMG®の特徴

当社の最近の量産負極グレードの粉体物性(参考値)を表1に示す。SCMG®は独自の粉体処理技術により,負極材として最適な形状に加工した炭素原料を,黒鉛化炉で熱処理することにより生産する。製造法の特徴として,炭素原料の前加工→黒鉛化→後加工というシンプルな工程で,用途にあった粉体物性を顕現可能という点と,当社独自の超高温粉体黒鉛化が挙げられる。

表1 昭和電工 LIB 人造黒鉛負極材 SCMG® 参考物性

SCMG	AR	BR	BH	AF	AF-C	CF-C	XR-s
比表面積（m²/g）	1.5	2.0	2.5	3.1	2.6	4.5	2.5
粒度 D50%（μm）	15	15	20	5	5	5	12
放電容量（mA h/g）	330	330	330	330	330	330	350
初期充放電効率（%）	92	92	92	90	90	90	93
特徴	耐久性	耐久性	耐久性	入出力	入出力	入出力	容量

＊放電容量，初期クーロン効率：コインセル単極評価の値（対極 Li メタル）

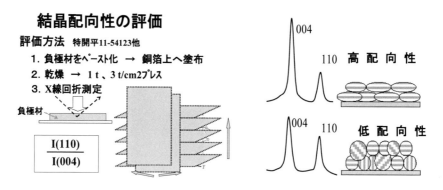

図4 黒鉛負極配向性のX線回折による評価方法

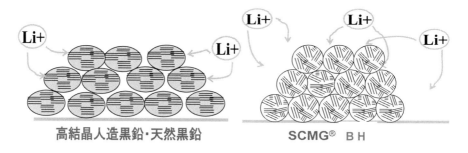

図5 高結晶性黒鉛と SCMG®-AR を Cu 箔上に塗工した場合の充放電反応（Li 挿入脱離）のイメージ

現在の代表グレードである SCMG®-BH は黒鉛としては高電流（高入出力），長寿命であり，車載，定置型蓄電向け LIB が主用途である。この理由としてはいくつかあるが，図4の方法で測定した配向性の値が天然黒鉛などの高結晶性黒鉛に対して大きい（配向しにくい）ことも注目できる点である。配向性はX線回折での110面と004面のピーク強度比（I(110)/I(004)）で表している[17]。強度比が大きいほど配向しにくい負極材料である。特に SCMG®-AR の配向性は0.66と天然黒鉛系が0.1以下に対して大きな値を示す。表1の当社他の材料も粒度，容量は異なるが，同様の考え方で設計している。特に XR-s は AR に対して 350 mA h/g という高容量化

を達成したが，同様に良好なサイクル特性を示す[18]。

図5にSCMG®-BH負極の充放電イメージを高結晶性人造黒鉛・天然黒鉛系負極と比較した。高結晶性黒鉛は電極に塗工した場合，集電体の銅箔に平行して，各粒子のグラフェン層が配向しやすくなる。一方，SCMG®-BHは上述したように，配向しにくいため，各粒子のグラフェン層がランダムに向いており，その結果，Liイオンの挿入放出サイトも増え，高入出力特性や充放電サイクル寿命が長いなどの特徴を有するようになる。

3.2 人造黒鉛SCMG®（AGr），表面コート天然黒鉛（NGr）の耐久性比較とその解析

当社SCMG®は現市場で伸びている車載用や定置型蓄電用大型LIBに適した，長サイクル寿命，高温耐久性に優れている。これはSCMG®の表面が安定していること，および配向性が低いことから，Liイオンの挿入が等方的であり，充電時の膨張も等方的で副反応が少ないことなどに起因している。この特性を解析するために，人造黒鉛（AGr）であるSCMG®と一般的な表面コート球状天然黒鉛（NGr）の各種耐久性試験前後の各材料の表面および内部構造変化を調べた[19,20]。解析に使用した材料でAGrとしては，表1のSCMG®-BRを用いた。図6に各材料の単粒子のSEM像を示している。これらを負極に用いてラミネート型セルで図7（a）の室温充放電サイクル試験（500回），図7（b）の60℃充電保存試験（4週間）を行い，試験前後で各種分析・解析を行った。充放電サイクル試験，60℃保存試験ともに，AGr（SCMG®-BR）がNGrより，容量維持率が高く，劣化が小さい結果となっている。解析手段としては，TEMやSEMとXPS分析，IR分析，ラマン分析を組み合わせて表面のSEI被膜の厚みや材料分析，交流インピーダンスでの抵抗変化，断面SEMやXRD解析での黒鉛内部構造や配向性変化，DSC分析による熱的安定性変化などを実施した。いくつかの解析例を示す。

図8には，図7（b）で実施したAGr，NGrの60℃で4週間保存前後での黒鉛表面に生成したSEI被膜厚みと組成変化を粉体のTEM観察やXPSで調べた結果を示す。初期厚みはAGr

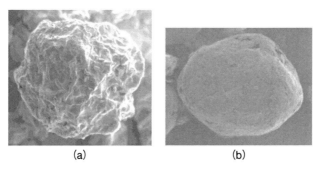

図6 （a）人造黒鉛AGr粒子（SCMG®-BR）と（b）表面コート球状天然黒鉛NGr粒子のSEM写真（粒径〜20μm）

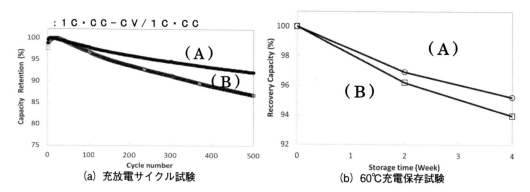

図7 (A)人造黒鉛 AGr(SCMG®-BR)と(B)表面コート球状天然黒鉛 NGr を負極に用いたラミネート型 LIB の (a) 室温充放電サイクル試験の容量変化と (b) 60℃充電保存試験後の回復容量の比較

単層ラミネートセル，正極：LFP，2.8～4.2 V

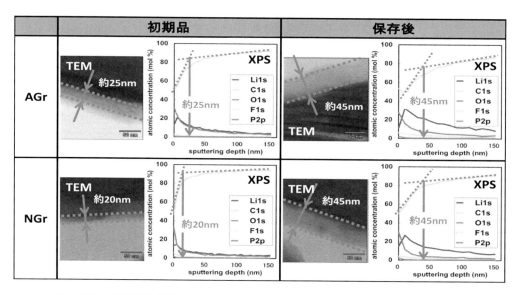

図8 60℃ 4週間保存前後の TEM，XPS 観察による SEI 被膜の厚み変化と組成変化解析

のほうが若干多かったが，保存後の増加率は NGr が大きく，NGr の保存劣化が大きいひとつの要因であると推定される。

図9は，図7（a）で実施したサイクル試験前後の AGr, NGr 電極断面 SEM 観察結果である。AGr（SCMG®-BR）は500サイクル前後で電極や黒鉛粉形状にほとんど変化は見られない。SCMG® が単一粒子で，骨格が安定しているためと推定している。一方 NGr の場合は，もともと配向していた粒子を球状化した各層が充放電の膨張収縮で剥離し，粒子内の空孔が増え膨

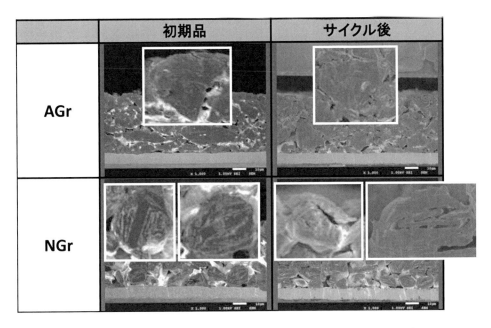

図9　25℃ 500サイクル前後（図7）のAGr, NGr電極の断面SEM観察

らんでいる。この粒子膨張により，表面コートの剥離のような部分も観察された。表面コートが剥離すると，さらに電解液との副反応が増え，劣化が進む。以上まとめると，NGrは配向性の高い粒子を後加工：球状化／カーボンコートしているため，充放電での粒子の形状変化が大きく劣化が進みやすい。一方，SCMG®は表面，内部構造が安定であるため，高温保存や高温サイクルで優れた耐久特性を有し，さらに高温での安全性にも有利であると推定される。

3.3　人造黒鉛SCMG®の膨張特性

前述したように，高耐久性のSCMG®は，スマートフォンや車載用ラミネートLIBに重要な膨張抑制にも優れた特性を発揮する[20,21]。外装材に金属缶ではなく，Alラミネートを使うことにより，形状自由性や軽量化，薄型化，放熱性が達成でき，スマートフォンなどのモバイル機器用LIBにはAlラミネート外装材が伸びてきた。また，車載LIBでも，特に軽量化や放熱性が期待され，今後Aiラミネート外装材が増えていくと期待されている。図10には，各種負極材を用いた単層ラミネート型LIBの充放電サイクル試験を繰り返した際の各負極電極の厚みの変化を示した。負極初期電極密度は1.6 g/CCと高密度に統一している。測定は各ポイントでラミネートLIBを解体し，負極電極厚み（電極膨張）を実測した。

結果として，当社人造黒鉛SCMG®の高容量・高密度代表グレードであるXR-sは300サイクル後の電極厚み変化がもっとも低いことがわかった。比較しているカーボンコート天然黒鉛は図8や図9の耐久性解析で示したように，充放電サイクルを繰り返す毎に，球状化した天然黒鉛粒子の各層が充放電の膨張収縮で剥離し，粒子内の空孔が増え膨張する。さらに，この粒子膨

リチウムイオン二次電池用炭素系負極材の開発動向

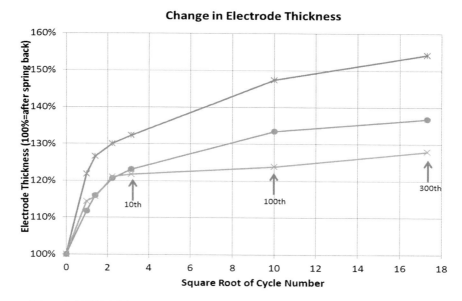

図10　各種黒鉛を負極に用いた LIB の充放電サイクル試験での負極の厚み（膨張）変化
単層ラミネートセル，正極：NMC，負極初期電極密度：1.6 g/CC，25℃，1 C・CCCV/1 C・CC，2.8～4.2 V

張により，表面コートの剥離が起こり，電解液との副反応が増え，反応物が堆積（SEI）し，さらに膨張が進む。比較材料である人造黒鉛は，耐久性を改善するために二次粒子化した構造にしているが，充放電サイクルを繰り返すことにより，二次粒子が崩壊し，膨張が進むと推定している。一方，単一粒子である SCMG®-XR-s は，図9で示したように，充放電サイクルを繰り返しても骨格が安定しており，また表面の副反応も少なく，膨張が抑制される。

3．4　人造黒鉛 SCMG® の急速充放電性（入出力特性）

　SCMG®-AR，BR，BH，XR-s は長サイクル寿命，高保存特性，サイクルにおける電極膨張も少ないが，急速充放電（入出力）特性は図3に示した低結晶性炭素材料（ソフトカーボン，ハードカーボン）には，その充電機構から劣っている。ただし，低結晶性炭素は重量あたりや体積あたりの充放電容量で黒鉛系には及ばないため，低抵抗で急速充放電性に優れた黒鉛負極材が求められている。繰り返すが，低抵抗で急速充放電性に優れる特性は Li の拡散が早く，負極内の電子分布が均一であるということであり，安全面においても優れていると言える。表1の AF，AF-C はこのような目的で開発した人造黒鉛である。図11には，SCMG®-AR，AF または AF-C を負極に用いた 20 × 20 mm 小形単層ラミネートセル（正極 LFP）の充電時または放電時のセル直流抵抗（DCR）を比較した結果を示す。充電時，放電時ともに DCR は AF-C ＜ AF ＜ AR の順に低くなっており，AR（粒径 D_{50} は約 15 μm）から AF（D_{50} は約 5 μm）への小粒子径化が DCR 低下に反映されている。さらに AF と AF-C は粒径は同じだが，AF-C の表面加工

第2章 昭和電工における黒鉛負極材の開発と展開

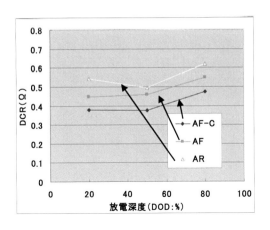
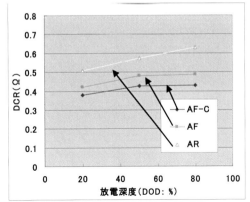

図11 単層ラミネートLIBでのSCMG®-AR, AF, AF-CのDCR特性比較
セル容量:〜40 mA h, 正極:LFP, 電解液:1 M LiPF$_6$/EC + EMC + VC 1 wt%

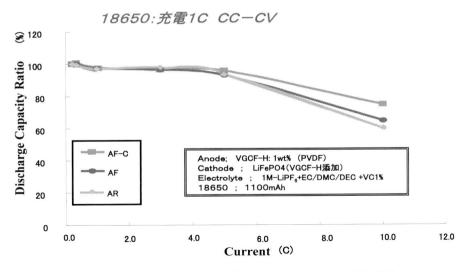

図12 18650円筒LIBでのSCMG®-AR, AF, AF-Cの放電特性比較

の効果が反映されている。図12にAR, AF, AF-Cの18650型円筒LIB (正極LFP) での各電流値での放電特性を比較したが,小粒径のAF, AF-Cは, ARに比較し優れた放電特性を示した。寿命,保存特性に優れる,当社人造黒鉛SCMG®シリーズの中でも,SCMG®-AF-Cは,さらに低抵抗,急速充放電性能も兼ね備えた材料である。また,この低抵抗という特性は,低温特性にも効果を発揮する。高温での安定性に加え,急速充電に優れ,Liデンドライトの起こりにくいAF-Cは,安全性という観点からも,優れた黒鉛材料であると言える。

最近,我々はAF-Cより比表面積を高くしたCF-Cを開発した (表1)[7]。比表面積を高くし

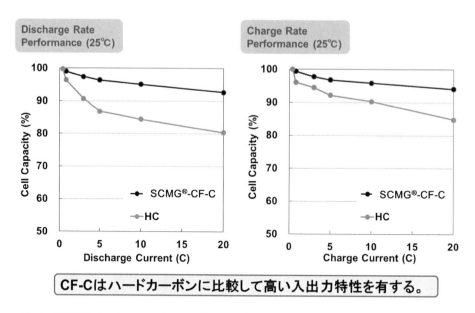

図13　単層ラミネートLIBでのSCMG®-CF-Cとハードカーボンの充放電レート特性の比較

ても，前述した当社材料の特徴により，高温耐久性，サイクル性は悪化せず，抵抗や急速充放電特性，低温特性が改善した。その一例として，図13に，SCMG®-CF-Cと急速充放電（入出力）特性の優れるハードカーボンとの充放電レート特性を比較した結果を示す。CF-Cは充放電レート各20Cにおいても，低レートの90％以上と，ハードカーボンと比較しても優れたレート特性を示す。

3.5 人造黒鉛SCMG®のさらなる高容量化：Si黒鉛複合負極材の開発

お客様の高容量化ニーズ（スマホの場合1回の充電で長く使える，EVでは走行距離を高めることができる）に従い，当社は人造黒鉛，天然黒鉛より高容量のシリコン-黒鉛（Si黒鉛）複合負極材を開発した[7,12,22]。まずはモバイル機器など小型LIBで実績を上げながら，将来の車載向けにも展開していく。

開発した複合負極材は，当社の膨張収縮が少なく，サイクル特性に優れた人造黒鉛SCMG®を核に，表面にシリコンナノ粒子が均一に分散付着し，さらにカーボン被覆層を有する構造をとっており，従来のSiO_x系に比較し，充放電初期効率が高く，充放電での膨張・収縮を低減し，充放電サイクル特性も改善した。現設計充放電容量は500～800 mA h/g程度で，現在の黒鉛360 mA h/gの1.5～2倍以上を有する。さらに高容量化も可能である。

第2章　昭和電工における黒鉛負極材の開発と展開

図 14 には Si 黒鉛負極材を用いた 50 mA h ラミネート型フルセルサイクル試験結果，図 15 にはそのハーフセルでの放電（脱 Li）カーブを示した。Si 黒鉛負極材（Si/G）の容量は 600 mA h/g。負極極板は Si 黒鉛負極材：CB：VGCF®-H：CNT：CMC = 90：1.2：0.4：0.4：8 のスラリーを Cu 箔集電体に塗布したものを使用した。正極極板として NMC622：CB：PVdF = 96：2：2 のスラリーを Al 集電体に塗布したものを適用した。フルセルの充放電試験は 25℃ 雰囲気にて，エージング後，3.0～4.3 V の電圧範囲，1 C-CCCV 充電／1 C-CC 放電で実施した。また，10 サイクル毎に 0.1 C-CCCV 充電／0.1 C-CC 放電を実施した。電解液はハーフセル，フルセルともに 1 M LiPF$_6$ EC：EMC：DEC = 3：5：2（V/V）+ VC 1 wt％ + FEC 10 wt％ を使用した。サイクル試験後，フルセルは超高純度 Ar 雰囲気解体し，負極のハーフセルへの組み直し測定などを実施した。該負極極板を使用したハーフセル評価についてはコインタイプまたはラミネートタイプを用い，充放電試験は 0.005～1.5 V vs. Li/Li$^+$ の電位範囲にて 25℃ 雰囲気下で実施した。ハーフセルの対極および参照極は Li 箔を使用した。

図 14 のフルセル試験では 500 サイクルで 80％ 以上の容量維持率を示した。このサイクル試験が完了したフルセルを解体し，負極側をハーフセルに組み直して充放電した時，3 サイクル目の脱 Li カーブは図 15（a）のようになった。一方で図 15（b）は新品の Si/G 複合体で，ハーフセルを組み充放電した時の 3 サイクル目の脱 Li カーブである。図 15（a）と（b）の脱 Li カーブがほとんど同じである点から，フルセル評価中の Si/G 複合体の構造劣化はわずかであることが判明した。

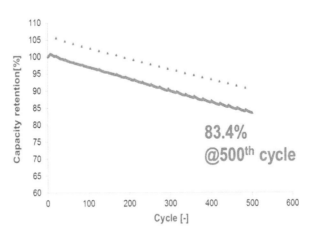

図 14　600 mA h/g の Si 黒鉛負極を用いた単層ラミネート型 LIB（50 mA h）での充放電サイクル試験
正極：NMC622

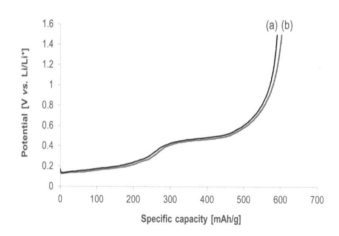

図15 600 mA h/g の Si 黒鉛負極のハーフセルでの放電カーブ（脱 Li）
(a) 500 サイクル後，(b) 3 サイクル後。対極：Li 箔

文　　　献

1) 武内正隆，*Automotive Technology*, **9**, 33 (2009)
2) 武内正隆，*Material Integration*, **23** (6), 55 (2010)
3) 2010 Li イオン電池技術大全，第3編第10章，電子ジャーナル (2010)
4) 香野大輔ほか，第 57 回電池討論会要旨集，1B18 (2016)
5) 利根川明央ほか，第 57 回電池討論会要旨集，1B19 (2016)
6) 原田大輔ほか，第 43 回炭素材料学会年会要旨集，1A-01 (2016)
7) 化学工業日報 (2016 年 10 月 26 日)，石油化学新聞 (2016 年 11 月 7 日) ほか
8) T. Ohzuku *et al., J. Electrochem. Soc.*, **142**, 1431 (1995)
9) T. Miyuki *et al., Electrochemistry*, **80** (6), 401 (2012)
10) S. Shimosaki, 7Th Int'l Rechargeable Battery Expo Battery Japan, BJ-6 (2013)
11) T. Iida *et al., Electrochemistry*, **76**, 644 (2008)
12) 海川敏光，中国 (寧波) 車用新能源電池材料産業発展 (深圳) (2016)
13) 中村武志，炭素材料学会先端科学技術講習会 2015 要旨集 (2015)
14) 平野雄大ほか，第 56 回電池討論会要旨集，2D27 (2015)
15) M. Endo *et al., Carbon*, **38**, 183 (2000)
16) 高見則雄，工業材料，**47**, 30 (1999)
17) 特開平 11-54123
18) 川口直登ほか，AABC2013 要旨集，Posters 26 (2013)
19) 香野大輔ほか，第 54 回電池討論会要旨集，2D07-09 (2013)
20) 香野大輔，炭素材料学会先端科学技術講習会 2014 要旨集 (2014)
21) 武内正隆，第 7 回国際二次電池展専門技術セミナー，BJ-6 (2016)
22) 栗田貴行ほか，第 58 回電池討論会要旨集，1B27 (2017)

第3章 エレクトロスプレーデポジッション法を利用したLIB用負極材料の開発

福井俊巳[*1], 藤本康治[*2]

1 はじめに

　リチウムイオン電池（LIB）は，電気自動車やハイブリッド自動車向けの需要が近年増加しているが，従来材料の適用のみではそのエネルギー密度の限界が大きな課題となっている。例えば，LIB用負極材料であるグラファイトは，その理論的な重量容量が約370 mA h/gであるため，最先端の電気自動車やハイブリッド自動車に要求される高いエネルギー密度を達成することができない。このような状況下，多くの負極材料の開発が進められ，Siの負極応用に大きな注目が集まっている。Siは，①大きな理論容量（4,200 mA h/gの重量容量，9,786 mA h/cm^{-3}の容積容量），②0.5 V vs. Li/Li$^+$の作動電位，③天然に豊富に存在することなどの特徴を有している。しかし，Si負極の実用化には，Liイオンの挿入・脱離反応に伴う大きな体積変化（＞300％）による構造破砕や安定的な固体電解質界面（solid electrolyte interphase：SEI）の形成不良などの大きな課題が存在する。これら課題の解決のため，活物質粒子のナノサイズ化が有効であることが報告されている[1~3]。

　著者らのグループは，上記の状況を踏まえナノサイズSi原料の電界紡糸法応用によるSi系負極材料の開発を行っている。本稿ではその概要を記載する。

2 電界紡糸法とは

　古く1970年代から報告（原理発見はより遡る）がある電界紡糸法（以下，ES法）によるポリマーナノファイバーの特徴を以下にまとめる[4,5]。

① nm～μmオーダーの繊維径を持つ長繊維が得られる
② 常温湿式法であり，溶媒可溶性の多様なポリマー種が対象となりうる（溶剤系～水系まで）
③ ポリマー溶液に混合分散可能な副成分（有機／無機を問わず）を複合化できる
④ 繊維配列を調節できる

[*1] Toshimi Fukui ㈱KRI 構造制御材料研究部
　　　取締役執行役員／構造制御材料研究部長
[*2] Koji Fujimoto ㈱KRI 構造制御材料研究部 エネルギー材料研究室
　　　エネルギー材料研究室長

リチウムイオン二次電池用炭素系負極材の開発動向

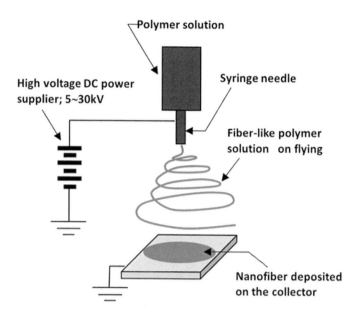

図1　電界紡糸法の原理

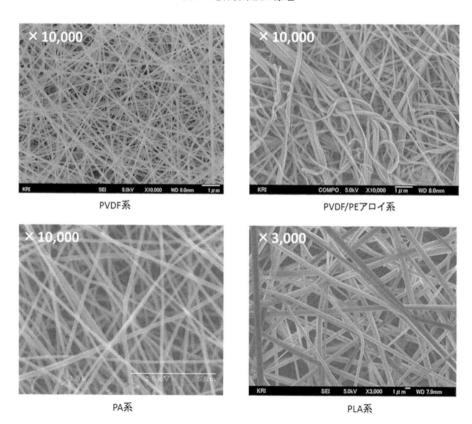

PVDF系　　　　　　　　PVDF/PEアロイ系

PA系　　　　　　　　　PLA系

図2　種々の有機ポリマーのナノファイバー例

図1にES法の原理を示す。kVオーダーの電位差を持つ電場中にポリマー溶液をスプレーすることで連続的に繊維を形成させる技術であり，電場のアースに設けられたコレクタ（金属板）上に微細繊維の集合体（通常は膜状）として捕集される。ES法は，その現象が未解明な点も多く学術的にも興味深いが，ここではポリマー成形方法としての利用に限定した。図2は種々のポリマーに対してESを行って得たナノファイバー（不織布状）の形状／形態の事例を示した。極性の乏しいポリオレフィン系などを除き，多様なポリマーがナノファイバー化できる。水系で常温プロセスでのナノファイバー形成も可能であることから，タンパク質などの熱に弱い素材を含むような原料系にも対応しており，分野によってはこれが大きなメリットとなる。

3 電界紡糸法によるLIB用Si系負極材料

3.1 Si-C複合材料形成

Si系負極の安定動作には，ナノSiサイズの適用とLiイオンの挿入・脱離反応に伴う膨張・収縮を吸収する微細構造の設計が重要である。また，Si負極へ導電性を付与するためのカーボン被覆（複合化）も重要となる。本検討では，電界紡糸法によるSi粒子配列が制御された異方性凝集の可能性を検証した。Si粒子として平均粒径80 nmのナノSi粒子，平均粒径2 μmで100 nm以下の厚みの鱗片状粒子を用いた。

電界紡糸を行うために，有機ポリマーを含むSi粒子水系分散液を作製した。また，残留炭素量を制御するために酸化グラフェンの添加も検討した。

平均粒径80 nmのナノSi粒子分散液を用いアルミ箔をコレクタとして電界紡糸を行い，Siナノ粒子含有不織布を作製した。得られた不織布をAr中600℃で1時間加熱することで炭素被

図3 構造化処理した炭素被覆Si粒子（Sample 1）のSEM像

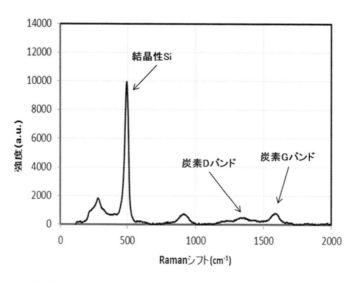

図4 構造化処理した炭素被覆 Si 粒子（Sample 1）の Raman スペクトル

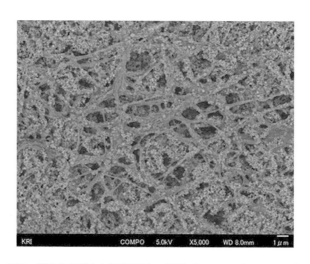

図5 構造化処理した炭素被覆 Si 粒子（Sample 2）の SEM 像

覆 Si 凝集体を得た。得られた構造化処理された炭素被覆 Si（Sample 1）は，1～2 μm の繊維状 Si 凝集体が3次元的にネットワークを構成した特徴的な細孔を有する構造となっている（図3）。また，炭素被覆 Si 凝集体は，結晶性ケイ素と炭素成分から構成され（図4），その炭素含有量は15重量％であった。一方，酸化グラフェンの複合化（Sample 2）により，Si ナノ粒子が炭素中に内包または表面に偏在する Si/C 複合体（炭素含有量：45重量％）の形成が確認された（図5，6）。

さらに，鱗片状 Si と酸化グラフェンを用いることで（Sample 3），Si 粒子と炭素成分が複雑

第 3 章 エレクトロスプレーデポジッション法を利用した LIB 用負極材料の開発

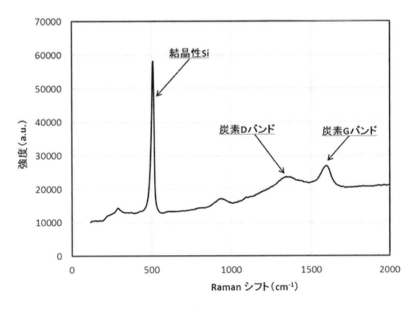

図 6　構造化処理した炭素被覆 Si 粒子（Sample 2）の Raman スペクトル

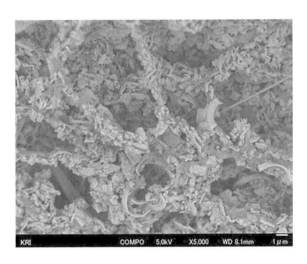

図 7　構造化処理した炭素被覆 Si 粒子（Sample 3）の SEM 像

に絡み合った異方性 1 次構造が形成され，その集合体としての 3 次元的なネットワーク構造の形成が確認される（図 7, 8）。炭素含有量は，27 重量％であった。

電界紡糸法による Si 粒子含有不織布の形成と不織布加熱処理により，これまでになかった特徴的なネットワーク構造を有する Si 構造体の形成が可能となった。また，酸化グラフェンなどの炭素成分の共存により，Si/C 比率，その存在状態（微細構造）が制御された Si-C 複合体が形成可能である。

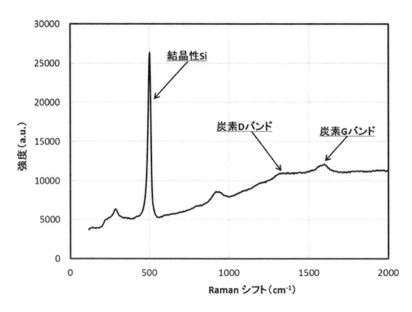

図8 構造化処理した炭素被覆 Si 粒子 (Sample 3) の Raman スペクトル

3.2 LIB 負極特性

　構造化処理された Si 系材料の Li 対極としたハーフセルによる LIB 負極材料特性を評価した。構造化されたナノ Si（Sample 1）の初回充放電容量は，各々2,825 mA h/g と 2,048 mA h/g で初回充放電効率は 72.5％であった（図9(1)）。初回と 2 サイクル目以降の充放電パターンに大きな形状差がないことが構造化 Si の特徴である。構造化処理されたナノ Si は，2,048 mA h/g と初回容量は若干小さくなるが，サイクル劣化は小さく 10 サイクル目で 2,011 mA h/g（容量維持率 96.1％）の容量を維持している（図10）。

　一方，構造化処理していない Si ナノ粒子は，各々3,461 mA h/g と 2,485 mA h/g で初回充放電効率は 71.8％であった（図9(2)）。初期容量が 2,485 mA h/g と大きいが，2 サイクル目で 1,970 mA h/g（容量維持率 79.3％）と明確な容量低下が認められた。10 サイクル目には 1,833 mA h/g（容量維持率 73.8％）と構造化処理された Si とは異なり大幅な容量低下が認められた。

　これらの充放電挙動は，Si 負極構造体中への細孔の導入と適度な炭素処理が，充放電サイクルにおける Si の膨張収縮に伴う電極劣化の抑制に有効に機能した結果と考えている。

第 3 章　エレクトロスプレーデポジッション法を利用した LIB 用負極材料の開発

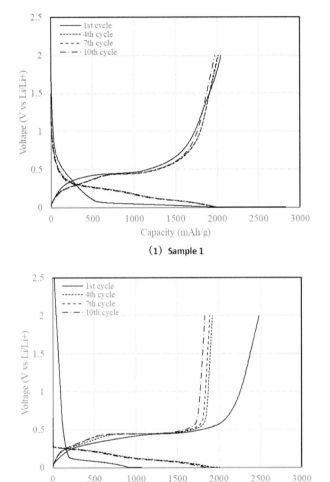

(1) Sample 1

(2) 未処理なのSi粒子

図 9　構造化処理した炭素被覆 Si 粒子（Sample 1）の充放電挙動

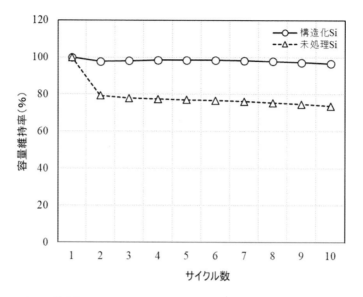

図10 構造化処理した炭素被覆 Si 粒子（Sample 1）のサイクル特性

4　まとめ

　Si 系負極材料は，その大きなポテンシャルのため多くの研究が行われているが，現時点で実用化のための最適化された技術が確立していない。今回の著者らの電界紡糸法の応用は，サイクル特性向上の可能性を示しており，Si 系負極材料形成のために有効な構造化処理，炭素複合化プロセス技術のひとつと考えられる。まだまだ，実用化に向けての課題は多いが，今後の進展に期待するものである。

文　　　献

1) L. B. Chen et al., *J. Appl. Electrochem.*, **39**, 1157（2009）
2) C. K. Chan et al., *Nat. Nanotechnol.*, **3**, 31（2008）
3) H. Kim et al., *Angew. Chem. Int. Ed.*, **47**, 10151（2008）
4) 藤本康治，*Polyfile*, **48**（570），17（2011）
5) D. Li et al., *Nano Lett.*, **3**（8），1167（2003）

第 4 章　ソフトテンプレート法による
メソポーラスカーボンの合成

田中俊輔[*1]，西山憲和[*2]

1　はじめに

　現在，活性炭は，木材，果実殻などの植物性原料や石油，石炭，コークスなどの鉱物性原料を用いて，安価に大量に供給されている。最近では賦活技術の開発が進み，ミクロ孔がより発達した高表面積活性炭が製造され，水処理や排ガス処理を中心に広く利用されている。一方で，触媒担体，吸着剤，電極材料など，用途開発の進展が著しく，細孔への分子のアクセス・拡散性に優れた2～数十 nm のメソ孔を有するメソポーラスカーボンが注目されている。今日では，多機能・高性能化がますます追求されるようになっており，用途ごとに最適な径の細孔を製造する技術，不必要な径の細孔をできるだけ生成しない技術，および細孔構造を制御する技術の開発が求められている。

　電極材料や吸着剤の高性能化のためには，分子やイオンの拡散速度と保持容量の向上が必要となるが，そのためにはカーボンの細孔径と細孔壁の厚さの両方を均一にする必要がある。その両方が均一になるほど，細孔構造に規則性が出てくることは容易に推測できる。よって，規則性の向上が直接，電極材料や吸着剤の高性能化に寄与するというよりも，むしろ規則構造のもつ均一性に意味がある場合が多い。つまり，均一構造をもつカーボン多孔体の細孔径や細孔構造を自在に制御する手法を開発することが，高性能デバイスの開発に向けて重要となってくる。本稿では，規則性ポーラスカーボンの合成法の開発について，我々が開発を行っているソフトテンプレート法について解説する。

2　規則性ポーラスカーボンの合成

　まず，規則性ポーラスカーボンの研究開発は，無機鋳型（ハードテンプレート）を用いたマクロポーラスおよびミクロポーラスカーボンの合成から始まった。マクロ孔はアルミニウム陽極酸化膜，ミクロ孔はゼオライトを鋳型として，京谷らにより合成された[1~4]。特に，Y 型ゼオライトを鋳型として用いたカーボンの合成では，分子レベルの 0.7 nm の均一なミクロ孔を導入でき，得られたカーボンは高い比表面積（2000～3000 m^2/g）を有する。一方，2 nm 以上のメソ

＊1　Shunsuke Tanaka　関西大学　環境都市工学部　エネルギー・環境工学科　教授
＊2　Norikazu Nishiyama　大阪大学　大学院基礎工学研究科　化学工学領域　教授

孔を有するカーボンの合成は，鋳型として用いる規則性メソポーラスシリカの合成法の開発とともに発展してきた。1999年にRyooら[5~8)]およびHyeonら[9)]らは，数nmのメソ細孔が規則的に配列したメソポーラスシリカ（MCM-48やSBA-15など）を鋳型としたメソポーラスカーボンの合成を初めて報告された。彼らは，シリカの細孔内にポリマーを充填し，炭素化し，その後シリカをフッ酸で溶解させることにより，シリカの細孔配列を反映した構造を有するメソポーラスカーボンを合成した。ゼオライトやメソポーラスシリカを鋳型（テンプレート）として用いる手法を無機鋳型法（ハードテンプレート法）と呼ぶ。特徴として，細孔構造の規則性が非常に高く，電気二重層キャパシタへの利用など数多くの報告が行われた。ハードテンプレート法の問題点としては，プロセスが多段階にわたること，およびシリカの溶解除去プロセスのスケールアップが難しいことが挙げられる。

　一方，ポーラスカーボンを合成する手法として有機鋳型を用いる手法が，Daiらによって報告された[10)]。彼らは，ブロックポリマーのpolystylene-block-poly（4-vinylpyridine）を鋳型に用いることによって細孔径34 nmのメソ／マクロポーラスカーボンを合成した。その後，我々は，トリブロックコポリマーPluronic F127を鋳型とし，レゾルシノール（R）／ホルムアルデヒド（F）樹脂をカーボン源に用いて，数ナノメートルの規則的細孔を有するカーボンの合成に成功した[11)]。その後，Zhaoらのグループが，トリブロックコポリマーとフェノール樹脂を組み合わせて，メソポーラスカーボンの細孔構造，形態制御に関して幅広い研究成果を報告している[12~15)]。以下に合成手法の詳細を述べる。

3　ソフトテンプレート法によるメソポーラスカーボンの合成

　本手法は，無機鋳型を用いずに，鋳型剤有機分子とカーボン源原料分子の有機−有機相互作用を利用してメソ構造体を形成させる手法である。空気焼成することにより，鋳型剤の除去が可能である。無機鋳型を用いる手法をハードテンプレート法と呼ぶのに対し，本手法はソフトテンプレート法と呼んでいる。

　メソ構造体の形成メカニズムについて以下に述べる。本手法が発見されるまでは，ポリマーの複合体が規則的メソ構造体を形成することは知られていなかった。本合成では，鋳型となる樹脂（熱分解性）とカーボンとなる樹脂（熱硬化性）の組み合わせが必要である。トリブロックコポリマーはすでに単独で自己集合することは知られていた。また，その中でもPluronic F127は，メソポーラスシリカの鋳型剤として使われていた。上記のSBA-15シリカ形成の場合は，トリブロックコポリマーの親水部に，加水分解して生成したSiOHが相互作用する。これにヒントを得て，親水性のフェノール性水酸基を有するレゾルシノールが，熱硬化性樹脂の原料として適していると考えた。また，レゾルシノール樹脂の他に，親水性で熱硬化性の樹脂はカーボン源としての候補になる。例えば，メラミン樹脂や尿素樹脂を用いると，窒素を含有することができるためキャパシタ用の電極材料として有望である。

第4章　ソフトテンプレート法によるメソポーラスカーボンの合成

　レゾルシノールおよび架橋剤としてホルムアルデヒド，鋳型剤としてPluronic F127を，酸触媒あるいは塩基触媒の存在下，水溶液あるいはエタノール溶媒中で攪拌すると，樹脂が沈殿する。その樹脂は，図1に示すようなレゾルシノール樹脂とPluronic F127の複合体である。レゾルシノール樹脂は，図1に示すように折れ曲がったトリブロックコポリマー分子の両端に水素結合により結合しているものと考えられる。この複合体が形成される初期段階として，まず，レゾルシノール分子がトリブロックコポリマーの親水部に結合する。これまでの我々の研究により，トリブロックコポリマー1分子あたり，レゾルシノールが90～160分子結合することがわかっている。その複合体が自己集合する。Pluronic F127分子単独で自己集合する条件（濃度，温度）ではないので，レゾルシノールとの複合体が形成された後に自己集合するものと考えられる。自己集合した後に加熱温度を上げていく過程で，重合によりレゾルシノール樹脂が形成される。その後，350～400℃で，Pluronic F127の分解が起こり，メソ孔が現れる。さらに高温では，炭化が進む。多層グラフェン構造のものが形成していると思われるが，生成する水蒸気による自己賦活も進むため，メソ孔の壁を形成するカーボンにはミクロ孔が多く残存する。そのためカーボンは，ミクロ孔-メソ孔の2元細孔構造を有する多孔体となる。また，炭化温度は600～1000℃であるためカーボンの結晶性は低く，粉末X線回折パターンからは，グラファイト結晶構造にはなっていないことがわかる。

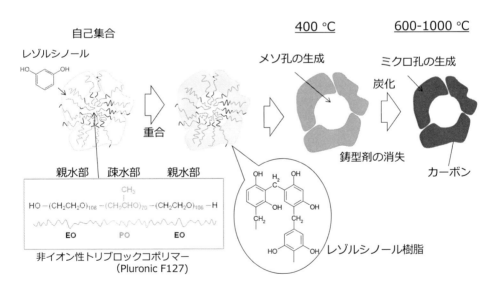

図1　レゾルシノール樹脂とPluronic F127の複合体の形成およびメソポーラスカーボンの形成

4 メソポーラスカーボンの細孔制御，細孔構造制御

トリブロックコポリマーの中心部には，レゾルシノール樹脂は存在しないため細孔となる。一方，カーボン源であるレゾルシノールはトリブロックコポリマーの集合体の外側（親水部）に結合する。そのため，トリブロックコポリマーに結合するレゾルシノール分子の数によって，細孔構造および細孔径を制御することが可能であると考え，前駆溶液に含まれるカーボン源／有機鋳型源のモル比を変化させた[16]。

表1に前駆溶液モル比および構造，細孔径を示す。RF-F127（1）とRF-F127（2）の結果から，F127/R のモル比を増加させることによって細孔径が大きくなることがわかった。しかし，さらに F127/R のモル比を増やした RF-F127（3）では，細孔構造が1次元チャネル状細孔構造から3次元 wormhole 状細孔構造に変化した。図2にそれぞれの条件で得られたメソポーラスカーボンの TEM 像を示す。RF-F127（1）はストレートのチャネル状細孔がヘキサゴナル構造に並んだ細孔構造，また RF-F127（3）は3次元に細孔が発達した wormhole 状細孔構造を有していることがわかる。窒素吸着等温線は，メソポーラス物質に特有のⅣ型に分類され，吸／脱着等温線のヒステリシスが確認された。

鋳型剤のモル比を増加させるとチャネル状細孔から3次元細孔構造に変化したが，それに伴い細孔容積も増加した。相変化の理由としては，細孔の部分に相当する鋳型剤のモル比が大きく

表1　合成条件と構造，細孔径

サンプル	原料モル比	細孔構造	細孔径 d (BJH)
RF-F127（1）	F127/R = 0.0027	1次元チャネル状	4.7 nm
RF-F127（2）	F127/R = 0.0054	1次元チャネル状	5.8 nm
RF-F127（3）	F127/R = 0.0081	3次 wormhole 状	4.8 nm

RF：レゾルシノール-ホルムアルデヒド，F127：Pluronic F127

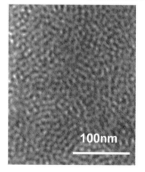

図2　メソポーラスカーボンの TEM 像

なるに従い，鋳型剤の集合体が1次元よりも3次元に連結した構造が立体的要因により安定になるためであると考えられる。これまで，分子形状（親水部のサイズや分子長）に起因する分子の充填パラメーターが集合体の構造を決定することが報告されているが，本合成でも，レゾルシノールが結合したトリブロックコポリマー複合体を1つの分子と考えれば，同様の理論が適用できる。つまり，トリブロックコポリマーを増加させた場合，1分子あたりに結合するレゾルシノールの分子数が減少し，この複合体の親水部のサイズが小さくなり，棒状（1次元）ミセル構造から3次元構造に相変化したと考えることができる。

5　アルカリ賦活によるミクロ孔の導入と高表面積化

メソ孔の高拡散性と，ミクロ孔による高表面積化の両方の特徴を持ち合わせたカーボンの需要は高い。本合成で得られるカーボンはメソ孔とミクロ孔の両方を併せ持つが，ミクロ孔容積はそれほど大きくなく，一般的な活性炭のような1000～2000 m^2/g 程度の高比表面積のものは得られていない。そこで，KOHを用いたアルカリ賦活により，メソポーラスカーボンの表面積を増加させた[17]。

窒素吸着測定から求めたメソポーラスカーボンおよび市販の活性炭の表面積，細孔径，細孔容積を表2に示す。KOH賦活したwormhole状細孔構造メソポーラスカーボンおよび市販の活性炭（AC）をそれぞれK-COU-2，K-ACとする。ACおよびK-ACは主にミクロ孔を有する。また，COU-2とK-COU-2はどちらも5.5 nmの均一なメソ孔を有する。KOH賦活によりメソ孔のサイズは変化しなかったが，ミクロ孔の生成により表面積は増加した。つまり，KOHは細孔壁のカーボンに浸透し，そこで発生した水がカーボンと反応しガス化する。そのため，細孔壁の中にミクロ孔が生成すると考えられる。

図3に水系（硫酸）および非水系（Et_4NBF_4）の3極式セルを用いて測定したK-AC，COU-2，K-COU-2それぞれのキャパシタンスと電流密度の関係を示す。測定には，3極式セルを使用したサイクリックボルタンメトリー法を用いた。カーボン質量基準のキャパシタンス

表2　ポーラスカーボンの比表面積・細孔径・細孔容積

サンプル	全比表面積(BET)	比表面積($d<0.7$ nm)(t-プロット)	メソ孔細孔径(BJH)	メソ孔容積(2 nm $<d<10$ nm)(BJH)	全細孔容積($p/p_0=0.99$基準)
	(m^2/g)	(m^2/g)	(nm)	(cm^3/g)	(cm^3/g)
AC（市販）	1,047	787		0.24	0.75
K-AC（市販, 賦活後）	1,464	1,085		0.32	1.03
COU-2	694	264	5.5	0.48	0.54
K-COU-2（賦活後）	1,685	847	5.5	0.75	0.94

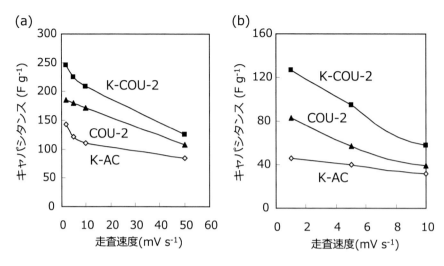

図3 (a) 水系および (b) 非水系で測定した K-AC, COU-2, K-COU-2 のキャパシタンス
電解液：(a) 1 M 硫酸，(b) 1 M Et$_4$NBF$_4$／ポリプロピレンカーボネート溶液

は，K-AC ＜ COU-2 ＜ K-COU-2 の順に高い値を示した。細孔径 0.7 nm 以下のウルトラミクロ孔由来の表面積はキャパシタンスへの寄与が少ないと思われるが，K-AC はウルトラミクロ孔表面積の全表面積に対する割合が 74％ と大きい。一方，COU-2 および K-COU-2 のウルトラミクロ孔の割合はそれぞれ 38％，50％ と小さく，メソ孔由来の表面積がイオンの拡散性の向上に寄与しているものと推察される。また，メソ孔の存在により，イオンの拡散抵抗を減少させることによって，高いキャパシタ性能を示したと考えられる。K-COU-2 は COU-2 に比べ，ミクロ孔由来の（ウルトラミクロ孔よりは大きい）細孔を有するため，高いキャパシタンスを得たと考えられる。

6 メソポーラスカーボンの形態制御

ソフトテンプレート法では，メソポーラスカーボンの前駆体をゾル-ゲル溶液として取り扱えるため，直接的に形態を制御することもできる。シリコン基板上または多孔質アルミナ支持体（平均細孔径 100 nm，空孔率 40％）上に作製したメソポーラスカーボン薄膜の FESEM 観察像とアルミニウム陽極酸化皮膜の細孔内に作製したロッド状メソポーラスカーボンの TEM 観察像を図4に示す。薄膜の膜厚は，塗布条件によって数百 nm から数 μm の範囲で制御できる。また，ロッドの直径は，陽極酸化被膜の細孔径によって制御できる。

一般的に，平滑基板上に作製したメソポーラス薄膜は，その規則構造が基板面に対して平行に配向することが知られている。粉末X線回折（PXRD）法では，X線の入射面に対して平行な格子面間隔（配向性薄膜試料における面外規則性）を評価することはできるが，薄膜試料の面内

第 4 章　ソフトテンプレート法によるメソポーラスカーボンの合成

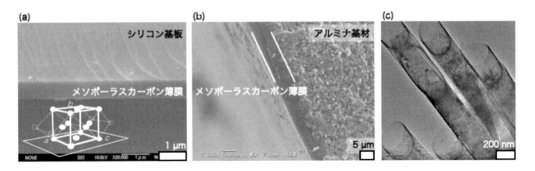

図4　(a, b) メソポーラスカーボン薄膜の FESEM 観察像と (c) ロッド状メソポーラスカーボンの TEM 観察像

規則性を評価することは困難である。一方，微小角入射 X 線散乱 (GISAXS) 法を用いれば，試料面内方向と法線方向の散乱パターンを測定し，異方性を含めた構造情報が得られる。GISAXS パターンから，シリコン基板上に作製したメソポーラスカーボン薄膜の内部構造は基板に対して (010) 面が配向した斜方昌系 $Fmmm$ に属し，長距離秩序性を有することが確認された（図 5）。また，より高温で炭素化処理すると，薄膜法線方向 α_f 軸の散乱角度は広角側にシフトするのに対して，面内方向 $2\theta_f$ 軸の散乱角度は変化せず，メソポーラスカーボン薄膜は膜厚方向にのみ収縮し，膜面内方向には収縮していないことが確認された。これは，薄膜と基板との良好な密着性に起因していると考えられる。多孔質アルミナ支持体上に作製したメソポーラスカーボン薄膜は，平滑基板上に作製した場合に比べて，短距離秩序性の構造を有しており，支持体表

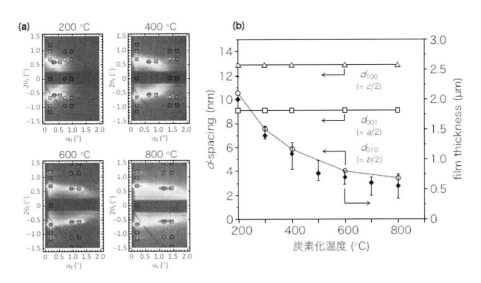

図5　(a) メソポーラスカーボン薄膜の GISAXS パターンと (b) 炭素化温度と格子定数および膜厚の関係

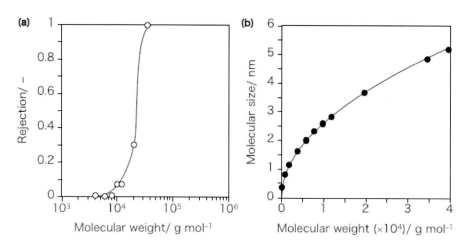

図6 (a) メソポーラスカーボン薄膜の分画分子量曲線と (b) 分子量と分子径の関係

面の凹凸がメソ構造形成に影響を与えていると考えられる。アルミナ支持体の窒素ガス透過係数は圧力依存性を示し，粘性流が支配的である。一方，支持体上に作製したメソポーラスカーボン薄膜の窒素ガス透過性はクヌーセン拡散支配であり，メソ細孔よりも大きなピンホールやクラックなどの欠陥がないことが確認された。図6に分子量の異なるポリエチレングリコール（PEG）に対するカーボン膜の阻止率を示す。分画曲線から製膜したカーボンの分画分子量は30000であり，細孔径は4.5 nmであると推算される。メソポーラスカーボン薄膜は均一な細孔を有するだけでなく，耐溶剤性，耐水熱性，耐酸・アルカリ性に優れるため，高分子膜やシリカ膜などでは使用困難な分離系への応用が期待できる。

7 無溶媒合成プロセスの開発

上記で述べた溶媒法による合成過程では，トリブロックコポリマーとレゾルシノール樹脂の複合体が沈殿する。その沈殿物を分離・回収し炭化することによってメソポーラスカーボンが得られる。一方で，合成プロセスの単純化およびプロセスの時間短縮を目的として，溶媒を用いない固相法（無溶媒法）の開発に取り組んだ[18]。無溶媒法は，固体の原料を混合・混練し，その後炭化するシンプルな手法である。

合成手順は図7に示すように，固体原料の混合混練と加熱のみである。また，アルカリ賦活プロセスにおいてもKOH粉末を混練し加熱するシンプルなプロセスを開発した。固体のカーボン源としてレゾルシノール，架橋剤としてヘキサメチレンテトラミン（HMT），鋳型剤としてPluronic F127を混合・混練し，窒素雰囲気下で加熱を行った。図8に加熱過程での写真を示す。Pluronic F127／HMT／レゾルシノールの混合物は，90～100℃で溶融することがわかる。110℃以上では，混合物は赤色に変化し，さらに高温では黒色に変化した。これは，110℃以上

第4章　ソフトテンプレート法によるメソポーラスカーボンの合成

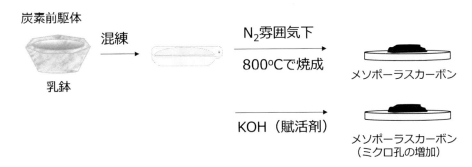

図7　無溶媒法によるメソポーラスカーボンの合成

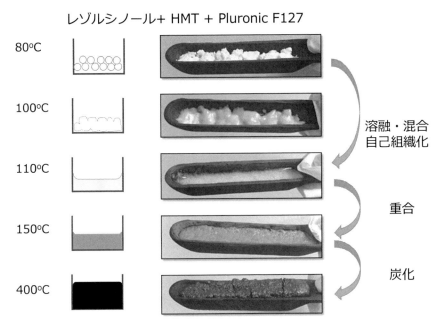

図8　Pluronic F127／HMT／レゾルシノール混合物の窒素雰囲気下での加熱による変化

で，レゾルシノール樹脂の重合が徐々に進行することを示している。規則性メソ構造を形成するための自己組織化は，レゾルシノールの重合が進んだ後では起こらないため，90～110℃以下での溶融状態のときに，分子レベルの混合と自己組織化が起こっていると推察される。

表3に無溶媒法で得られたメソポーラスカーボンおよびKOH賦活したメソポーラスカーボンの比表面積，細孔径，細孔容積を示す。細孔容積を溶媒法と比較すると，ほぼ同等であり均一性の高いメソポーラスカーボンが合成できることがわかった。メソ孔の細孔径は，KOH賦活前後でともに6.2 nmであり溶媒法に比べ若干大きいが，用いた原料や組成が若干違うことが原因であると思われる。

応用の一例として,有機溶媒電解液を用いた放電容量の測定について紹介する。合成したカーボンを用いてコインセルを作製し,放電容量の測定を行った。電解液には有機溶媒電解液 SBP-BF_4/PC(日本カーリット㈱)を用いた。表4に電流密度 0.4 mA/cm^2 の定電流法で測定を行ったときの単位質量あたり,および単位比表面積あたりの放電容量を示す。比較のため,市販のミクロポーラスカーボン YP50F のデータも併記した。

賦活を行ったカーボンは市販カーボンの YP50F と比較して,大きな放電容量を示すことがわかった。また,比表面積あたりの放電容量をみると,メソポーラスカーボンは高い放電容量を示すことがわかった。これはメソ孔の存在により,ミクロ孔を通してミクロ孔へのイオンの拡散性が向上し,比表面積が有効に使われたためである。

表3 無溶媒法で合成したメソポーラスカーボンの比表面積・細孔径・細孔容積

サンプル	比表面積 (BET) [m^2/g]	メソ孔 細孔径 [nm]	細孔容積 ($d < 2$ nm) [cm^3/g]	細孔容積 ($d = 2$-50 nm) [cm^3/g]	細孔容積 ($d > 50$ nm) [cm^3/g]	全細孔 容積 [cm^3/g]
賦活前	396	6.2	0.137	0.201	0.00439	0.342
賦活後	1,520	6.2	0.616	0.454	0.0174	1.09

表4 無溶媒法で合成したメソポーラスカーボンの放電容量

サンプル	放電容量 [mA h/g]	[μA h/m^2]	比表面積 [m^2/g]
1次元細孔(賦活後)	55.2	36.3	1,520
3次元細孔(賦活後)	58.7	38.4	1,530
YP-50F(市販)	31.1	24.7	1,260

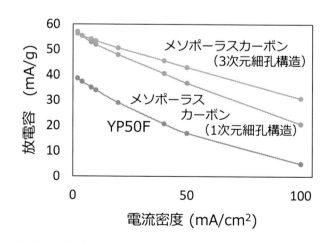

図9 無溶媒法で合成したメソポーラスカーボンの放電容量と電流密度の関係

次に，さらに高い電流密度の条件（2～100 mA/cm²）で測定した結果を図9に示す。ミクロポーラスカーボンである YP50F に比べ，メソ孔とミクロ孔の2元構造をもつメソポーラスカーボンの方が高い性能を示すことがわかった。これは，メソ孔が存在することで，イオンが拡散しやすくなったためであると考えられる。これにより，イオンの拡散抵抗を減少させることが，キャパシタを高レートで使用する場合により重要となることがわかった。

8　おわりに

本稿では，ソフトテンプレート法を用いた規則性メソポーラスカーボンの合成について述べた。本手法は，ハードテンプレート法に比べ，コストと手間の両方の面で優位となるプロセスになると思われる。ただ，現状の安価な活性炭に比べると，鋳型剤を用いているため高コストである。しかしながら，細孔径や細孔壁が均一なカーボンの需要は，多機能・高性能化の要求とともに高くなってくると思われる。

炭素源および有機-有機相互作用のバリエーションを考えると，有機-有機複合体を利用したカーボン多孔体の合成はこれから大きく展開する可能性を秘めている。今後，メソポーラスカーボン合成に関わる「サイエンス」とそれらを用いた材料開発に関わる「テクノロジー」の発展に期待したい。

謝辞

本研究の溶媒法に関する研究は，科研費（No.19860074, No.25289228）の助成を受けた。また，無溶媒合成に関する研究は，TOC キャパシタ㈱の研究助成により行われた。心より感謝致します。

文　　献

1) T. Kyotani et al., Chem. Mater., **7**, 1427 (1995)
2) T. Kyotani et al., Chem. Mater., **9**, 609 (1997)
3) Z. Ma et al., Chem. Commun., 2365 (2000)
4) Z. Ma et al., Chem. Mater., **13**, 4413 (2001)
5) R. Ryoo et al., J. Phys. Chem. B, **103**, 7743 (1999)
6) S. Jun et al., J. Am. Chem. Soc., **122**, 10712 (2000)
7) S. H. Joo et al., Nature, **412**, 169 (2001)
8) J. S. Lee et al., J. Am. Chem. Soc., **124**, 1156 (2002)
9) J. Lee et al., Chem. Commun., 2177 (1999)
10) C. Liang et al., Angew. Chem. Int. Ed., **43**, 5785 (2004)

11) S. Tanaka *et al., Chem. Commun.*, 2125 (2005)
12) F. Zhang *et al., J. Am. Chem. Soc.*, **127**, 13508 (2005)
13) Y. Meng *et al., Angew. Chem. Int. Ed.*, **44**, 7053 (2005)
14) Y. Meng *et al., Chem. Mater.*, **18**, 4447 (2006)
15) Y. Huang *et al., Chem. Asian J.*, **2**, 1282 (2007)
16) J. Jin *et al., Micropor. Mesopor. Mater.*, **118**, 218 (2009)
17) J. Jin *et al., Carbon*, **48**, 1985 (2010)
18) N. Yoshida *et al., Micropor. Mesopor. Mater.*, **272**, 217 (2018)

第5章　多孔カーボン・活物質複合電極の開発

能登原展穂[*1]　瓜田幸幾[*2]　森口　勇[*3]

はじめに

　近年，電気自動車用動力源や自然エネルギー負荷平準システムなどへ応用可能な高性能蓄電デバイスの開発が活発化している。エネルギー密度の大幅向上に向けては，既往のインターカレーションおよび挿入・脱離反応系のLiイオン二次電池（LIB）材料では限界に近づいており，より高容量を安定に発現できる新しい多電子反応系材料の開発が望まれている。

　負極材料開発においては，黒鉛などの従来のカーボン系材料より格段に理論容量が大きいSiやSnなどの合金系金属やSnO_2などの金属酸化物の応用が特に期待されている。しかしながら，これらの材料は充放電サイクルの安定性に乏しく，実用化に向けた大きな障害となっている。例えば，SiおよびSnは，Liとの合金化に伴い体積が4.1倍および3.7倍に増加し，その大きな体積変化を伴う充放電過程において活物質内の軋轢により微粉化が生じる。結果的に，集電体からの活物質の剥離や電極内の導電パスの欠如などにより急激なサイクル劣化が引き起こされる。SnO_2の場合は，還元過程においてコンバージョン反応によりSnとLi_2Oが生じるが，その逆反応は固相-固相反応であるため室温では反応が極めて遅く，一般に不可逆である。

　これらの反応可逆性を向上させるために，導電性を有するカーボンとの複合電極材料の開発が活発に研究されてきた。しかし，単なるカーボン複合，カーボンコーティングでは十分な性能を発現するには至らないことが多く，効率的かつ可逆的に反応を行わせるための構造設計が必要である。この観点において，多孔カーボンのナノ細孔空間を反応場として活用することにより，優れた充放電特性を発現させることができる。以下，SnO_2と多孔カーボンの複合材料を例に挙げて，高機能発現に向けたアプローチについて述べる。

1　ナノ多孔カーボン・SnO_2複合材料の合成

　多孔カーボンのナノ細孔空間における充放電特性およびその優位性を見極めるためには，ナノ細孔内のみに活物質を優先的に担持した試料が必要である。溶液中でのSn源あるいはSnO_2源と多孔カーボンの混合による合成[1~8)]が多く報告されているが，細孔内のみに優先的に担持され

[*1]　Hiroo Notohara　長崎大学　大学院工学研究科
[*2]　Koki Urita　長崎大学　大学院工学研究科　准教授
[*3]　Isamu Moriguchi　長崎大学　大学院工学研究科　教授

た試料を得るのは困難である。これに対し，気相より毛管凝縮を利用して Sn 源をカーボンナノ細孔内に導入し，加水分解などで SnO_2 へ変換すること（図1）により，細孔内のみに SnO_2 ナノ結晶を析出させた多孔カーボン複合材料が得られている[9]。N_2 ガス吸脱着等温線測定より，SnO_2 担持量の増加とともに細孔サイズが減少し（図2），また細孔容積の変化により見積もった SnO_2 担持量の計算値と熱重量分析より得た実測値が一致することが確認された。これらの巨視的分析に加えて，透過型電子顕微鏡観察による局所分析（図3）により，カーボンナノ細孔内への SnO_2 ナノ結晶の優先析出が確認されている。以下，ナノ多孔カーボン・SnO_2 複合材料は，$SnO_2/CX[Y]$（X は平均細孔サイズ /nm，Y は SnO_2 担持 wt%）と表記する。

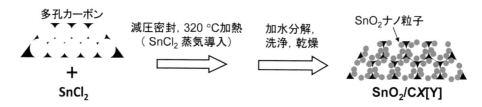

図1 ナノ多孔カーボン・SnO_2 複合材料（$SnO_2/CX[Y]$）の合成スキーム
X は多孔カーボンの平均細孔サイズ /nm，Y は SnO_2 担持 wt%を示す。

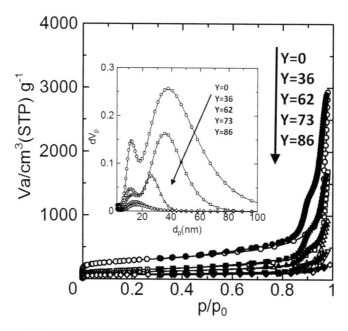

図2 $SnO_2/C45[Y]$ 試料の N_2 ガス吸脱着等温線（白塗シンボル：吸着側，黒塗シンボル：脱着側）と GCMC (grand canonical Monte Carlo) シミュレーションにより得た細孔径分布（挿入図）

第5章　多孔カーボン・活物質複合電極の開発

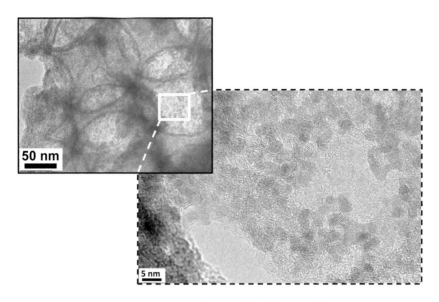

図3　SnO_2/C120[73]の透過型電子顕微鏡像
拡大像は，多孔カーボン細孔内のSnO_2ナノ結晶の析出を示している。

2　ナノ多孔カーボン・SnO_2複合材料の充放電特性

$$SnO_2 + 4\,Li^+ + 4\,e^- \leftrightarrow Sn + 2\,Li_2O \tag{1}$$
$$Sn + 4.4\,Li^+ + 4.4\,e^- \leftrightarrow Li_{4.4}Sn \tag{2}$$

　SnO_2は，OCVから電位を下げる還元過程において，式(1)で示すコンバージョン反応（0.9 V以上 vs. Li/Li^+），次いで生成したSnがLiイオンと合金化する式(2)の反応（0.5 V付近 vs. Li/Li^+）が進行する[10]。図4に，アセチレンブラック（AB）・SnO_2混合体（以下，SnO_2・AB）およびSnO_2/C120[73]の初期充放電カーブとサイクリックボルタモグラムを示す。SnO_2/C120[73]では，コンバージョン反応および合金・脱合金化反応に由来するレドックスピークおよび充放電容量がクリアに観測されるのに対し，SnO_2・ABは容量が小さく，コンバージョン反応に伴うレドックスピークはほとんど観測されない。また，SnO_2/C120[73]では，2サイクル以降も両反応のレドックスピークがクリアに観測される。図5に定電流充放電サイクルの繰り返しに伴う容量変化を示すが，SnO_2・ABはサイクル数とともに容量が急激に減少するのに対し，ナノ多孔カーボン・SnO_2複合材料は高容量を安定的に発現している[9]。

　多孔カーボンの細孔サイズやSnO_2担持量を制御することにより，高容量でかつサイクル安定性に優れるナノ多孔カーボン・SnO_2複合材料を得ることが可能であるが，その際，カーボン細孔空間と活物質の体積変化を考慮した構造設計が重要となる。すなわち，コンバージョン反応ではSnO_2からSnとLi_2Oへの変換においてSnO_2基準で2.12倍，合金化反応では$Li_{4.4}Sn$生成で

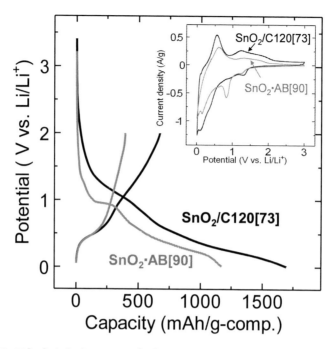

図4 SnO_2/C120[73] および SnO_2・AB[90] の初期の定電流充放電カーブとサイクリックボルタモグラム

測定温度：25℃，電解液：1 M $LiPF_6$/[EC：DMC (1：1 v/v%)]，定電流充放電測定の電流密度：50 mA/g-SnO_2，CV 測定の掃引速度：0.2 mV/s

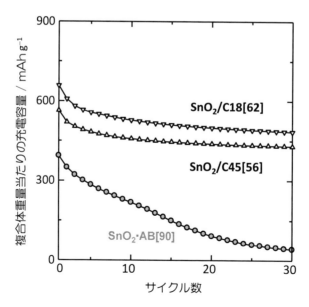

図5 SnO_2/CX[Y] および SnO_2・AB[90] の充放電サイクル特性
（測定条件は図4と同じ）

第5章　多孔カーボン・活物質複合電極の開発

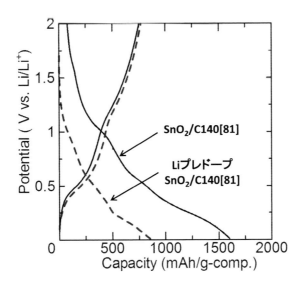

図6　Li プレドープ前後における SnO$_2$/C140[81] の初期定電流充放電カーブ
（測定条件は図4と同じ）

は Sn 基準で 3.57 倍，トータルとして SnO$_2$ 基準で 4.05 倍の大きな体積膨張が理論的に生じるため，SnO$_2$ をフルに充放電させるためには，SnO$_2$ 体積と複合体中の細孔容積の比が 24.6 v/v% 以下となる空間確保が重要であることが報告されている[11]。また，同様のアプローチが，ナノ多孔カーボン・Si 複合材料においても有効であることも報告されている[12,13]。

ところで，多孔カーボン・活物質複合系負極材料は比表面積が大きいため，SEI (solid electrolyte interphase) 形成による大きな初期不可逆容量が実用上の課題となる。この観点において，負極材料の Li プレドープは効果的である。前述のナノ多孔カーボン・SnO$_2$ 複合材料の電極を電解液中で Li 金属と短絡させることにより，多孔カーボン・Li$_x$Sn への変換およびあらかじめの SEI 形成が可能である。このプレドープ電極を用いることにより，初期不可逆容量は大きく低減し，また安定的な充放電サイクル特性（図6）が得られている[14]。

3　ナノ多孔カーボン・SnO$_2$ 複合電極の全固体電池への応用

LIB の市場拡大に伴い，高エネルギー密度化や高出力化，長寿命化の性能向上に加えて，安全性の向上も要求されている。この観点において，有機電解液を不燃性の無機固体電解質に置き換えた全固体 LIB が注目されている。これまで無機系固体電解質は Li イオン伝導率が低いため薄膜型の全固体 LIB に限られてきたが，近年高イオン伝導性の固体電解質[15~18]が開発されるに至り，高容量化に向けたバルクタイプ全固体 LIB の開発が期待されている。全固体 LIB の開発では，有機電解液系 LIB と異なり Li イオンアクセスが固体電解質（SE）/活物質の固相/固相接触界面に制限されるため，特に SE 層/活物質層の緻密界面の構築を通したアプローチによる

研究が現在進められている。しかし，大きな体積変化を伴う活物質系電極ではSE層／活物質層接触界面を安定的に維持できず，Liイオン伝導パスの確保が困難となる課題を抱える。接触界面を維持するための高い拘束圧が必要となるが，これに伴いSiなどではLiとの合金化反応がむしろ進行しにくくなることも報告されている[19, 20]。

これらに対するアプローチの一つとして，多孔カーボン・活物質複合電極材料の全固体LIBへの応用は新しい可能性を提示する。すなわち，体積変化を伴う活物質のLiイオンとの反応が多孔カーボン細孔空間内に制限されれば，電極全体としての体積の変動はなく，SE層／電極界面を安定に維持できると期待される。前述したナノ多孔カーボン・SnO_2複合材料と硫化物系SEを混合した電極（ただし，多孔体細孔内にはSEは存在しない）において，有機電解液系と同様の充放電カーブ（図7）が観測され，また優れたサイクル安定性が得られている[21]。ある程度の高SnO_2担持量を有する電極では有機電解液系より高容量が発現し，Liイオンと活物質の反応が細孔深部においても進行し，多孔体電極全体にわたるLiイオン伝導パスが形成されることが示唆される。Li-Mn-Co-Ni系酸化物とSE混合物を正極，ナノ多孔カーボン・SnO_2複合材料とSEの混合物を負極としたプロトタイプ電池において，平均電圧3.4 V，負極重量基準でエネルギー密度2040 Wh/kg，出力密度268.6 W/kgが発現し，高いサイクル安定性が確認されている。

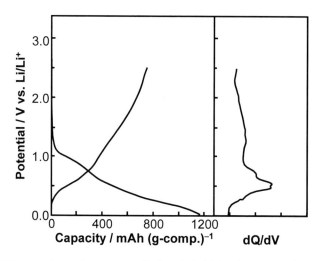

図7 全固体型ハーフセルでのSnO_2/C45[72]の初期定電流充放電カーブとdQ/dVカーブ
測定温度：25℃，固体電解質：LiI-Li_3PS_4，対極：金属Li

第5章 多孔カーボン・活物質複合電極の開発

おわりに

　カーボン細孔空間を反応場に利用することで，合金・脱合金化反応やコンバージョン反応の可逆性を大幅に向上することができ，多孔カーボン・活物質複合構造の最適化を図ることにより優れた充放電特性を得ることが可能であることを述べた。多孔性材料は，体積あたりのエネルギー密度が低いなどのデメリットもしばしば指摘されるが，活物質の体積変化に必要な空間を精密設計することにより，このデメリットは払拭されるであろう。特に，全固体電池のように安定な固体電解質／電極界面が必要不可欠な系において，多孔カーボン・活物質複合電極の活用は効果的である。高容量かつ安定な炭素系負極材料開発の一助となれば幸いである。

文　　献

1) X. W. Lou *et al.*, *Chem. Mater.*, **20**, 6562 (2008)
2) B. Liu *et al.*, *J. Power Sources*, **195**, 5382 (2010)
3) D. B. Francesca *et al.*, *Int. J. Electochem. Sci.*, **6**, 3580 (2011)
4) Y. Zhao *et al.*, *RSC Adv.*, **1**, 852 (2011)
5) L. Zou *et al.*, *Carbon*, **49**, 89 (2011)
6) J. Chen *et al.*, *ACS Appl. Mater. Interfaces*, **5**, 7682 (2013)
7) M. Dirican *et al.*, *ACS Appl. Mater. Interfaces*, **7**, 18387 (2015)
8) J. Górka *et al.*, *J. Power Sources*, **284**, 1 (2015)
9) S. Oro *et al.*, *Chem. Commun.*, **50**, 7143 (2014)
10) R. A. Huggins, *Solid State Ionics*, **113-115**, 57 (1998)
11) S. Oro *et al.*, *J. Phys. Chem. C*, **120**, 25717 (2016)
12) H. Tabuchi *et al.*, *Chem. Lett.*, **44**, 23 (2015)
13) H. Tabuchi *et al.*, *Bull. Chem. Soc. Jpn.*, **88**, 1378 (2015)
14) 三牧勧大ほか，第45回炭素材料学会年会予稿集，p.11 (2018)
15) N. Kamiya *et al.*, *Nat. Mater.*, **10**, 682 (2011)
16) Y. Wang *et al.*, *Nat. Mater.*, **14**, 1026 (2015)
17) Y. Sun *et al.*, *Chem. Mater.*, **29**, 5858 (2017)
18) F. Mizuno *et al.*, *Adv. Mater.*, **17**, 918 (2005)
19) D. M. Piper *et al.*, *J. Electrochem. Soc.*, **160**, A77 (2013)
20) G. Bucci *et al.*, *J. Electrochem. Soc.*, **164**, A645 (2017)
21) H. Notohara *et al.*, *Sci. Rep.*, **8**, 8747 (2018)

第6章　多孔質炭素小球体の調製と負極特性

太田道也*

1　はじめに

　高容量化・高性能化リチウムイオン二次電池（LiB）の実現は今後ますます求められるところであるが，黒鉛を含む炭素系負極電極を用いたLiBにおいて高容量化の可能性は，易黒鉛化性炭素や難黒鉛化性炭素の電極評価[1]にあるように，まだその未開拓の領域が残されていると期待できる。こうした期待は，1985年から1991年にかけてのフラーレン[2]やカーボンナノチューブ[3]の発見以降，炭素は結晶構造だけでなく，粒子サイズやその表面構造，内部の組織構造をナノレベルで制御でき，現れる新たな表面や空間がさまざまな物性や化学特性に影響することが知られてきたことによる[4-a]。図1は中心部から同心円層状に成長したカーボンブラック粒子を切断にしたときの構造モデルである[4-b]。炭素層の積層した，大きさが2～10 nm程度の炭素フレークが粒子のコアに対して平行に重なってカーボンブラック粒子を形成すると考えられている。透過電子顕微鏡（TEM）などでも確認されたこのようなイメージがナノスケールの諸性質とその解析につながる一例である。一方，LiBの充電時間の急速化は搭載するデバイスにもよるもの

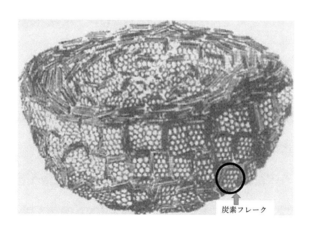

炭素フレーク

図1　カーボンブラック粒子の断面モデル[4]
黒い円で囲っている部分が炭素フレークで，2～10 nm程度のサイズである。無数の炭素フレークがコアに対して平行になるように重なっている。炭素フレーク間には空隙が観られ，このスペースが物質の吸着輸送経路にもなると同時に機械的特性にも影響する。

＊　Michiya Ota　群馬工業高等専門学校　物質工学科　教授

第 6 章 多孔質炭素小球体の調製と負極特性

の，高機能化や高性能化の時代においては重要なポイントであると考える必要がある。すなわち，黒鉛に代わる新しい負極材として注目される炭素材料においては，ナノレベルの表面構造や内部組織の構造制御を除外しては考えられない。2012 年からの NEDO プロジェクト「リチウムイオン電池応用・実用化先端技術開発事業」では，通常の LiB の充電時間が 1 時間以上のところを 5 分で容量の 90% までの急速充電を可能にしたとの報告[5-a]があり，一部ハイブリッド車などへの搭載が始まっている。この系では負極電極にチタン酸リチウムを使用しているが，リチウムイオンの吸脱着に伴う結晶格子の膨張は黒鉛に比べて非常に小さく，黒鉛では鍵ともなる層エッジでのリチウムイオンの層間挿入反応の際に発生する固体電解質界面（Solid Electrolyte Interface：SEI）層が形成されないために不可逆容量がなくなる利点を持ち，実際，約 3000 回の充放電後も 90% 以上の容量を維持すると報告されている。しかし，問題点は起電力が 2.4 V で重量エネルギー密度が従来の LiB が 100〜243 Wh/kg であるのに対して 30〜110 Wh/kg と低いことがあげられている[5-b]。これに対し，黒鉛負極電極よりも大きな理論容量を持つといわれているケイ素やスズ，アルミニウムといった単体が注目を集めている[6]。これらはリチウムとの合金を形成する系で，理論容量はケイ素では $Li_{4.4}Si$ の生成において一桁高い 4200 mA h/g の容量が示されていて，これらを負極材とする技術開発も活発である[7]。しかし，こうした炭素系以外の負極材の多くは根本的に電気伝導性やリチウムイオンの吸脱着過程での膨張・収縮挙動に問題があり，単体内での電子移動や微粉化の抑制が不可欠である。黒鉛に代表される炭素系負極材の多くは単体において電気伝導性に優れた特性を持つことから，前述のようにナノレベルでの視点に立つことで負極材料としてはさらに魅力的な材料であると期待できる。この章では，そうした一役を担うべく，多孔質炭素小球体を例として，昨今の作製法の新展開を紹介する。構成としては，まずは一般の炭素小球体を概観したのちに，多孔質炭素小球体に着目する。

2 炭素小球体の調製

炭素系負極電極では電極としての挙動を示す 1 単位当たりの形状が球状であることと粒子径分布が均一であることが，充填密度を高くして優れた電池特性を期待させることから炭素小球体を調製するにあたっては粒子径分布と形状の制御が重要となる。

本章では，炭素小球体はナノメートルサイズとマイクロメートルサイズの粒径で大別し，前者を carbon nanosphere から CNS，後者を carbon microsphere から CMS と区別する。電極として利用されるいわゆる炭素小球体の作製方法は，表 1 に示すように，気相での有機分子の熱分解により調製する方法，高分子球の熱分解を経由する方法，無機小球体の被覆または含浸層の熱分解を経由する方法に大別でき，得られる炭素小球体は無孔質の固体粒子，多孔質粒子，コアシェル粒子，中空粒子などとなる。一般に，炭素構造の発達過程では炭素面は面配向（plane orientation），軸配向（axial orientation），点配向（point orientation）の 3 つの配向に分類されるが，炭素小球体では球内の組織は，その構造が生成した時点の界面環境が気相，液相，固相

リチウムイオン二次電池用炭素系負極材の開発動向

表1 炭素小球体の作製法

原料系に着目した作製法	気相法：気相状態で有機低分子の熱分解を経由 高分子球法：高分子小球体の熱分解を経由 テンプレート法：無機小球体の被覆層の熱分解を経由
熱分解処理法	1) 気相経由法 　・アーク放電法 　・CVD法 　・マイクロ波プラズマ法 　・オートクレーブ法 2) 固相経由法 　・高分子などの熱処理による熱分解法

1) 主生成物：CNS, 2) 主生成物：CMS

のいずれによるかで左右されることが提案されている[8]。ただし、小球体粒子1個1個が完全に分離されているのではなく、複数個の小球体粒子が生成段階でビーズ状に連なったものも報告されている。これについては、その微細構造とCNS粒子間の密着度の点からカーボンブラックとは区別すべきであると指摘されており[9]、実際に気相熱分解で得られる炭素小球体には多く観察される。

2.1 気相経由での炭素小球体の調製

調製される炭素小球体の粒子径は熱分解条件によって数ナノメートル～数ミクロンまで広範囲にわたり、表面積についても$2 \text{ m}^2/\text{g}$未満という低い値から$1200 \text{ m}^2/\text{g}$を超える高い値まで報告されている。代表的な調製例を以下に簡単に紹介する。

図2はアーク放電法を利用したCNS作製装置の概略の一例である[9]。直径3 cmの約200個のカーボンボールを電極として炉の底に充填し、2つの電極との間でアルゴン気流中1100℃で加熱しながら通電したところ、カーボンボール間でアーク放電が発生し、廃ペットボトル由来のポリエチレンテレフタレート（PET：3 cm×3 cm）片は熱分解と同時に粒径が100 nmの炭素小球体（CNS）を生成してガス出口で回収された。得られたCNSは無孔質でわずかに酸素を含んだ乱層構造であったが、触媒の担持体やガスクロマトグラフィーのカラム、LiB用電極材料、導電助剤などに期待される。アーク放電法や後述のCVD法を用いるCNSの作製法では共通してカーボンブラックに類似のCNSのビーズ状の生成物が観察されることがある。しかし、これらはカーボンブラックとは同一ではないと考えることが提案されている[9]。

CVD法は電気炉内を不活性雰囲気下でキャリアガスとともに炭素原料化合物を通す過程で熱分解を行う一般的な方法であるが、熱分解ゾーンが常圧、減圧、あるいは高真空のもとで行う場合、また、原料を気体、液体、固体のいずれかの状態で熱分解ゾーンに導入する場合によって、生成する炭素小球体の粒径や表面形状、表面積などが制御できる。液体や固体原料の高沸点系原料の場合には、図3に熱分解装置の概略を示すように、原料をガス化させるための電気炉と熱分解のための加熱炉の二段式加熱炉を使用する必要がある[12,13]。この場合には加熱炉が縦型と横型では炭素小球体の収率や形状、サイズに影響を及ぼすとともに加熱炉内での滞留時間の違いか

第6章　多孔質炭素小球体の調製と負極特性

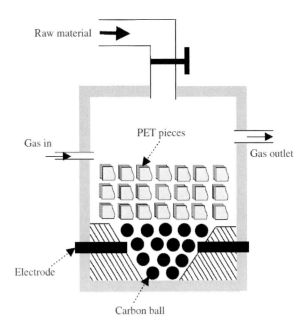

図2　アーク放電法による炭素小球体の作製[9]

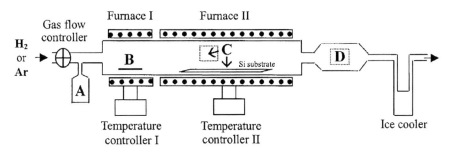

図3　カーボンナノチューブ（CNT）調製用熱分解装置概略図[19]
A, B：高沸点原料の供給用蒸発源，C：CNTや炭素小球体などが析出するSi基板または石英ガラス管壁面，D：室温での析出ゾーン

ら粒子径や小球体表面層の結晶性が影響を受ける。これらを制御する条件についてキャリアガスの流速で原料蒸気の供給速度を制御し，加熱温度や熱分解時間などを調べた結果，炭素小球体の形成には加熱炉内の温度が800℃より高温であることが必要で，炭素源となる有機化合物の種類は小球体の形態に影響を及ぼすことがわかった。また，熱分解時間は粒子径の大きさを決定し，反応時間が長くなると結晶性が高くなることが見出されている[13]。

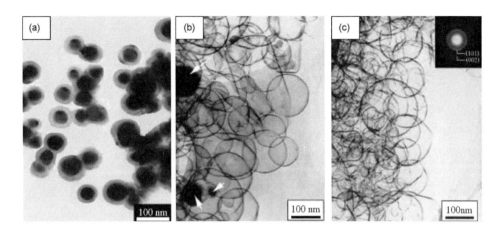

図4 ZnSeナノ粒子をテンプレートとして調製した中空炭素小球体のTEM像（粒子径：40～120 nm）
(a) 1100℃に予熱した横型加熱炉内に置かれたZnSeナノ粒子にトルエンを熱分解して調製した炭素被覆小球体で黒色部がZnSeナノ粒子，(b) 加熱炉温度を1200℃として30分間加熱したときの炭素被覆小球体で矢印が示す黒色部がZnSeナノ粒子，(c) 加熱時間を60分としたときの小球体で，炭素小球体からはZnSeが除去され中空粒子となっている。

　液体原料のガス化導入の方法以外に，熱分解ゾーンに原料を直接導入するインジェクション法なども使い分けられる。筆者らの経験ではインジェクション法を使用するとCNSやCMS，カーボンナノチューブなどの目的生成物が反応容器底部に析出し，副生成物をもたらす反応物系は熱分解時の内圧の増加によって系外に放出されるために目的生成物を効率よく得ることができた。一般にCVD法はフラーレンやカーボンナノチューブなどのナノカーボンの調製で使用される手法をそのまま転用している場合とナノカーボンの副生成物[14]として得られたものを分離精製する場合とに分けることができる。したがって，触媒[11,14,18]を使用することもある。触媒の作用は中空粒子形成のための核生成部位を提供するテンプレートとして機能すると考えられている[11,18]。図4は中空粒子のTEM像で，粒子内部は空洞で薄い炭素壁で囲われていることがわかる。後述するが，シリカナノ粒子をテンプレートとして熱硬化性高分子で被覆したのち，熱分解処理によって炭素被覆小球体を調製し，その後，シリカナノ粒子を除去することでも中空炭素小球体を得られることが報告されている[18]。この方法は装置的にも簡便であることから多孔質炭素小球体の調製法の一つとしても良く利用される方法である。

2.2 液相または固相経由での炭素小球体の調製

　炭素材料の工業原料の代表に石油や石炭の熱分解残渣としてピッチがある。このピッチを高温処理する過程で350～550℃付近で炭素前駆体物質が形成されるが，その際に液相を経ることがある。液相を経ることで分子の自由度が増し光学的に異方性領域が現れる。この異方性領域はメソフェーズ（mesophase）と呼ばれ，初期過程ではピッチ内で小球体として存在するが，長時

第6章　多孔質炭素小球体の調製と負極特性

間の熱処理や高温で加熱処理を継続すると偏光顕微鏡視野内ではメソフェーズが合体を繰り返しながら成長して，やがて視野全体に異方性領域が形成される。メソフェーズは球体の水平方向に多環芳香族網面がラメラ構造を形成して積層していることから黒鉛のような層状構造をとる配向性球体であることがわかっている。このメソフェーズを溶媒で抽出すると炭素質メソフェーズ小球体となる。この炭素質メソフェーズ小球体を1000℃以上で加熱処理することでメソカーボンマイクロビーズ（MCMB）と呼ばれる炭素小球体が調製できる[20]。MCMBは約4 m^2/g の低い比表面積を持つ層状構造を有する球形粒子で，6～23 μmの粒子径範囲でLiB用負極材として企業化された。メソフェーズの生成が可能なピッチはナフタレンやアントラセンをHF/BF_3混合酸触媒存在下で加熱処理することでも調製され，粒子径が100～300 nmのMCMBが抽出されている。このMCMBの場合，600℃から900℃まで加熱処理するとBET比表面積は304 m^2/g から74 m^2/g まで低下し，細孔がMCMBの収縮によって消失することがわかった。用途としてはモレキュラーシーブや急速充電が可能な高容量電気二重層キャパシタ用電極としての可能性も検討されている[21,22]。

一方，濃硫酸／濃硝酸の混酸を用いてコークスから調製した両親媒性炭素質材料（ACM）と尿素のw/oエマルジョンから粒子径が2～15 μmの範囲で，壁の厚さが1 μm程度の中空カーボンマイクロビーズが調製されている[23]。加熱処理温度と尿素濃度の影響を調べたところ，中空カーボンマイクロビーズの密度は，尿素濃度の増加と加熱処理温度の低下とともに減少することが報告されている。

このような炭素化過程を液相と固相のいずれの状態で行うかに着目することで，無孔質や多孔質，中空構造などを持つ炭素小球がそれぞれ得られることが報告されている。

2.3　高分子を利用した無孔質および多孔質炭素小球体の調製

高分子は熱可塑性と熱硬化性に大別されるが，それらのいずれにおいても炭素小球体の調製には重要な原料となる。すなわち，無孔質な炭素小球体を調製する際には，熱硬化性高分子小球体を作製したのち，1000℃以上の高温で加熱炭素化すると炭素小球体が調製できる。有機物は加熱炭素化過程で熱分解と芳香族化が進行することから熱分解に伴って発生する低分子化合物がガスとして放出する際にガスの通路ができてしまい，それが完全に閉じない場合には無孔質といってもミクロ孔が若干残ってしまう。また，熱硬化性高分子は高分子骨格が炭素化後も残り，MCMBのようなラメラ構造の積層構造は取らないために難黒鉛化性炭素と分類される炭素小球体ができてしまう。この難黒鉛化性を微妙に調製することでLiB用負極電極の候補[1]とすることができる。

これに対して，熱可塑性高分子は，加熱炭素化過程で発生する熱分解によって大半がガス化して炭素体として残らないため，2.1項に述べたように気相経由でCNSを調製する際に使用することはできるが，単一では高分子小球体経由で炭素小球体を形成できない。熱可塑性高分子と熱硬化性高分子のそれぞれが一長一短を持つため，例えば無孔質または多孔質熱可塑性高分子球体

に熱硬化性高分子を含侵または被覆後に加熱炭素化処理を行うことで熱硬化性高分子由来の骨格を持つ多孔質または中空炭素小球体を得ることができる。一例であるが，図5に示すように，多孔質高分子小球体であるポリマーラテックスの表面改質をN-メチル-D-グルカミンで行ったのち無水D-グルコースを被覆してポリマー／グルコース複合体小球体を作製し，その後，最高温度700℃で加熱炭素化した[24]。図6の(a-c)にポリマーラテックス多孔質高分子小球体，(d-f)にポリマー／グルコース複合体小球体，(g-i)に多孔質炭素小球体の走査型電子顕微鏡像を示す[24]。球の表面形状は未処理から複合体，炭素小球体に向かって孔が小さくなる傾向にあるが，BET比表面積はポリマーラテックス多孔質高分子小球体では72 m^2/gであるのに対して，多孔質炭素小球体では370 m^2/gに増加しており多孔質化が進行していることがわかる。このポリマーラテックスの使用はメソポーラスシリカ小球体の場合と異なり，加熱炭素化処理においてテンプレートのラテックスも一緒に炭素化されることで無機物質の除去工程が不要である。

一方，メソポーラスシリカ小球体に熱硬化性高分子を含侵または被覆したのちに加熱炭素化処理を行うことで単分散カーボン／シリカコアシェル構造の小球体が得られる。この後，シリカをフッ酸処理によって除去すると多孔質炭素小球体が調製できる。フルフリルアルコールを用いた場合には，メソポーラスシリカの細孔内でフルフリルアルコールを熱硬化させ細孔内を完全に充填したのちに，900℃で加熱炭素化処理を行った。その後，シリカを除去すると炭素骨格が残された多孔質炭素小球体が調製されている。細孔はメソポーラスシリカの細孔径に依存していたが，BET比表面積は1000 m^2/gと非常に高い値を示した[25]。同様にフェノール樹脂でも同様の報告[26]がある。メソポーラスシリカ小球体を用いた多孔質炭素小球体の調製[27]例は枚挙にいとまがないが，シリカに類似して，ベントナイトナノ粒子をテンプレートとする方法も報告されている[28]。

エアロゾル法を用いて多孔質炭素小球体を調製する報告例も出ており，ポリ（ジビニルベンゼン）のエアロゾル法で作製したコロイド粒子を窒素雰囲気下で500℃で3時間加熱処理を行って

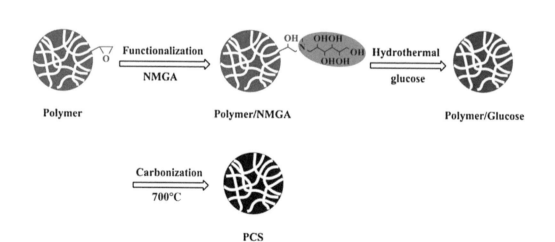

図5　多孔質高分子小球体であるポリマーラテックス小球体から多孔質炭素小球体調製への流れ[24]

第6章　多孔質炭素小球体の調製と負極特性

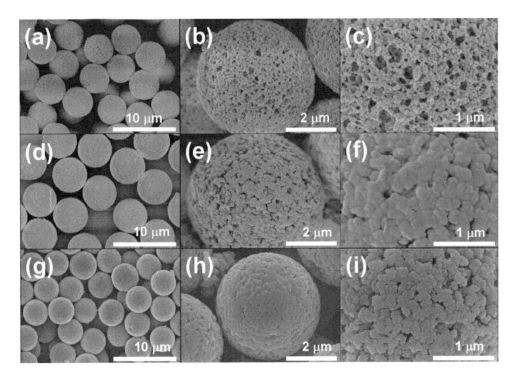

図6　ポリマーラテックス多孔質高分子小球体（a-c），ポリマー／グルコース複合体小球体（d-f），多孔質炭素小球体（g-i）の走査型電子顕微鏡像[24]

平均粒子径が 3〜5 μm の多孔質炭素小球体が得られている[29]。その他，澱粉や花粉，細菌などをバイオマテリアルとして利用する方法や低分子有機化合物と酸，金属塩の混合物の炭素化による方法[32-c)]も報告されるようになってきた。例えば，ジャガイモ澱粉を炭素源として，NH_4Cl 水溶液に1時間浸漬して乾燥後，窒素流下 600℃ で1時間加熱炭素化処理して多孔質炭素小球体を調製している[30]。

3　LiB 用負極材を目指した多孔質炭素小球体の調製と負極特性

1節でも前述したように LiB の負極電極に炭素系材料を使用すると電極表面 SEI 層が形成されるために不可逆容量が大きくなる問題がある。これをある程度回避するには炭素網面のエッジの露出濃度が低いことが条件となることから，多孔質炭素は一般にそれに適さないとされてきた。しかし，昨今はメソポーラスな多孔質炭素の細孔に，例えば可逆比容量の大きな Co_3O_4 と CoO の混合系となる酸化コバルトナノ粒子を充填することでリチウムイオンの酸化コバルトに対する吸着・脱離機構を有利にすることが検討されている。そのためには多孔質炭素小球体にはメソポーラスな多孔質構造が求められる。

図7にメソポーラスな多孔質構造の調製スキームの一例[31]を示したように，粒子径が1 μm程度のメソポーラスシリカ小球体（MSS）をテンプレートにして，CVD法でメソポーラスな多孔質炭素小球体（MPCMS）を調製したのち，湿式浸透法によって酸化コバルト混合系ナノ粒子をMPCMSの多数の細孔に含浸することで目的物質が得られる。図8と図9は各生物の電子顕微鏡像を示す。充放電のサイクル特性やレート特性の測定結果などから，得られた酸化コバルト混合系ナノ粒子／MPCMS複合体では，酸化コバルトナノ粒子の凝集を回避すると同時にリチウムイオンの吸脱離反応に伴って酸化コバルトの細粉化は認められなかった。負極としては，0.01～3.0 Vの間で70 mA/gの充電／放電電流で703 mA h/gの可逆放電容量を示し，30回目のサイクル後も77%の容量維持率を達成していた。
　このようにメソポーラスな多孔質炭素小球体は単独でLiB用負極電極として使用するのではなく，負極として可逆比容量の大きなコバルトやニッケル，銅，鉄の酸化物，ケイ素や，スズ，アルミニウムなどのナノ粒子をその細孔に埋入することで，金属化合物や単体の膨張・収縮過程での微粉化が抑制できることに加えて，個々の粒子の均一分散が可能となって効率の良い電極特性を得ることができる[32]と期待される。

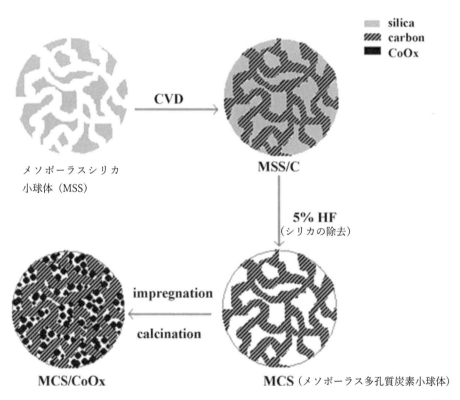

図7　酸化コバルト混合系ナノ粒子／メソポーラス多孔質炭素小球体複合体調製への流れ[31]

第 6 章　多孔質炭素小球体の調製と負極特性

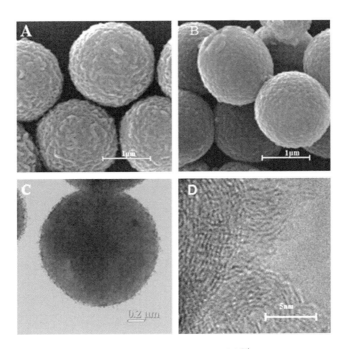

図8　各小球体の電子顕微鏡像[31]
AとBはSEM像で，A：MSS，B：MCS。CとDはTEM像で，C：MCS，D：MCSの高分解TEM像。

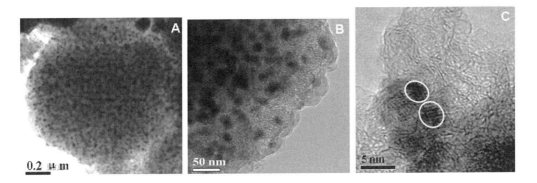

図9　酸化コバルト混合系ナノ粒子を埋入したMCSのTEM像[31]

101

4 おわりに

本章では，多孔質炭素小球体の調製法とLiBの負極電極としての応用例をまとめた。多孔質炭素の調製に関する技術の進歩やそれを必要とするニーズの多様化が進んでおり，無孔質または多孔質炭素小球体の調製技術も日々更新されている状況にある。また，非常に多数の学術報告例があり，個々の研究内容についての網羅は不可能であろう。エネルギーの生産から貯蔵にいたる幅広い領域に世の中のニーズが高まっている時代であり，さらに今後の発展が期待される。

文　　献

1) 西美緒，リチウムイオン二次電池の話，裳華房（1997）
2) H. W. Kroto *et al.*, *Nature*, **318**, 162（1985）
3) S. Iijima, *Nature*, **354**, 56（1991）
4) a）日本学術振興会 炭素材料 第117委員会編，炭素材料の新展開，昭和情報プロセス（2007）
   b) M. Wissler, *J. Power Sources*, **156**（2），142（2006）
5) a) https://www.nedo.go.jp/hyoukabu/articles/201901toshiba/index.html
   b) https://www.greencarcongress.com/2008/05/toshiba-develop.html
6) 藤枝卓也，まてりあ，**38**（6），488（1999）
7) a) X. Song *et al.*, *Material Matters*, **8**, 111（2013）
   b) N. Kobayashi *et al.*, *J. Power Sources*, **326**, 235（2016）
8) M. Inagaki, *Carbon*, **31**, 711（1997）
9) W. M. Qiao *et al.*, *Carbon*, **44**, 187（2006）
10) Z. L. Wang & Z. C. Wang, *J. Phys. Chem.*, **100**, 17725（1996）
11) B. Y. Geng *et al.*, *Mater. Sci. Eng. A*, **466**, 96（2007）
12) H. Hou *et al.*, *Chem. Mater.*, **14**, 3990（2002）
13) Y. Z. Jin *et al.*, *Carbon*, **43**, 1944（2005）
14) M. Sharon *et al.*, *Carbon*, **36**, 507（1998）
15) N. G. Shang *et al.*, *Appl. Phys. Lett.*, **89**, 103112（2006）
16) H. Marsh *et al.*, *Carbon*, **9**, 159（1971）
17) M. Inagaki *et al.*, *Carbon*, **21**, 231（1983）
18) W. Li *et al.*, *Carbon*, **45**, 1757（2007）
19) J. D. Brooks & G. H. Taylor, *Carbon*, **3**, 185（1965）
20) M. Kodama *et al.*, *Carbon*, **26**, 595（1988）
21) S.-I. Lee *et al.*, *Carbon*, **41**, 1652（2002）
22) S.-I. Lee *et al.*, *J. Power Sources*, **139**, 379（2005）

第6章　多孔質炭素小球体の調製と負極特性

23) K. Esumi *et al., Coll. Surf. A Phys. Eng. Asp.*, **108**, 113 (1996)
24) J. Cheng *et al., Chem. Eng. J.*, **242**, 285 (2014)
25) T. Nakamura *et al., Micropor. Mesopor. Mater.*, **117**, 478 (2009)
26) J. K. Lee *et al., Bull. Korean Chem. Soc.*, **26**, 709 (2005)
27) a) W. Li *et al., Electrochem. Commun.*, **9**, 569 (2007)
    b) S. B. Yoon *et al., Adv. Mater.*, **14**, 19 (2002)
28) F. Li *et al., Carbon*, **44**, 128 (2006)
29) S. Gangolli *et al., Coll. Surf.*, **41**, 339 (1989)
30) S. Zhao *et al., Carbon*, **47**, 331 (2009)
31) H.-J. Liu *et al., Electrochim. Acta*, **53**, 6497 (2008)
32) a) M. Y. Yixuan Sun *et al., Electrochim. Acta*, **317**, 562 (2019)
    b) Z. Wu *et al., Electrochim. Acta*, **306**, 446 (2019)
    c) D. Wang *et al., Appl. Surf. Sci.*, **464**, 422 (2019)
    d) X. Shen *et al., J. Energy Chem.*, **27**, 1067 (2018)
    e) X. Zhao *et al., J. Energy Chem.*, **23**, 291 (2014)
    f) Y. Ma *et al., J. Alloys Compounds*, **704**, 599 (2017)
    g) W. Zhang *et al., Electrochim. Acta*, **176**, 1136 (2015)
    h) M. Sun *et al., J. Alloys Compounds*, **771**, 290 (2019)
    i) H. Kim *et al., Carbon*, **49**, 326 (2011)

第7章 めっき技術を用いたリチウムイオン電池用 CNT/Sn 電極の開発

清水雅裕[*1], 新井 進[*2]

1 はじめに

電気自動車の市場拡大や再生可能エネルギー有効利用の観点から，蓄電池に求められる要求は一層強くなってきている。現行の蓄電デバイスのなかでリチウムイオン電池は最も高いエネルギー密度を有するが，これも例外ではなくその正極・負極材料の高電圧作動化・高容量化が迫られている状況である。負極活物質に焦点を当てると，その Li 吸蔵機構の違いによって次の3つに大別される。①インターカレーション反応型：黒鉛（$6C + Li^+ + 6e^- \rightleftarrows LiC_6$），チタン酸リチウム（$Li_4Ti_5O_{12} + 3e^- + 3Li^+ \rightleftarrows Li_7Ti_5O_{12}$）など[1~3]，②コンバージョン反応型：主に遷移金属酸化物（例：$CoO + 2Li^+ + 2e^- \rightleftarrows Co + Li_2O$）[4,5]，③合金化－脱合金化反応型：Sn，Sb，Si，Pb，P など（例：$Sn + 4.4Li^+ + 4.4e^- \rightleftarrows Li_{4.4}Sn$）[6~13]。Li イオンがトポケミカルにホスト材料に出入りする①は，容量こそ限定されるものの高い反応可逆性とサイクル安定性に優れることが特徴である。②のコンバージョン反応型では，①の代表例である黒鉛よりも高い可逆容量を示す反面，充放電にともなう相分離や結晶格子の再構築が反応可逆性の低下を招くため，サイクル寿命に乏しい。他方，③合金化－脱合金化反応を示す 14・15 族元素の負極活物質としての性質（表1）を概観すると，Si や Sn が①・②型の活物質と比べて高い充放電容量をもたらすことがわかる。しかしながら，Li と合金化した際の体積膨張率はいずれも 200%を大きく超えており，充放電中に微粉化したり，活物質の電気的孤立などが生じるため，長期サイクルにおける容量安定性に欠ける面がある。これらの欠点を抱えているものの，理論容量を考慮すると金属・合金系材料における課題を何としても克服したいところである。

一般的に粉末をベースとする合剤電極では，電極の電子伝導性と機械的耐久性を上げるべく導電助剤や結着剤などの補助的な添加物質を活物質に混ぜて用いている。カーボンナノチューブ（CNT）は鉄鋼の約5倍の弾性率，10倍の引張強度を有しながら高い電子伝導性を示すため，電極全体の導電性や機械的耐久性向上の点では極めて有効な材料といえる。筆者らは，CNTのみから構成される，従来の Cu 集電体基板を一切用いない自立膜を電極材料に応用する研究を行ってきている[14~16]。$\phi16$ mm，厚さ 18 μm の電解 Cu 箔を集電体とした場合，その重量は約 32 mg であるが，2倍以上の厚さを有する CNT 自立膜ではその重量が6分の1程度まで低減す

[*1] Masahiro Shimizu 信州大学 学術研究院工学系 助教
[*2] Susumu Arai 信州大学 学術研究院工学系 教授

第7章 めっき技術を用いたリチウムイオン電池用 CNT/Sn 電極の開発

表1 リチウムイオン電池用負極活物質の性質と理論容量の比較

活物質	Li 吸蔵時の組成	理論容量 /mAh g^{-1}	主な充放電プラトー領域の電位 /V vs. Li/Li$^+$		体積膨張率 /%	モース硬度	比抵抗 / Ω cm	真密度 /g cm^{-3}
			Li 挿入	Li 脱離				
C	LiC$_6$	372	0.1-0.3	0.1-0.3	10	1-2	1.4×10^{-5}	2.26
Si	Li$_{15}$Si$_4$	3,600	0.1-0.3	0.2-0.5	280	7	$10^5 - 10^7$	2.33
	Li$_{22}$Si$_4$	4,200			320			
Ge	Li$_{15}$Ge$_4$	1,400	0.2-0.4	0.4-0.6	240	6	4.6×10^1	5.32
	Li$_{22}$Ge$_4$	1,600			270			
Sn	Li$_{22}$Sn$_4$	990	0.1-0.6	0.5-0.8	260	1.8	1.1×10^{-5}	5.76
Sb	Li$_3$Sb	660	0.8-0.9	1.0	140	3.3	3.9×10^{-5}	6.70
Li$_4$Ti$_5$O$_{12}$	Li$_7$Ti$_5$O$_{12}$	175	1.55	1.60	0.2	不明	3×10^{-10}	3.48
Rutile TiO$_2$	LiTiO$_2$	335	1.0-2.0	1.4-2.2	16	6-6.5		4.23
Fe$_3$O$_4$	3Fe + 4Li$_2$O	930	0.8-1.0	1.5-2.0	80	6	$4 \times 10^{-3} - 3 \times 10^{-2}$	5.18

る。従来の Cu 集電体を CNT 自立膜に置き換えることができれば,重量密度の点から電池の高エネルギー密度化に大きく貢献できるものと考えられる。本章では,その CNT 自立膜と電気化学的手法に基づくリチウムイオン電池用負極活物質の創製およびその電気化学的挙動について紹介する。

2 電気めっき法による CNT 自立膜内部への活物質 (Sn) の担持

CNT 自立膜電極に関する研究例は国内外を問わず盛んに実施されてきた[17~25]。そのモチベーションは,自立膜内部に張り巡らされた三次元ネットワークにある。自立膜の作製は,1 wt.% 以下となるよう分散剤を用いて CNT 懸濁液を調製した後,これを吸引濾過するといった手法が一般的である。このとき,電極内部に取り込ませたい活物質粉末を CNT 懸濁液とともに濾過することで活物質一体型の自立膜複合電極を得ることができる。膨張-収縮するような活物質系であったとしても,高い電子伝導性と機械的特性を兼ね備えた CNT がその活物質の電気的孤立を抑制するものと期待される。この自立膜に関する研究は,次世代高容量正極としてその利用が切望されている硫黄 (S) の電極性能向上に特に多く見られる。これらの自立膜を負極材料,例えば Si や Sn を用いて複合体を調製する場合,Si や Sn は CNT と密度が大きく異なるため自立膜電極底部に偏在してしまう。図1は 0.2 wt.% の単層カーボンナノチューブ (SWCNT) を含む懸濁液と Sn 粒子をともに吸引濾過して得られた自立膜電極の断面電子顕微鏡像を示す。CNT の3倍以上の密度を有する Sn は,その差が原因となり底部に局在化する。

電極厚が比較的薄ければ問題ないが,正味の実効容量を増大させるためには膜厚を増大させなければならず,その場合には電極内部の活物質分布の不均一性が顕著になる。この方策の一つと

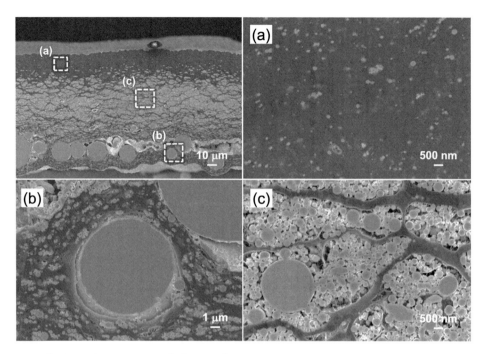

図1 単層カーボンナノチューブ(SWCNT)懸濁液とSn粒子をともに吸引濾過して得られたSWCNT/Sn自立膜電極の断面電子顕微鏡像

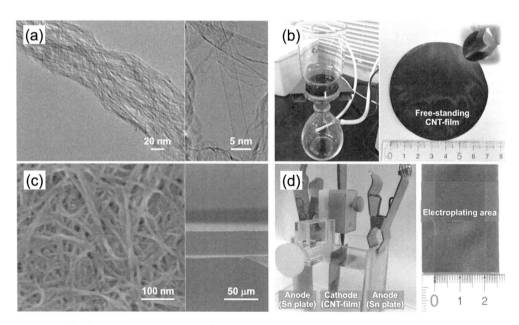

図2 (a) 単層カーボンナノチューブ(SWCNT;日本ゼオン製)の透過型電子顕微鏡像, (b) SWCNTを分散させた懸濁液を吸引濾過して作製した自立膜, (c) SWCNT自立膜電極の表面・断面走査型電子顕微鏡像, (d) 電気めっき法による自立膜内部へのSn担持の様子

第7章 めっき技術を用いたリチウムイオン電池用 CNT/Sn 電極の開発

して，筆者らは CNT 自立膜を作製した後に電気めっき法により Sn を電極内部に固定化するといった手法を着想した。Sn は Li と合金化することで 990 mA h g^{-1}（Li$_{4.4}$Sn）の理論容量を示す。現行の黒鉛負極の 2 倍以上を示す容量を有することから，次世代リチウムイオン電池負極材料として注目を集めている。しかしながら，上述のように Li 吸蔵－放出時の大きな体積変化により微粉化や凝集が起こり，これが潜在的な高容量を長期サイクルにわたって引き出すことを妨げている。図 2a に本研究で用いた単層 CNT（SWCNT；日本ゼオン製）[26]の透過型電子顕微鏡像を示す。直径約 4 nm の SWCNT を 3.0×10^{-4} M のドデシルベンゼンスルホン酸ナトリウム（SDBS）を用いて水中に均一に分散させた溶液 50 g を吸引濾過し，厚さ 40 μm の自立膜を作製した。その表面には，CNT が互いに重なりあうことで 30～50 nm の孔が形成されている。これをカソードとして，その両端に金属 Sn 基板（アノード）を設置し，1 mA cm^{-2} の電流密度

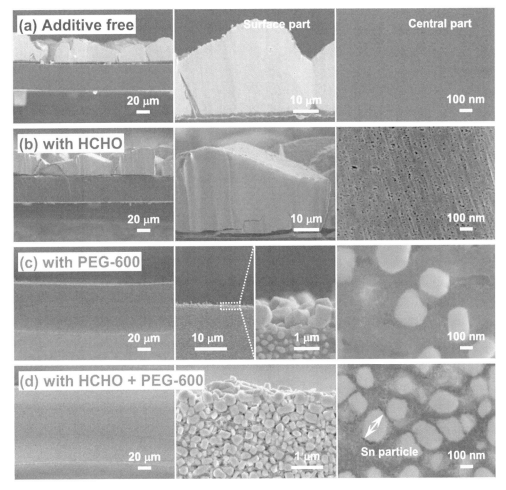

図3 種々の電気めっき浴を用いて作製した SWCNT/Sn 自立膜複合電極の断面電子顕微鏡像
（電流密度：1 mA cm^{-2}，電気容量：24 C cm^{-2}／29.6 mg cm^{-2} の目付量に相当）

でSnを電気めっきすることで自立膜内部への活物質の固定化を試みた。内部に担持する活物質量は電気容量により任意に制御することが可能である。0.5 M $SnCl_2$/1.25 M $K_4P_2O_7$ を基本めっき浴とし，ホルムアルデヒド（HCHO）およびポリエチレングリコール（PEG，Mw = 600）を添加したものも使用し，これらがSnの析出形態に与える影響を調査した。

図3に種々の電気めっき浴を用いて作製したSWCNT/Sn自立膜複合電極の断面電子顕微鏡像を示す。0.5 M $SnCl_2$/1.25 M $K_4P_2O_7$ のみからなる溶液では（図3a），自立膜内部へのSn析出は一切進行せずSnは膜表面に20 μm 程度の粗大粒子として析出した。一般的にCNTは疎水性であるため，水溶液系めっき浴が自立膜内部まで十分に浸透しなかったものと考えられる。Sn^{2+}の還元反応を促進，およびめっき浴の自立膜に対する濡れ性の向上を目的として，5 mM HCHO および 2 mM PEG-600 を添加した[27]。その結果，両者を加えたものでは膜表面にSn粒子が析出したものの，内部に約100 nm 程度の比較的小さいSn粒子を固定化させることができた。これらのめっき浴の自立膜に対する濡れ性を評価したところ，PEG-600を添加した系では予想通り接触角[28]が低下しており自立膜内部までめっき浴が浸透したものと推察できる（図4a）。

HCHOのみを添加した系では無添加と同様に膜表面のみにSnが析出した。PEG-600を含む系では内部に約100 nmのSn粒子の析出が確認できたが，その粒子の存在は両者を共添加したものよりも少なかった。HCHOがカソード表面でギ酸に酸化され，これにより生じた電子がSnの析出反応を進行したものと考えられる[16]。Cl^-存在下においてPEGはカソード表面に吸着し過度な電析反応を抑制することが報告されている[27]。実際に，リニアスイープボルタンメトリー測定の結果から，SWCNT自立膜上におけるSnの電析電位がPEG-600添加時において卑な方向にシフト，すなわち電析反応（$Sn^{2+} + 2e^- \rightarrow Sn$）が抑制されることが明らかとなった（図4b）。これらの競争的効果により均質かつ比較的小さいSn粒子がSWCNT自立膜内部に析出し

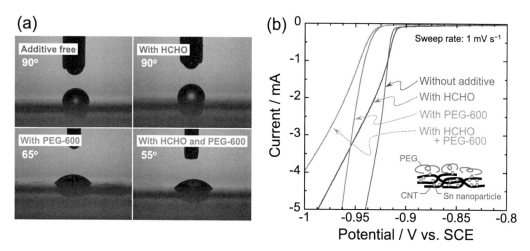

図4 (a) SWCNT自立膜に対する種々の電気めっき浴の濡れ性評価（接触角），(b) SWCNT自立膜カソードにおけるリニアスイープボルタモグラム（掃引速度：1 mV s^{-1}）

第 7 章　めっき技術を用いたリチウムイオン電池用 CNT/Sn 電極の開発

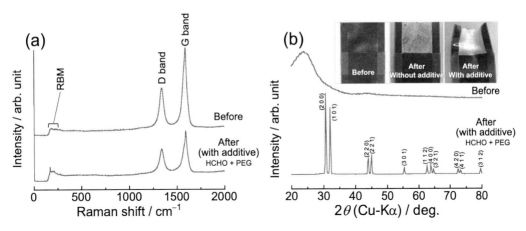

図5　Sn めっき前後の SWCNT 自立膜電極の（a）ラマン分光スペクトルおよび（b）XRD パターン

たものと考えている。電気めっきによる SWCNT 自立膜内部への Sn の固定化は，酸性水溶液を用いており CNT に欠陥が導入されることが懸念されるが，ラマン分光測定により Sn 担持後も CNT の結晶性は損なわれていないことがわかった。また，自立膜内部の析出物は酸化物や水酸化物などの不純物を含まず金属 Sn のみであることを X 線回折パターンから確認した（図5）。

ここでは，Sn 粒子の析出形態を電気めっき浴の工夫により制御したが，CNT 表面に意図的に官能基を組み込み，欠陥を導入することも一つの有効な手法といえる。ただし，この場合では CNT が本来有する高い電子伝導性が犠牲となるため注意が必要である。

3　SWCNT/Sn 自立膜複合電極のリチウムイオン電池負極特性

SWCNT/Sn 自立膜複合電極は，その内部の Sn 粒子が CNT 上に析出しており，CNT と単に触れ合っているというよりも固定化されている。また，機械的強度かつ導電性に優れる CNT が形成する三次元ネットワークにより，Li-Sn 合金化・脱合金化反応時の大きな体積変化（$\Delta 260\%$）にも追従できるものと期待できる。電解液に 1 M LiPF$_6$/EC:DEC を用い，二極式コインセルを構築した後，電流密度：100 mA g^{-1}（0.1 C），0.005～2.0 V（vs. Li/Li$^+$）の電圧範囲で定電流充放電試験を実施した。Sn 固定化における電気めっき条件を種々検討したものの，自立膜内部のみに析出させることは困難であり，自立膜表層にも Sn が残存した状態で充放電試験を行った。この場合，膜内部の Sn が電気化学的に Li と合金化することはなく，充放電容量はほとんど得られなかった。そこで，HCl 水溶液内に 60 s 浸漬し表層の Sn を適度に除去した（図6）。この電極の充放電プロファイルにおいて，0.5 V 以下に Li-Sn 合金化に由来する電圧平坦部が確認できる[29]。実際に充電カットオフ電圧 0.005 V では Li$_{17}$Sn$_4$ および Li$_5$Sn$_2$ 相が検出されており，SWCNT 自立膜内部に固定化した Sn が充放電反応に関与していることがわかる。その初回サイクルの可逆容量は 670 mA h g^{-1}（面積当たり 5.4 mA h cm^{-2}）[30]であり，現行

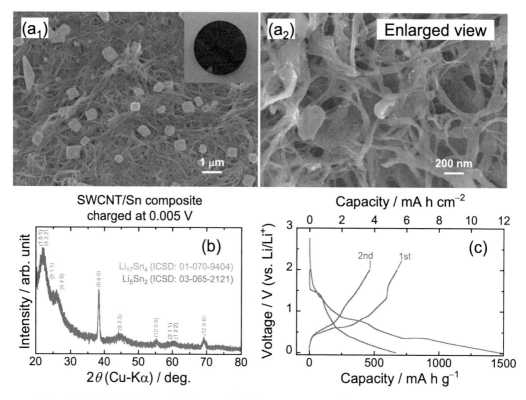

図6 (a) HCl 水溶液を用いて表層の Sn を除去した SWCNT／Sn 自立膜複合電極の表面電子顕微鏡像，(b) カットオフ電圧 0.005 V における電極の XRD パターン，(c) SWCNT／Sn 電極の充放電プロファイル

の黒鉛負極を大きく超える容量が得られた。しかしながら，初回容量可逆率は 45％程度であり，不可逆容量が目立つ。これは主に電解液の還元分解に起因しており，自立膜を構成する CNT の大きな表面積が原因であると考えられる。SWCNT は多層 CNT（MWCNT）に比べて欠陥部位が多く，これが不可逆反応を誘発する原因にもなる。したがって，自立膜を構成する CNT の結晶性を高めることでこれらはある程度抑制することができるものと推察できる。長期サイクルにおける試験は現在実施中であり，内部に発達した導電ネットワークが電極性能に与える効果の解明が待たれるところである。

4 おわりに

CNT 自立膜を用いた蓄電デバイス要素材料における開発研究は，リチウムイオン電池にとどまることなく金属空気電池の触媒電極にも応用されてきている。本稿で紹介した電気めっき技術を組み合わせれば，任意の金属を形態制御しつつ内部に固定化することができる。また，電気化学的な条件を検討・最適化することで金属酸化物の担持も可能になり，さまざまな展開が期待で

第 7 章　めっき技術を用いたリチウムイオン電池用 CNT/Sn 電極の開発

きる。リチウムイオン電池の高エネルギー密度化への要求が一層強まるなか，負極活物質については金属・合金系材料への転換が余儀なくされるかもしれない。本章ではそれらの材料を使いこなすうえで CNT 自立膜を活用した研究開発例について述べた。今後のさらなる研究の進展が期待される。

文　　献

1) K. Dokko *et al., J. Phys. Chem. C*, **114**, 8646 (2010)
2) T. Ohzuku *et al., J. Electrochem. Soc.*, **142**(5), 1431 (1995)
3) M. Wagemaker *et al., J. Am. Chem. Soc.*, **129**, 4323 (2007)
4) F. Mueller *et al., J. Power Sources*, **299**, 398 (2015)
5) S. Okuoka *et al., Sci. Rep.*, **4**, 5684 (2014)
6) J. P. Maranchi *et al., Electrochem. Solid-State Lett.*, **6**(9), A198 (2003)
7) T. D. Hatchard and J. R. Dahn, *J. Electrochem. Soc.*, **151**(6), A838 (2004)
8) M. N. Obrovac and L. Christensen, *Electrochem. Solid-State Lett.*, **7**(5), A93 (2004)
9) O. Mao *et al., Electrochem. Solid-State Lett.*, **2**(1), 3 (1999)
10) Y. Idota *et al., Science*, **276**, 1395 (1997)
11) M. T. Sougrati *et al., J. Mater. Chem.*, **21**, 10069 (2011)
12) N. Nitta and G. Yushin, *Part. Part. Syst. Charact.*, **31**, 317 (2014)
13) M. N. Obrovac and V. L. Chevrier, *Chem. Rev.*, **114**, 11444 (2014)
14) S. Arai *et al., Mater. Today Commun.*, **7**, 101 (2016)
15) S. Arai *et al., J. Electrochem. Soc.*, **164**(13), D922 (2017)
16) M. Shimizu *et al., Mater. Lett.*, **220**, 182 (2018)
17) Z. Yuan *et al., Adv. Funct. Mater.*, **24**, 6105 (2014)
18) S. Cao *et al., ACS Appl. Mater. Interfaces*, **7**, 10695 (2015)
19) H. Kim *et al., Carbon*, **117**, 454 (2017)
20) S. Matsuda *et al., Carbon*, **119**, 119 (2017)
21) A. Nomura *et al., Sci. Rep.*, **7**, 45596 (2017)
22) J. C. Bachman *et al., Nat. Commun.*, **6**, 7040 (2015)
23) R. Quintero *et al., RSC Adv.*, **4**, 8230 (2014)
24) K. Hasegawa and S. Noda, *J. Power Sources*, **321**, 155 (2016)
25) T. Kowase, *et al., J. Power Sources*, **363**, 450 (2017)
26) K. Hata *et al., Science*, **306**, 1362 (2004)
27) J. J. Kelly and A. C. West, *J. Electrochem. Soc.*, **145**(10), 3472 (1998)
28) J. S. Sharp *et al., Langmuir*, **27**, 9367 (2011)
29) J. R. Dahn *et al., Solid State Ionics*, **111**, 289 (1998)
30) H. Zhao *et al., ACS Appl. Mater. Interfaces*, **8**, 13373 (2016)

第8章　内包CNTの電池電極特性

石井陽祐[*1]，川崎晋司[*2]

1　はじめに

　カーボンは導電助剤として電池電極に欠かせない構成部材である。「導電助剤」という名称から明らかなように，導電助剤用カーボンに最も必要な性質は電気伝導性である。導電助剤の選定にあたって電気伝導性以外に重要となるパラメータとしては，コスト，分散性，耐久性，密度などがあり，多くの電池では導電助剤としてカーボンブラックが採用されている。しかしながら，最近注目されている新規電極活物質の中にはカーボンブラックを添加するだけではうまく動作しないものが数多くある。

　たとえばキノン系の有機分子は，金属元素を含まない新しいタイプのリチウムイオン電池電極材料として注目されている。キノン分子は，Li^+だけでなく，Na^+やK^+などの貯蔵も可能である。また，分子構造によっては，1価のイオンだけでなく，Mg^{2+}やCa^{2+}などの多価イオンの貯蔵も可能であり，ポストリチウムイオン電池での利用も期待される活物質である。キノンなどの有機分子は導電性に乏しいため，導電助剤との複合化が必須である。しかし，有機分子とカーボンブラックを単純に混合するだけではうまく動作しない。カーボンブラックは電極上に有機分子を保持する力が弱く，充放電中に有機分子の電解液への溶出が起きてしまうためである。

　筆者らはカーボンブラックに換わる導電助剤として，単層カーボンナノチューブ（SWCNT）に注目した研究を行っている。SWCNTはグラフェンシート（黒鉛の1層を取り出したもの）を円筒状に丸めた構造の炭素材料である。一般的なSWCNTの直径は0.8〜3 nm程度であり，チューブの内部にはさまざまな種類の分子を導入することができる。チューブ内に分子が担持されたSWCNTを内包ナノチューブと呼ぶ。SWCNTはsp^2炭素で構成されるため，優れた電気伝導性を有する。さらにSWCNTのチューブ内には非常に強い吸着力が働くため，SWCNTに内包された分子は簡単には外部に溶出しない。この導電性と吸着力を利用することで，前述の有機分子の特性を大きく向上させることができる。本稿では，SWCNTのチューブ内空間を電池電極反応場として利用した研究について，3つの事例を紹介する。

[*1]　Yosuke Ishii　名古屋工業大学　大学院工学研究科　生命・応用化学専攻　助教
[*2]　Shinji Kawasaki　名古屋工業大学　大学院工学研究科　生命・応用化学専攻　教授

第 8 章　内包 CNT の電池電極特性

2　キノン内包 SWCNT の電池電極特性

現在のリチウムイオン電池（LIB）の正極材料には，$LiCoO_2$ や $LiMn_2O_4$ などの遷移金属酸化物が使われている。しかし，このような材料は比重が大きく，重量・体積あたりに貯蔵できる電気量が小さい。また，これらの材料の多くには Co，Ni，Mn などのレアメタルが含まれており，価格が高いことも問題である。

そこで注目されているのが，有機分子を電極活物質として使用した二次電池である。たとえば，9,10-フェナントレンキノン（PhQ）を電極活物質として利用した場合には，図 1 に示すように 1 分子あたり 2 個のリチウムイオンを貯蔵することができる。重量あたりの理論容量は 258 mA h/g となり，一般的な遷移金属酸化物（たとえば $LiCoO_2$ の場合は 137 mA h/g）よりも大きな値となる。PhQ は Li^+，Na^+，K^+ など，さまざまな種類のアルカリ金属イオンを貯蔵できる[1]。前述のように，キノン分子は多価イオン電池の電極としても利用可能なポテンシャルも有している。さらに PhQ の酸化還元電位は 100 mV vs. SHE 程度に位置するため，有機系電解液中だけでなく，水系電解液中での動作も可能である[2]。キノンなどの有機分子の酸化還元電位は分子構造に依存するため，分子構造を適切にデザインすれば，正極としてだけではなく，負極活物質としての利用も期待できる。

PhQ の問題点は，電解液への溶解性である。アセチレンカーボンブラック（ACB）を導電助剤，ポリフッ化ビニリデン（PVDF）を結着材として作製した PhQ の合材電極（PhQ：ACB：PVDF = 4：4：2（重量比））のリチウムイオン電池用電解液（1 mol L^{-1} $LiClO_4$/EC-DEC，EC：DEC = 1：1）中における充放電カーブを図 2（A）に示す。この図は初回 10 サイクルの結果を示したものであるが，サイクル特性がかなり悪いことがわかる。2.85 V と 2.45 V 付近の電位平坦部（プラトー）は，それぞれ式(1)と式(2)の反応に対応する。

$$PhQ + Li^+ + e^- \rightleftarrows LiPhQ \tag{1}$$
$$LiPhQ + Li^+ + e^- \rightleftarrows Li_2PhQ \tag{2}$$

これらの反応で生じる LiPhQ と Li_2PhQ の Li-PhQ 間の結合はイオン性であるため，PhQ 分子はアニオンに近い状態（PhQ^-，PhQ^{2-}）で存在する。このため，Li が付加した PhQ は，未

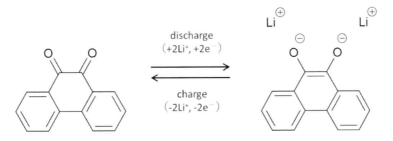

図 1　フェナントレンキノン（PhQ）の電気化学的なリチウムイオン貯蔵反応

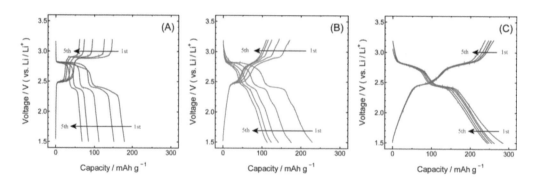

図2 (A) バルク状態の PhQ 電極，(B) PhQ と SWCNT を単純混合した電極，および
(C) PhQ@SWCNT 電極の定電流充放電曲線
横軸は電極中の PhQ の重量あたりの容量を示す。

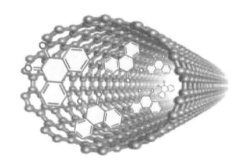

図3 PhQ@SWCNT の構造模式図

反応の PhQ よりも極性溶媒（電池電解液など）に溶解しやすくなる。電解液への溶出が起こると，活物質として機能する PhQ の量が減少するため，サイクルを重ねるごとに可逆容量が急速に低下してしまうのである。

　PhQ の電解液への溶出を防ぐため，SWCNT のチューブ内への PhQ 分子の内包（図3）を試みた。有機分子内包 SWCNT はとてもシンプルな方法で合成できる。合成方法の概略を図4（A）に示す。まず，チューブの先端の開いた SWCNT（開端 SWCNT）を用意する。開端 SWCNT は，閉端 SWCNT を 400℃程度の空気中で加熱し，チューブ端を部分酸化することで得られる。開端 SWCNT を内包させる有機分子（PhQ）とともにガラス管中に真空封入する。このガラス管を加熱すると，PhQ 分子がガラス管内で昇華し，SWCNT のチューブ内に吸着される。その後，ガラス管から取り出した SWCNT をアセトンなどの有機溶媒で洗浄すると，SWCNT の外表面に付着した PhQ が選択的に溶出し，PhQ 内包 SWCNT（PhQ@SWCNT）が得られる。PhQ を水中で超音波分散して濾過すると，図4（B）のような自立膜（バッキーペーパー）が得られる。

第8章　内包CNTの電池電極特性

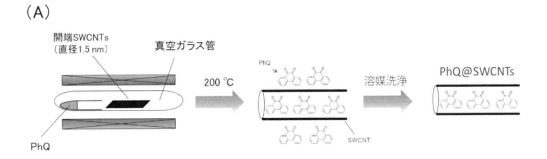

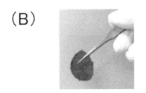

図4　(A) PhQ@SWCNTの合成方法，(B) SWCNTの自立膜（バッキーペーパー）

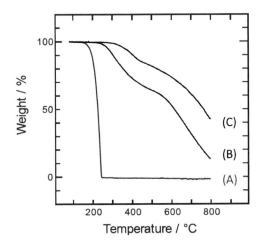

図5　(A) バルク状態のPhQ粉末，(B) PhQ@SWCNT-2.5，および (C) PhQ@SWCNT-1.5の熱重量曲線
SWCNTの後に記した数字はSWCNTの直径（nm）を表す。

SWCNTへのPhQ分子の内包率は，熱重量分析によって見積もることができる。図5に示すように，PhQ@SWCNTを加熱すると，SWCNTのチューブ内からPhQが昇華する反応が起こり，次いでSWCNTが燃焼する反応が起こる。それぞれの反応の重量変化からPhQの内包率が計算できる。図5に示したように，PhQの昇華温度はSWCNTへの内包によって100℃以上高温側にシフトする。また，ホストとなるSWCNTのチューブ径が小さいほど，PhQの昇華に必

要な温度は高くなる。これらの結果は，PhQ分子がSWCNT内部で安定化されていることに由来する。図6に示すように，SWCNT内では細孔壁からの吸着ポテンシャル（点線）が重なり合い，単純平面よりも大きな吸着ポテンシャル場（実線）が形成される[3]。さらに，このポテンシャル場の大きさは，SWCNTのチューブ径が小さくなるほど大きくなるためである。

得られたPhQ@SWCNTの定電流充放電測定の結果を図2（C）に示す。PhQ@SWCNTは自立膜（図4（B））の形状で得られるため，この測定は，導電助剤，結着材，集電体を使用せずに実施した。PhQ@SWCNTでも，バルクのPhQ（図2（A））と同様にPhQのリチウム貯蔵反応に由来する2段階のプラトーが観測された。PhQ分子はSWCNTに内包された状態でもリチウム貯蔵が可能であることが読み取れる。特筆すべきは，PhQ@SWCNTのサイクル特性である。PhQ@SWCNT（図2（C））はバルクのPhQ（図2（A））に比べてサイクル特性が大幅に改善していることがわかる[4]。その一方，同じ組成のPhQ-SWCNT複合体であっても，SWCNTのチューブ外にPhQを吸着させた電極（図2（B））ではサイクル特性の向上は起こらなかった。これらの結果は，先に述べたSWCNTのチューブ内の吸着ポテンシャル場の特異性によって説明できる。

PhQ@SWCNTについて，PhQ分子の重量あたりに貯蔵される電気量を算出したところ，250 mA h/gとなった。この値はPhQの理論容量の約95％に相当し，チューブ内部のPhQの大部分がリチウムイオン貯蔵サイトとして有効に機能していることがわかる。なお，PhQを9,10-アントラキノン（AQ；理論容量258 mA h/g）に置き換えた場合（AQ@SWCNT）や，SWCNTの直径を変えた系でも，良好な電池電極特性を示すことを確認済みである[1]。

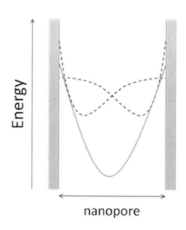

図6 SWCNTチューブ内に形成される吸着ポテンシャル場

3　リン内包 SWCNT の電池電極特性

前節では，真空昇華法を用いた SWCNT のチューブ内への分子導入について紹介したが，SWCNT 内には有機分子だけでなく，無機分子の導入も可能である．本節では，SWCNT へのリン分子の導入と，そのリチウムイオン電池負極特性について紹介したい．

リンは Li_3P の組成（理論容量 2596 mA h/g）までリチウムイオン貯蔵が可能であり，高容量負極としての利用が期待されている材料である．リンはリチウムだけでなくナトリウムイオンの吸蔵も可能であり，ナトリウムイオン電池負極としての応用も期待されている．

しかしリンは，アルカリイオン吸蔵時の体積膨張率が大きい（$P \rightarrow Li_3P$ の場合 300 %，$P \rightarrow Na_3P$ の場合 491 %）ため，電極集電体からの剥離が起こりやすく，サイクル特性が悪いという問題がある．図 7（A）は，バルクの赤リン粉末をカーボンブラックと PVDF で混錬して作製した合材電極の 1 サイクル目の充放電曲線である．放電曲線では約 2000 mA h/g もの容量が観測されたが，この電極の充電時の可逆容量は約 200 mA h/g と極めて小さいものであった．放電時に活物質（リン）が膨張し，電極から剥離したことが原因である．

電極からの剥離による容量低下の問題を解決するため，リンの SWCNT への内包を試みた．SWCNT は体積弾性率の大きな高強度材料である．このため，SWCNT のチューブ内でリンとリチウムが反応して，リンの体積膨張が起こったとしても SWCNT の構造は崩壊せず，SWCNT とリンの電気的な接触は維持されると考えたからである．

SWCNT へのリンの内包は，真空昇華法で行った．SWCNT と赤リンを真空ガラス管中で 500 ℃ 程度に加熱すると，赤リンが昇華し，SWCNT 内にリン分子（P_4）が吸着される．この

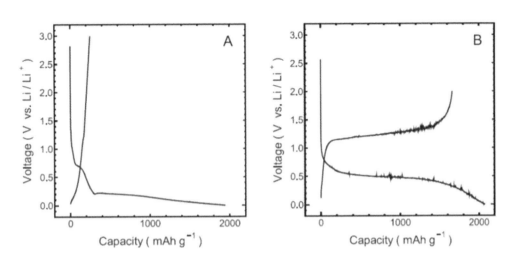

図 7　(A) バルク状態のリン電極と (B) P@SWCNT 電極の定電流充放電曲線の比較
横軸は電極中のリンの重量あたりの容量を示す．

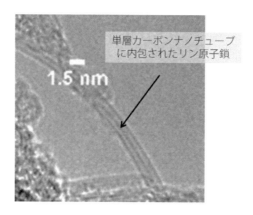

図8　P@SWCNT の TEM 像

際，リンは SWCNT の内表面だけでなく外表面にも吸着されるが，内表面に吸着したリンは，外表面に吸着したリンよりも高い昇華温度を示す。有機分子の場合と同様，SWCNT 内には大きな吸着ポテンシャル場が存在し，SWCNT に内包されたリン分子は強く安定化されるためである。この昇華温度の差を利用して，昇華精製を行えば，外表面に吸着したリンを選択的に除去して高純度のリン内包ナノチューブ（P@SWCNT）を得ることができる。リンの電子線散乱能は炭素と大きく異なるため，透過電子顕微鏡（TEM）観察を行えば，カーボンナノチューブの内部にリンが存在する様子を明瞭に捉えることが可能である（図8）。

得られた P@SWCNT の充放電曲線を図7（B）に示す。放電容量は約 2000 mA h/g であり，バルクのリン（図7（A））とほとんど変わらない特性を示す。その一方，P@SWCNT は充放電時にも 1700 mA h/g を超える容量が確認できる。SWCNT への内包により，リンの充放電の可逆性を大幅に向上させられることが明らかとなった。

4　ヨウ素内包 SWCNT の電池電極特性

SWCNT のチューブ内への分子導入は，先に述べた真空昇華法以外の方法でも可能である。ここでは，電気化学的な手法を用いたヨウ素内包 SWCNT（I@SWCNT）の合成と，I@SWCNT 電極のリチウムイオン電池電極特性について紹介したい。

NaI や KI など，ヨウ化物イオン（I^-）を含む水溶液に開端 SWCNT を浸漬し，この SWCNT に 0.3 V vs. Ag/AgCl よりも高い電位を印加すると，SWCNT のチューブ内で電解液中の I^- が酸化され，ヨウ素分子（I_2）に変化する[5~7]。内包するヨウ素量は電解時の電気量でコントロールすることができ，直径 1.5 nm の SWCNT の場合，SWCNT : I_2 = 1 : 1（重量比）程度までのヨウ素導入が可能である。I@SWCNT では，SWCNT から内包された I_2 分子への電荷移動反応が起こるため，SWCNT はホールがドープされた状態で存在する。このため，I@

第8章 内包 CNT の電池電極特性

SWCNT の電気抵抗は未ドープの SWCNT に比べて1桁以上低くなる。

I@SWCNT をリチウムイオン電池用電解液中で放電すると，SWCNT 内で以下の2段階の反応が起こり，ヨウ化リチウム（LiI）が生成する。

$$I_2 + 2/3Li^+ + 2/3e^- \rightarrow 2/3LiI_3 \qquad (3)$$

$$2/3LiI_3 + 4/3Li^+ + 4/3e^- \rightarrow 2LiI \qquad (4)$$

これらの反応式から I_2 分子の重量あたりの理論容量を計算すると 211 mA h/g となり，リチウムイオン電池電極として魅力的である。ただし，ヨウ化リチウムなどのアルカリ金属ハロゲン化物は絶縁性であることが問題である。実際，バルクのヨウ化リチウム粉末とカーボンブラックからなる合材電極を充電しようとしても，可逆的な容量は得られない。このため，アルカリ金属ハロゲン化物は二次電池の電極として利用できないと考えられていた。しかしながら，SWCNT のチューブ内空間に内包されたヨウ化リチウムは，充電だけでなく，放電も可能である。

I@SWCNT の定電流充放電曲線を図9に示す。放電カーブでは 3.4 V および 2.9 V vs. Li/Li$^+$ 付近に明瞭なプラトーがみられる。1段目のプラトー（約 3.4 V）と2段目のプラトー（約 2.9 V）の容量は約 1：2 であり，それぞれのプラトーは式(3)と式(4)にそれぞれ対応する。この試料について特筆すべきは充電曲線である。この試料は，図9に示したように放電だけでなく，充電も可能であることを確認した。充電曲線においても放電曲線と同じ電位で2段階のプラトーが観測されたことから，SWCNT のチューブ内では式(3)と式(4)の反応が可逆的に起こっていることが読み取れる[8]。SWCNT 中で I_2 分子と Li$^+$ の可逆的な反応が起こっていることは，ラマン測定や I L-edge XANES 測定などの分光学的な手法でも確認できている。

SWCNT のチューブ内で LiI の充放電が可能になった理由としては，① LiI の微粒子化と，

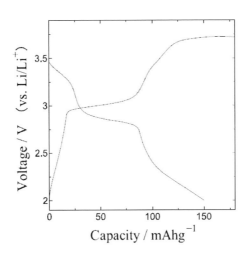

図9　I@SWCNT 電極の定電流充放電曲線
横軸は電極中のヨウ素の重量あたりの容量を示す。

②SWCNTによる効率的な電気伝導パスの形成の2種類が考えられる。SWCNTのチューブ内は非常に狭い空間であるため，そこに内包されたLiIはナノメートルサイズの極微結晶として存在することになる。このような微結晶はバルク結晶よりも反応活性が高くなり，可逆的な電気化学反応が実現できた可能性がある。また，SWCNT内に内包されたLiI微結晶はSWCNTの内表面に効率良く接触した状態となっているため，SWCNTを介したLiIへの電子伝達が効率的に行えるようになったと考えられる。

5 まとめ

SWCNTのチューブ内におけるリチウムイオン電池用活物質の反応について，3つの事例を紹介した。SWCNTのチューブ内を電極反応場として活用することにより，有機分子活物質の電解液への溶出を抑制することが可能となることを示した。また，リンのような体積膨張率の大きな活物質の利用も可能になることを示した。さらに，ヨウ化リチウムのような絶縁体を活物質として用いた電池も構築可能であることを示した。SWCNTの有するこのような特性を活用することにより，これまで利用できないと考えられてきた活物質の利用が可能となり，リチウムイオン電池の高性能化に貢献できると期待できる。

文　　献

1) C. Li *et al., Nanotechnology*, **28**, 355401 (2017)
2) C. Li *et al., Jpn. J. Appl. Phys.*, **58**, SAAE02 (2019)
3) 村田克之ほか, 熱測定, **28**, 217 (2001)
4) Y. Ishii *et al., Phys. Chem. Chem. Phys.*, **18**, 10411 (2016)
5) H. Song *et al., Phys. Chem. Chem. Phys.*, **15**, 5767 (2013)
6) Y. Yoshida *et al., J. Phys. Chem. C*, **120**, 20454 (2016)
7) Y. Taniguchi *et al., J. Nanosci. Nanotechnol.*, **17**, 1901 (2017)
8) N. Kato *et al., ACS Omega*, **4**, 2547 (2019)

第9章　多層CNTを用いたリチウムイオン二次電池

是津信行[*1]，手嶋勝弥[*2]

1　はじめに

　電気自動車の動力となるリチウムイオン電池のエネルギー密度を限界（700〜800 Wh/L）まで追求するには，現状技術の延長線にはない，新しい材料・技術が必要と言われている。特に，航続距離と充電時間に関するジレンマの解消には，3〜5 Cレベルの急速充電への対応が求められる。これらの課題を全て網羅することは原則極めて困難とされている。電解質の固体化（全固体電池）など現行リチウムイオン電池を抜本的にゲームチェンジングする技術も提案されているが，内部抵抗や信頼性に関する課題が山積しており，現行リチウムイオン電池と比べて基本性能で劣る。

　電池のエネルギー密度を上げるための手段として，①比容量の大きい活物質を用いる，②電極内の活物質濃度を上げる，③電極密度を上げる，ことが考えられる。①では，NCM811やNCAに代表されるハイニッケル系正極あるいはリチウム過剰正極などが提案されている。②と③では，導電性カーボンや絶縁性ポリマーバインダーの両方の使用量を低量化して，活物質の充填量を増加すればよい。例えば，大阪大学の桑畑らは，ポリピロールで表面を被覆したスピネル型$LiMn_2O_4$電極を世界で初めて提案した[1,2]。ここでは，共役ポリマーのポリピロールは正極活物質や導電助剤に加え，バインダーとしての機能を担っている。最近，UCLAのDunnらは，電気化学的ドーピングしたポリ（3-ヘキシルチオフェン-2,5-ジイル）で表面を被覆したNCA電極において，ポリチオフェンが高い電子伝導性およびイオン伝導性を提供し，活物質内の遷移金属イオンの溶出や固体電解質界面（SEI）層の過剰成長などの副反応によってもたらされる容量劣化が軽減されることを報告している[3]。

　上述の共役ポリマーよりもはるかに高い導電性を示す多層CNT（MWCNT）も同様に，電極を構成するカーボンブラックと絶縁性ポリマーバインダーに求められる機能を両立する電子伝導性バインダーとして注目されている[4〜7]。MWCNTを使うことで，電極内に含まれる導電助剤とバインダー量を低量化し，電極中の活物質の充填量を増やしても，電極内部の十分なリチウムイオンアクセシビリティを維持できる可能性がある。つまり，活物質充填量を増やしてエネルギー

[*1]　Nobuyuki Zettsu　信州大学　工学部　物質化学科／
　　　先鋭領域融合研究群　先鋭材料研究所　教授
[*2]　Katsuya Teshima　信州大学　先鋭領域融合研究群　先鋭材料研究所　所長／
　　　工学部　物質化学科　教授

リチウムイオン二次電池用炭素系負極材の開発動向

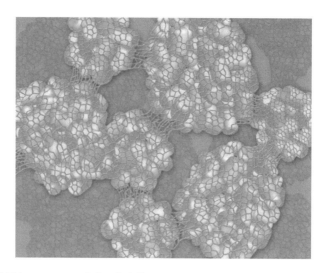

図1 活物質粒子とMWCNTの超分子集合体からなる三次元マイクログリッドネットワーク構造の模式図[8]

密度を上げても，高出力特性を損なわない電極が得られるかもしれない。さらに，絶縁性バインダーに起因した副反応による容量劣化の軽減も期待できる。一方で，絶縁性ポリマーバインダーの使用量を低量化することで，電極内の隣接する活物質間，ならびに電極層と集電体界面の結合剛性への悪影響が懸念される。従来の報告例の多くでは，CNTは電極内にランダムに分布しているため，長期サイクル動作中に電極内ならびに集電体との界面に深刻な微小亀裂が生じる傾向にあった。

このような背景のもと，筆者らは，長サイクル操作に十分な接着力でエネルギー密度と出力特性をさらに改善するための理想的な電極構造の一つとして，活物質粒子とMWCNTの超分子集合体からなる三次元マイクログリッドネットワーク構造を提案した（図1）[8,9]。MWCNTを超分子集合体化することで，導電性に加えて，バインダーとしての機能が発現する。PVDFを電極内から排除することで，NCM523やNCA電極に対して活物質濃度を99.5 wt%まで，電極密度を3.8 g/ccまで増やしても，電池反応の速度論パラメータが大幅に改善され，既存のカーボンブラックとPVDFバインダーを含む高出力用リチウムイオン電池と同等レベル，あるいはそれ以上の出力特性とサイクル性を実現している。本章では，筆者らの上記取り組みも含めて，MWCNTを用いた二次電池について概要する。

2 導電助剤としてのMWCNT

電池のエネルギー密度は，作動電圧と活物質の電流容量の積を電極体積で除することで決まる。比容量が大きい活物質を高密度で充填し，膜厚が厚い電極ほどエネルギー密度は大きくな

第 9 章　多層 CNT を用いたリチウムイオン二次電池

る。一般的に，高密度で膜厚の大きな電極ほど内部抵抗が高く，出力特性に影響が出る。電解液の補液性という観点からも好ましくなく，携帯電話などに搭載される高エネルギー密度型電池の劣化要因として，電解液の枯渇が挙げられる。MWCNT は，上記活物質目付量にともなう電極膜厚の増厚や電極密度の高密度化による極板内部の電子輸送速度の鈍化および電池の出力特性の損失に係る問題を解決する，カーボンブラックに代わる魅力的な導電剤の一つとして広く検討されている。一例として，Wang らは $LiCoO_2$ 正極に対して，カーボンブラックとカーボンファイバー，MWCNT のそれぞれを導電助剤に用いてそれぞれの合剤電極を作製し，合剤電極の電気抵抗率やハーフセルのサイクル特性に及ぼす効果を比較している[10]。MWCNT を含む合剤電極の電気抵抗率は 3.75 Ω·cm であり，カーボンブラックの約 1/10，カーボンファイバーの 2/5 程度の低抵抗化が認められている。一次元幾何構造をもつ MWCNT が合剤電極中に均一に分布することで，低いパーコレーションしきい値での連続的な電子輸送を可能とする導電性ネットワークをもたらす。これにより，電極反応は高効率化され，充放電反応中の分極は大幅に緩和される。加えて，MWCNT はしなやかさと機械的特性を兼ね備えるため，リチウムイオンの脱挿入反応にともなう活物質の体積変化に対して柔軟に変形追従し，電子伝導経路の断線を抑制する。サイクルにともなう容量維持率は，他の導電助剤と比べて比較的高い水準で推移する。これは，カーボンブラックや VGCF のような剛直性のカーボンファイバーでは達成困難な性質と言えるかもしれない。

3　導電性バインダーとしての MWCNT

MWCNT を用いた二次電池に関する多くの検討では，電子伝導性向上に特化した電極設計になっており，電解液の補液性（図 2）という観点からも，カーボンブラックと併用して使用されることが多い。一方で，機械的特性を積極的に引き出し，絶縁性ポリマーバインダーの使用量の低量化あるいは，全く含まない電極（バインダーフリー電極）に向けた設計に関する検討も行われている。MWCNT の機械的特性を十分に引き出し，電極の構造安定性に反映するためには，

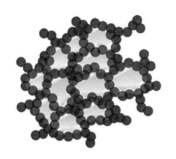 

図 2　カーボンブラックと MWCNT の電解液の補液性を示す概念図
一般に剛直な MWCNT やカーボンファイバーは電解液の補液性にてカーボンブラックに大きく劣るため，MWCNT やカーボンファイバーはカーボンブラックと併用されることが多い。

電極内でMWCNTを如何にして三次元ネットワーク化するかが可否を握る。

バインダーフリー電極を作製する手法として，噴霧法，ろ過法，電気泳動法，蒸発法，ゾルゲル法や共沈法が提案されている[11～13]。MWCNTマトリクス中に活物質粒子が均一分散した合剤電極を得ることで，出力特性やサイクル特性の大幅な改善が見られている。さらに，これらの合剤電極は自立膜にもなるため，アルミ集電箔を必要としない電極の作製や，表面改質したCNTを用いることで，リチウムイオンを可逆的に吸蔵可能なバインダーとしての応用も提案されている[14]。以上のように，MWCNTを用いることで，従来には達成困難であった多様な二次電池を提案することができる。一方で，活物質目付量や電極密度はアセチレンブラックやPVDFを含む電極より劣る傾向にある。ほとんどのMWCNT三次元ネットワークは，活物質粒子とMWCNTの混合希薄水溶液で調整されることが多い。この手法では，自立膜化などの特徴ある電極構造形成の可能性を示す反面，過剰のMWCNTの中に活物質粒子が分散した構造となるため，活物質目付量や電極密度は低く，結果としてエネルギー密度の低下を招く。

4 短いMWCNTを用いた高エネルギー密度型リチウムイオン電池[8]

筆者らは，汎用的な高NVスラリーから塗布プロセスを使って，三次元ネットワーク構造状にMWCNTと活物質を集積化することに成功した。技術的課題の最大のブレイクスルーとして，短尺MWCNTの活用と分散液の高濃度化が挙げられる。一般に市販されているMWCNT水分散液，あるいはNMP分散液の濃度は，MWCNTの長さや太さにも依存するが，0.05～2 wt%程度のものが多い。電池用途で用いられる溶媒は水やNMPに限られる。分散剤は，重量比でMWCNTの2倍程度含まれることがあり，基本的には電極内に残留することから，使用できる化合物も限られている。上記のような低濃度の分散液では，活物質と炭素材料の大きな比重差により，汎用的な高NVスラリーからの塗工による電極調製を困難にする。溶媒蒸発過程において，MWCNTは活物質粒子と相分離し，比重の小さいMWCNTは空気界面近傍に偏析する。

塗布プロセスにより，水系スラリーからNCM523／MWCNT合剤電極を作製した。MWCNTには，戸田工業製の9 wt%水分散液（TCW-261）を用いた。9 wt%の高濃分散液を用いることで，高NV（>75%）のスラリーを容易に作製できる。光散乱法により計測したMWCNTのメディアン径（D50）は200 nm程度であった。同じ分散液から調整したMWCNT薄膜の体積抵抗は3×10^{-2} Ω·cm程度を示し，一般的なMWCNTと比較すると高抵抗である。分散剤には0.5 wt%のCMC誘導体を用いている。他社品と比べると際立って少ないことから，高抵抗化の原因はMWCNTの短さによると考える。長尺MWCNTと比較してCNT間の接点の数が増えたことが原因であろう。

図3には，NCM523／MWCNT合剤電極のFE-SEM像を示した。MWCNTとNCM523粒子の重量比は5：95，3：97，2：98，電極密度は3.5 g/ccに調整している。MWCNTが個々の

第9章 多層CNTを用いたリチウムイオン二次電池

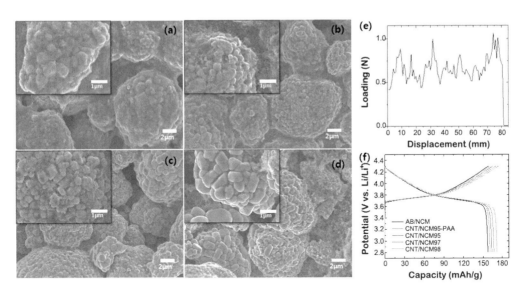

図3 (a-d) MWCNT／NCM523電極のFE-SEM像；MWCNT：NCM523 = (a) 5：95, (b) 3：97, (c) 2：98, (d) PVDF：アセチレンブラック：NCM523 = 5：5：90, (e) 剥離試験, (f) 定電流充放電極, 横軸の容量は正極材の総重量に基づいて算出（Al集電装置を除く）[8]

NCM523粒子を包接し，加えて，粒子間の間隙で織り込まれるようにして，三次元ネットワーク構造を形成していることがわかる。これらの構造的特徴は，アセチレンブラックやPVDFを含む従来の合剤電極とは全く異なる。興味深いことに，混合比に依存することなく，活物質粒子の表面は1層のMWCNTで覆われ，過剰のMWCNTは自発的に粒子間隙に供給され，隣接する粒子間を連結する接合部の形成に消費されることがわかった。このような超分子集合体の形成は，限定されたスラリー条件下で達成される。MWCNTには溶液中への分散性と活物質表面への親和性の両方が同時に求められ，両者の均衡をとるための分散剤の選定も三次元ネットワーク形成の均一性を高める支配因子となる。これらの超分子集合電極が，PVDFバインダー無しでもアルミ集電箔に対して十分な密着性を示したことから，一様に組織化されたMWCNT三次元ネットワーク構造は導電助剤とバインダーとしての機能を両立することが明らかとなった（図3e）。ペーストの調製条件が上記範囲を逸脱すると，超分子集合体は形成されず，合剤電極中のMWCNTは不均一分散し，織り込まれることなく，一部断線した接点を形成する。

カットオフ電圧範囲2.8～4.3 V（vs Li^+/Li），0.2 C相当の電流密度条件下で定電流充放電試験を実施した。3サイクル目の充電－放電プロファイルを図3fに示した。横軸は集電箔を除く電極の重量になっているため，NCM523／CNT98複合電極の放電容量は最大171 mAh/gを示した。活物質あたりの重量に直すとそれぞれの複合電極の比容量に大差がないことから，助剤の低量化により放電容量が増加したと言える。対照的に，希薄水溶液から調製したネットワーク構造の不完全なNCM523／CNT95複合電極の容量は著しく低下した。

一連のMWCNT／NCM523複合電極の高出力特性を調べた結果，MWCNTの混合比には大

きく依存せず，10 C 相当の電流密度条件下でも 100 mA h/g 程度の高い水準での容量維持率が認められた。PAA バインダーを少量添加することにより塗膜の信頼性は向上したが，出力特性は大幅に低下した。10 C 相当の電流密度条件下の放電容量は 30 mA h/g 程度であった。絶縁性の PAA バインダーは複合電極内の電子伝導に対するブロッキング層として作用するほか，アルミ集電体との間の界面抵抗の著しい高抵抗化にも寄与する。これらの結果は，超分子集合体化により電極内全体にわたって効率的な電子伝導経路とリチウムイオン拡散経路がもたらされたことを示唆している。サイクリックボルタンメトリーや電気化学インピーダンス測定の結果からも同様の傾向が読み取れる。

1 C 相当の電流密度下で 23℃における AB／MCM523 と一連の CNT／NCM523 複合電極のサイクル数に対する放電容量とクーロン効率変化を調べた結果，混合比に依存することなく，三次元マイクログリッドネットワーク構造をもつ CNT／NCM523 複合電極は AB／MCM523 合剤電極よりも高い容量維持率を示した。複合電極内の AB の不均一な分布により，電極内で不均衡なリチウム挿入反応を引き起こされ，充放電プロセス中の過電圧により NCM523 粒子が劣化した可能性が考えられた。対照的に，MWCNT ネットワークとの複合化により上記不均衡反応が著しく抑制されている。加えて，リチウムイオンの脱挿入反応にともなう複合正極の体積変化に対して柔軟に追従する。NCM523 粒子が部分的に破砕したとしても，個々の隣接する粒子間の接触損失を最小限に抑える効果があると考察する。さらに，電極密度を 3.8 g/cm^3 まで高密度化した複合電極においても，NCM523 活物質の比容量は 165 から 163 mA/h にわずかに低下した程度であった。これらの結果は，新たに開発した CNT／NCM523 電極において，出力特性やサイクル特性を著しく低下させることなく，活物質濃度（最大 98 wt％）と電極密度（最大 3.8 g/cm^3）の両方を高い水準で調整した高エネルギー密度型電極実現の可能性を示している。

5　SWCNT と MWCNT のハイブリッドによる高出力化[9]

MWCNT の一部を SWCNT に置き換えた三次元マイクログリッドネットワーク構造を形成することで，MWCNT からなる三次元ネットワーク構造の性能限界を大幅に突破することを明らかにした。一般的に，MWCNT の長さは長尺で，直径が短いほど電気抵抗率は低くなり，電極全体にわたる効率的な電子輸送をもたらす。その究極は単層カーボンナノチューブ（SWCNT）であり，電極の直流抵抗は最も低くなる。一方で，SWCNT は量産化の検討がすでに進んでいるとはいえ，2019 年 4 月では 100 万円／kg 水準の販売価格であったり，水・非水問わずに溶媒への高濃度分散が難しかったりと，単独で用いるのはあまり現実的ではない。加えて，分散液の濃度は 0.2 wt％程度であるため，高 NV ペーストの調整は極めて難しい。上記短尺 MWCNT バインダーの技術的限界突破と SWCNT の課題に鑑み，筆者らは MWCNT の一部を SWCNT に置き換えたハイブリッド化の着想に至った。より具体的には，活物質濃度を 99.5 wt％に固定し，残りの 0.5 wt％の 88％を 200〜500 nm 長の MWCNT，12％を 5〜10 µm 長の SWCNT

第9章　多層CNTを用いたリチウムイオン二次電池

（995NCM／SW12）を用いた。MWCNTには9 wt％のNMP分散液，SWCNTには0.2 wt％のNMP分散液をそれぞれ用いている。この条件では，75％以上の高NVペーストを調整でき，ベーカー式アプリケータやスリットダイなどを用いて塗膜が可能である。

　図4には，塗工した電極のFE-SEM像を示した。三次元ネットワーク形成におけるSWCNTとMWCNTそれぞれの集積過程を調べるために，SWCNTを含まない電極（995NCM／SW0）も同様に作製した。995NCM／SW0電極中のMWCNTは，NCM523粒子内の一次粒子粒界に局所的に集積している。NCM523粒子表面やNCM523二次粒子間隙にはほとんど集積されていない。これは，NCM523二次粒子の表面全体を覆い，粒子間隙を連結するために必要とされる量のMWCNTが欠如していることによる。加えて，MWCNTがNMP溶液中に優先的に分散し，NCM523粒子表面に吸着するよりもエネルギー的に安定になることを示唆している。一方，

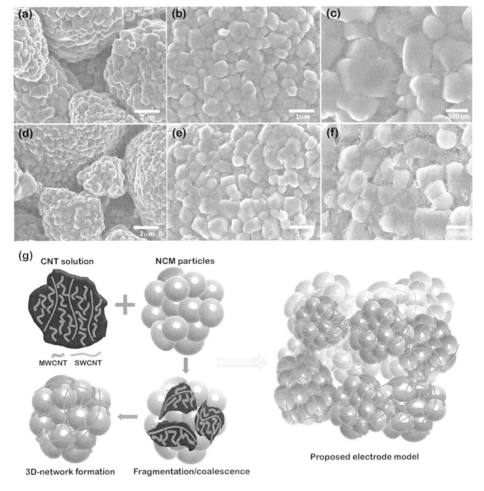

図4　(a-c) 995NCM／SW0電極のFE-SEM像，(d-f) 995NCM／SW12電極のFE-SEM像，(g) 三次元ネットワーク形成機構の概略図[9]

SWCNTをハイブリッドした995NCM／SW12では異なる微細構造が見られた。短尺MWCNTは優先的にNCM523一次粒子粒界および二次粒子間隙の接合部形成に消費されているが，SWCNTはNCM523粒子表面と二次粒子間隙をまたぐように吸着している。これは，MWCNTは短尺がゆえに一次粒子粒界や二次粒子間隙にアクセスできることに対して，SWCNTは長尺なために狭いナノ空間への侵入が困難になったことを示唆している。三次元ネットワーク構造形成について，そのもっともらしいメカニズム概念図を図4gに示した。

995NCM／SW12電極の電気特性および電池特性は，MWCNTのみを用いて作製したすべての電極の性質を凌駕する。電極あたりの放電容量は170 mA h/gに到達し，充放電反応でみられる過電圧や分極はほとんど認められない。10 C相当の電流密度条件下でも100 mA h/g以上の放電容量を維持する。995NCM／SW0電極では30 mA h/g程度まで劣化することから，SWCNTとのハイブリッド化により電極内全体にわたって導電性ネットワークが形成されていることを示唆する。興味深いことに，SWCNT添加量を増量した995NCM／SW15電極では出力特性が劣化する。SWCNTを増やすことでMWCNT混合量が低下することから，NCM523一次粒子粒界や二次粒子間隙接合部のMWCNT集積量が不足し，電子伝導輸送効率が低下したと考える。

サイクル特性においても，SWCNTのハイブリッド化は有効に作用する。過酷な条件で充放電試験を繰り返しても，長尺でより柔軟なSWCNTはNCM523粒子の破砕を抑制する。破砕によってもたらされる不均化反応，結晶構造相転移を軽減する。同様の結果はNCA電極にも適用でき，エネルギー密度と出力特性のより優れたリチウムイオン電池をもたらす。

6 高容量負極への応用

最後に，上記高エネルギー密度型正極開発において培った技術の高容量負極への応用例を示す。黒鉛やシリコン，あるいはシリコン一酸化物に対して上記MWCNTを用いた検討を進めている。黒鉛に対しては，膜厚を100 µmまで増厚しても1 C相当の電流密度でも理論容量が得られる。さらに，現在は150 µmまで増厚した検討を進めており，MWCNTだけでも250 mA h/g以上の可逆容量が得られている。シリコン，あるいはシリコン一酸化物に対してもMWCNT三次元ネットワークは有効で，導電性バインダーとして機能する。特定の条件で集積した複合電極においては，サイクルを増やしても活物質の体積収縮膨張による，電極内での活物質の破砕や剥離を抑制できる。しかし，現状は集電箔との界面での剥離や空隙の生成を完全に抑制できていない。微量のバインダーを添加するなどによって大幅な改善はみられるが，バインダーフリー化という観点ではまだまだ課題が山積している。

第9章　多層CNTを用いたリチウムイオン二次電池

7　まとめ

　MWCNTと活物質粒子を超分子集合体として組み込むことによって，従来のMWCNTや導電助剤，PVDFなどの絶縁性高分子バインダーが均一分散した合剤電極構造では達成が困難であった活物質濃度，電極密度と高出力特性の共立を達成した。MWCNT三次元ネットワーク構造が電子輸送経路と同時にPVDF同等のバインダー機能を発現することにより，高いサイクル性を示すバインダーフリーの電極を提供することができる。この研究で提示された構造的特徴により，電池性能を劣化させることなく，電気化学的に不活性な助剤の使用量の大幅な低量化を可能にする。これは，リチウムイオン電池正極のエネルギー密度を大幅に改善することから，高エネルギー密度リチウムイオン電池の入出力特性とサイクル特性向上をもたらす有望な技術であると信じている。

文　　献

1) S. Kuwabata et al., *Electrochim. Acta*, **44**, 4593 (1999)
2) H. Wang et al., *Electrochim. Acta*, **52**, 5102 (2007)
3) C.-H. Lai et al., *Chem. Mater.*, **30**, 2589 (2018)
4) T. Wang et al., *Electrochim. Acta*, **211**, 461 (2016)
5) X. M. Liu et al., *Compos. Sci. Technol.*, **72**, 121 (2012)
6) L. Li et al., *Appl. Mater. Interfaces*, **7**, 21939 (2015)
7) W. H. Shin et al., *Nano Lett.*, **12**, 2283 (2012)
8) D. Kim et al., *J. Mater. Chem. A*, **5**, 22797 (2017)
9) D. Kim et al., *J. Mater. Chem. A*, **7**, 17412 (2019)
10) G. Wang et al., *Solid State Ionics*, **179**, 263 (2008)
11) M. D. Lima et al., *Science*, **331**, 51 (2011)
12) H. X. Zhang et al., *Adv. Mater.*, **21**, 2299 (2009)
13) S. Luo et al., *Adv. Mater.*, **24**, 2294 (2012)
14) Z. Wu et al., *Nano Lett.*, **14**, 4700 (2014)

第10章 酸化マンガンナノシート／グラフェン超格子複合材料

馬　仁志[*1]，佐々木高義[*2]

1　背景

　二次電池の高性能化に向けて，負極では現行の黒鉛系炭素材料（370 mA h/g）に比べて飛躍的な高容量化が期待できるシリコンやその合金系，遷移金属酸化物などが注目されているが，短いサイクル寿命の改善が最大の課題となっている。例えば，酸化マンガンは通常のインターカレーション反応に加えて，酸化物（MnO_2）から金属（Mn）まで還元されるというコンバージョン（conversion）反応プロセスに基づけば，炭素材料の3倍以上の高い理論容量が期待できる極めて魅力的な材料である[1,2]。しかし，酸化物から酸素（O）が脱離して金属まで還元されるサイクルが繰り返されると，最初の数サイクルで初期の結晶構造と形態は破壊されてしまい，その後粒成長などにより顕著な容量減少が生じ，電池性能が大幅に悪化する。そのため，大きな容量と長いサイクル寿命を両立させるための技術開発が待望されていた。

　層状物質は，電気化学的エネルギー貯蔵のための重要な電極材料であり，古くより多くの研究が行われてきた。その中で最新の展開として，層状化合物から剥離によって得られる単層ナノシートが脚光を浴びている。すなわち，厚さが分子レベル（～1 nm），横方向にはその数百倍以上の広がりを持ち，すべて表面原子からできているともいえるユニークな構造を持つため，電極活物質として究極的に高い性能が期待できる。これまでに，グラフェンをはじめ，金属酸化物・水酸化物，カルコゲン化物，炭化物などの幅広い物質系においてナノシート化が達成されている[3〜6]。例えば，グラフェンはsp^2炭素が六角網目状に結合して広がった2次元構造を有し，高い導電性を示す。一方，酸化チタン（TiO_2）や酸化マンガン（MnO_2）などに代表される酸化物ナノシートは，豊富な酸化還元（レドックス）活性サイトによる優れた電気化学性能が明らかになりつつある。これら単層ナノシートを活物質として利用することができれば，活性点が最大に露出され，ゲストイオンが拡散する距離が短くてすむこととなり，体積変化が抑制されることと相まって電気化学的性能を最大化することができると期待される。しかしながら，単層ナノシートが凝集・再積層しやすいために，活物質としての利点を十分に利用できていないという問題が

[*1]　Renzhi Ma　物質・材料研究機構　国際ナノアーキテクトニクス研究拠点
　　　機能性ナノマテリアルグループ　グループリーダー
[*2]　Takayoshi Sasaki　物質・材料研究機構　国際ナノアーキテクトニクス研究拠点
　　　拠点長

第10章　酸化マンガンナノシート／グラフェン超格子複合材料

あった。
　また，多くの遷移金属酸化物ナノシートは電気的には絶縁体であり，電極全体としての性能を低下させる要因にもなっている。そこで高い導電性を持つグラフェンと複合化することでこの弱点の改善が図られてきた。例えば，グラフェンの表面上に酸化物ナノ結晶を堆積させたり，酸化物ナノシートとグラフェンを混合・再積層させるなどの例が報告され，一定の性能向上が示されていた[7~10]。しかしながら，これらの研究では，分子レベルの薄さの単層ナノシートではなく，厚さが数～数十ナノメートルの層状酸化物剥片が利用されていることが多い（図1a, b）。例えば，グラフェンの表面に薄片状の酸化マンガン結晶を成長させた材料を負極活物質に用いた場合，電池反応において酸化マンガンの結晶構造と形態が安定に維持されず，満足なサイクル寿命が得られないといった問題点が指摘されている[9]。また，酸化マンガンナノシートとグラフェンを単純に混合した場合，両者が均一に混合した構造にならない場合が多い。例えば，両者の懸濁液を混合して真空濾過すると，各ナノシートが数層から数十層に自己再積層し，それが混ざり合う傾向となり，大部分の酸化マンガンはグラフェンと直接接触できないという結果となる[10]。この接触の欠如は，電荷輸送を妨げ，特に高速充放電時の容量減衰などの性能悪化につながることになる。その結果，単層ナノシートのメリットが十分に発揮できなくなる。以上により，2種類のナノシートが交互に積層したような超格子的構造を精密に構築することは非常に重要かつ挑戦

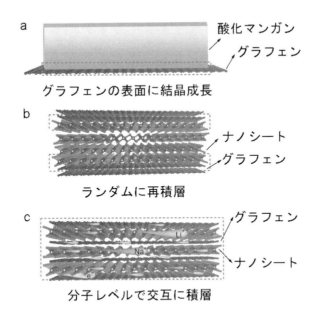

図1　酸化マンガンとグラフェンから構成される複合材料の概念図
（a, b）通常の複合材料。層状酸化物あるいはナノシートは数～数十ナノメートルの厚さを有するため，グラフェンと直接接触している領域（点線囲む領域）が限定されており，電荷の高速輸送には適さない。(c) 酸化マンガンナノシート／グラフェン超格子複合材料。ナノシートとグラフェンが単層レベルで交互に積み重なり，相互に作用するため，材料全体にわたり高速電荷輸送が実現できる。

131

的な課題となっている。

　2次元物質の特徴を最大限に引き出し，究極的なエネルギー貯蔵能力を達成するためには，酸化物ナノシートをビルディングブロックとし，高導電性グラフェンとの1層ずつ交互に積層する構造，いわゆる人工超格子複合材料の構築が極めて重要なポイントとなる[11, 12]。このような超格子構造が実現されれば，酸化マンガンナノシートとグラフェンが分子スケールで相互に作用するため，材料全体にわたり高速電荷輸送が可能となり，リチウムやナトリウムイオンの高い貯蔵容量を達成することが期待できる（図1c）。さらに，2枚のグラフェンにより囲まれた空間で酸化マンガン単層ナノシートが孤立した状態でコンバージョン反応が進むので，大きな形態変化，粒成長を起こすことなく，安定的に充放電を繰り返すことができる。本稿では，このような高容量と長サイクル寿命が両立できる新しい負極材料の開発について紹介する[13]。

2　酸化マンガンナノシート／グラフェン超格子複合材料の合成

　酸化マンガンナノシートは，バーネサイト型の$K_{0.45}MnO_2$を酸水溶液中で処理し，層間のK^+をH^+に交換した後，テトラブチルアンモニウムイオン（TBA，$(C_4H_9)_4N^+$）を含む水溶液と反応させることで高い膨潤状態を誘起し，剥離することによって単分散コロイドとして得られる[14, 15]。一方，グラファイトをHummers法により水中で単層剥離して酸化グラフェン（GO）を得た[16]。次にGO懸濁液をヒドラジン一水和物で処理して還元し，グラフェンに近い状態の還元型酸化グラフェン（rGO）を調製した。MnO_2ナノシートとrGOはともに負に帯電しているコロイドであるが，rGOに正電荷の官能基を有する高分子電解質PDDA（Poly (diallyldimethylammonium chrolide)）を修飾することによって，その電荷を反転させることができる[17]。原子間力顕微鏡観察からMnO_2ナノシートとPDDAで修飾したrGOはそれぞれ約0.8 nmと1.5 nmの厚さを示し（図2b, c），単一層であることが確認された。

　MnO_2ナノシートとPDDAで修飾したrGOは水溶液中に単分散しているが，反対の電荷を持つため，2つの溶液を混ぜ合わせると，静電的相互作用により自己組織化的に交互に積み重なり，超格子状複合材料が生成する。生成物はラメラ状の形態を持ち，高分解能透過型電子顕微鏡で観察した結果，MnO_2ナノシートとrGOの厚さとよく一致する2種類の格子縞が交互に繰り返されている様子が確認された（図2d）。生成物のX線回折分析図形にはMnO_2ナノシートとrGOの厚さの和に対応する約2.2 nmの層間距離を示すピークが出現し，MnO_2ナノシートとrGOが交互に重なった構造を形成していることが裏付けられた。

　一方，PDDA溶液の中にMnO_2ナノシートとrGOを同時に滴下することによって，比較用サンプルとしての再凝集物を調製した。このプロセスでは，負に帯電しているMnO_2ナノシートとrGOが正電荷を持つPDDAを挟んで，再積層することになる。得られた羊毛状沈殿には，上述のような規則的に交互に重なった構造に対応する約2.2 nmの回折パターンは観測されず，MnO_2ナノシートとrGOがランダムに再積層していることが示唆された。

第10章 酸化マンガンナノシート／グラフェン超格子複合材料

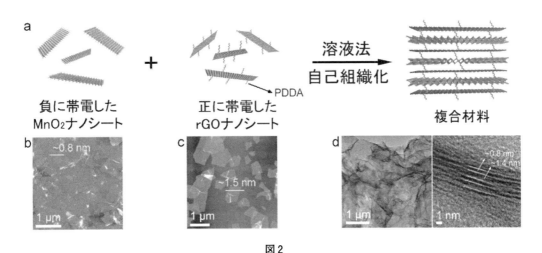

図2

(a) 反対に帯電したMnO$_2$ナノシートとrGOを用い，自己組織化プロセスにより超格子複合材料を合成する模式図。(b) MnO$_2$ナノシートおよび (c) PDDAで修飾したrGOの原子間力顕微鏡像。それぞれ〜0.8 nmと〜1.5 nmの厚さを示す。(d) 超格子構造の透過型電子顕微鏡像。厚さの異なる2種類のナノシートが交互に積層していることが見てとれる。

3 酸化マンガンナノシート／グラフェン超格子複合材料の負極特性

合成した複合材料を負極活物質とし，対極にそれぞれリチウム箔とナトリウム箔を使用した2032型コインセルを試作し，その充放電特性を評価した結果を図3に示す。いずれの系でも可逆的な充放電が可能であることが見てとれる（図3a, b）。0.1 A/gの電流密度ではそれぞれ1,325 mA h/g, 795 mA h/gに及ぶ大きな容量を示した。これは現行のリチウムイオン電池の負極容量の2倍以上に相当する大きな値である（図3c）。12.8 A/gの大電流放電でも370 mA h/gと245 mA h/gの高容量が得られ，優れたレート特性を有することがわかった。さらに，5,000サイクル充放電を繰り返したところ，サイクル当たりの容量減少は，リチウムイオン電池ではわずか0.004％で，ナトリウムイオン電池でも0.0078％という結果が得られた（図3d）。これは，これまでに報告されている遷移金属酸化物系負極材料の中で最も高い容量と優れたサイクル寿命であるといえる。

比較のため，MnO$_2$ナノシートのみからの再凝集物，および上述のMnO$_2$とグラフェンがランダムに再積層したサンプルを用いて，リチウムイオン電池の負極特性を調べた。0.1 A/gの電流密度ではそれぞれ170 mA h/g, 450 mA h/gの可逆容量が測定されたが，電流密度を3.2 A/gに増加すると10 mA h/g以下まで容量は減少し，6.4 A/gの大電流放電では容量測定不能となった。インピーダンス測定結果から，MnO$_2$ナノシートとグラフェンを複合化することにより，電荷移動抵抗が顕著に改善され，電荷輸送能力が向上することがわかった（図4）。ランダムに再積層されたサンプルと比べて，超格子複合材料においては，MnO$_2$ナノシートとグラフェンは分子レベルで直接隣接するため，高速電荷移動プロセスが促進され，高い容量と優れたレー

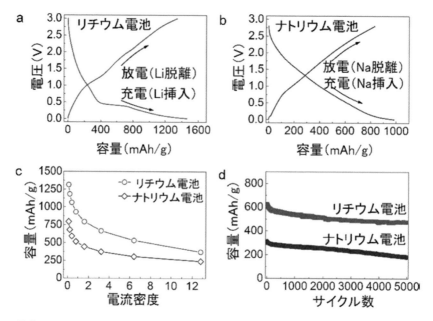

図3 酸化マンガンナノシート／グラフェン超格子複合材料が示すリチウムおよびナトリウムイオン電池の負極特性
(a) リチウムおよび (b) ナトリウムイオン電池の典型的な充放電プロファイル。(c) 電流密度 (0.1〜12.8 A/g) に対する容量変化。(d) 電流密度 5 A/g におけるサイクル特性。

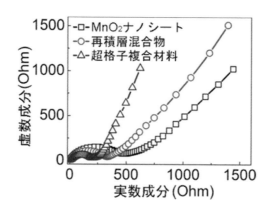

図4 MnO_2 ナノシートのみからの再凝集物，MnO_2 ナノシートとグラフェンがランダムに再積層したサンプル，および MnO_2 ナノシート／グラフェン超格子複合材料のインピーダンス測定結果

ト性能につながったと考えられる。

図5に市販の $LiFePO_4$ 粉末を正極とし，超格子複合材料を負極として組み立てたリチウムイオン電池フルセルの特性を示す。50 mA/g の電流密度で 135 mA h/g の初期可逆容量が観察され，100 サイクル後でも 75% の容量が保持できることがわかった。このデータは予備的検討の結果であり，真の性能を導き出すためにはさらなる最適化が必要であるが，酸化マンガンナノ

第10章 酸化マンガンナノシート／グラフェン超格子複合材料

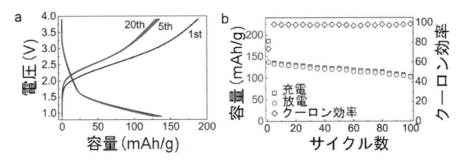

図5 市販の LiFePO₄ 粉末を正極とし，酸化マンガンナノシート／グラフェン超格子複合材料を負極としたリチウムイオン電池の特性
(a) 50 mA/g の電流密度での充放電プロファイル，(b) サイクル性能。

シート／グラフェン超格子複合材料は有望な負極活物質として，高性能二次電池への応用が期待できることを示している。

4 酸化マンガンナノシート／グラフェン超格子複合材料の電極反応機構

図6a に最初の放電プロセス（リチウム挿入）後の超格子複合材料の透過型電子顕微鏡像を示す。グラフェンが骨格となっているため，全体的にラメラ状の形態が放電後にもよく維持されていることがわかる。制限視野回折パターンではグラフェンの面内反射 100 および 110 に由来する回折リングが明確に観察された（図6c）。対照的に，酸化マンガンナノシートはナノサイズのドメインに変化していることが見てとれる（図6b, d）。高分解能電子顕微鏡写真では，MnO_2 とは異なる面心立方構造を持つ MnO の（111）面に対応する格子縞（0.27 nm，図6e），さらには体心立方 Mn の（111）面に一致する約 0.22 nm の格子間隔（図6f）が観察された。X線光電子分光スペクトル（XPS）からはリチウムの挿入による Li_2O 相の形成が確認された。上記の結果に基づけば，MnO_2 ナノシートは，リチウム挿入反応において酸素が脱離して MnO に相転移し，次いで金属 Mn まで変換されるという反応機構が推定される（図6g）。逆に，リチウム脱離プロセスにおいては，MnO および金属 Mn の XPS シグナルは検出されなくなるとともに，Li_2O 相もほぼ消滅したことから，ふたたび高い原子価状態（$Mn^{3+/4+}$）に酸化されたと考えられる。形成したナノサイズのドメインを示す物質が低結晶性であるため，MnO_2 の格子縞を明白に観察するには至らなかったものの，制限視野回折パターンには MnO_2 の生成が示唆された。さらに，電子顕微鏡元素マッピングの結果から，100サイクルの後でも C, N, O および Mn 元素が均一な分布を示すことが確認され，酸化マンガンナノシートから相転移して派生したナノドメインはグラフェン層間に均一に分散し，大きな粒成長は示さないことがわかった。すなわち，酸化物ナノシートがグラフェンに挟まれることによって，電極反応プロセスが安定かつ可逆的に進行し，優れたサイクル性能につながったと考えられる。

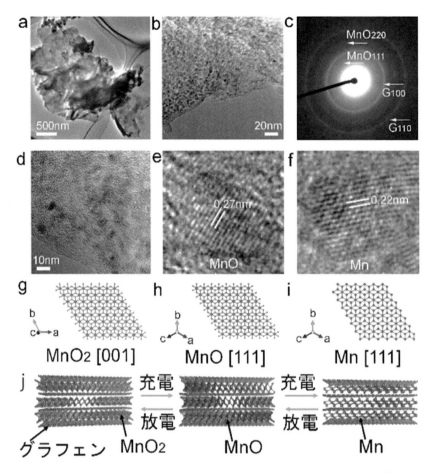

図6 酸化マンガンナノシート／グラフェン超格子複合材料の電池反応機構

(a, b) 放電（リチウム挿入）後の電子顕微鏡像。(c) 制限視野回折パターン。(d~f) リチウム挿入による MnO および金属 Mn の形成を示す高分解能像。(g~i) 構造モデル。(g) MnO_2 [001]，(h) MnO [111] および (i) 金属 Mn [111]。(j) 超格子複合材料の充放電機構を示す模式図。MnO_2 ナノシートは，グラフェン層間に均一に閉じ込められ，MnO および金属 Mn 層に可逆的に変換することができる。

5 おわりに

　酸化マンガンナノシートとグラフェンが交互に積層された超格子複合材料を二次電池の負極活物質として用い，リチウムおよびナトリウムイオンの貯蔵について，それぞれ 1,325 mA h/g と 795 mA h/g の大きな容量を示すこと，サイクル当たりの容量減少が 0.004％ および 0.0078％ というこれまでの最高レベル性能が得られることを明らかにした。これは，高い導電性を持つグラフェンにより電極全体の伝導性が改善されたことに加えて，酸化マンガンナノシートがグラフェン層間に挟まれて他のナノシートから効果的に隔離されることによって，可逆的な酸化還元・コンバージョン反応プロセスが安定化されたためと考えられる。すなわち電極反応において，

第 10 章　酸化マンガンナノシート／グラフェン超格子複合材料

MnO_2 ナノシートが主要な活物質として MnO および金属 Mn 層に可逆的かつ安定に相転移・変換できることを示している。

　酸化マンガンナノシートとグラフェンの超格子複合材料の開発により，高容量と長サイクル寿命が両立できる二次電池に一歩前進したと言える。今回の成果は高度なナノ構造制御により単層ナノシートの特徴・潜在力を効果的に活用できることを示している。このアプローチは，他のさまざまな2次元物質にも適用できると考えられ，広範な応用につながると期待される。

文　　　献

1) K. Cao *et al.*, *Mater. Chem. Front.*, **1**, 2213 (2017)
2) P. Poizot *et al.*, *Nature*, **407**, 496 (2000)
3) R. Ma and T. Sasaki, *Acc. Chem. Res.*, **48**, 136 (2015)
4) R. Ma and T. Sasaki, *Adv. Mater.*, **22**, 5082 (2010)
5) F. Bonaccorso *et al.*, *Science*, **347**, 1246501 (2015)
6) X. Zhang *et al.*, *Adv. Energy Mater.*, **6**, 1600671 (2016)
7) L. Li *et al.*, *Adv. Mater.*, **25**, 6298 (2013)
8) Y. Sun *et al.*, *Adv. Funct. Mater.*, **23**, 2436 (2013)
9) Y. Cao *et al.*, *RSC Adv.*, **4**, 30150 (2014)
10) L. Peng *et al.*, *Nano Lett.*, **13**, 2151 (2013)
11) L. Li *et al.*, *J. Am. Chem. Soc.*, **129**, 8000 (2007)
12) R. Ma *et al.*, *Adv. Mater.*, **26**, 4173 (2014)
13) P. Xiong *et al.*, *ACS Nano*, **12**, 1768 (2018)
14) Y. Omomo *et al.*, *J. Am. Chem. Soc.*, **125**, 3568 (2003)
15) Z. Liu *et al.*, *Chem. Mater.*, **19**, 6504 (2007)
16) D. Dreyer *et al.*, *Chem. Soc. Rev.*, **39**, 228 (2010)
17) X. Ca *et al.*, *J. Am. Chem. Soc.*, **137**, 2844 (2015)

第11章　酸化グラフェンの合成と負極特性

仁科勇太[*1], 東　信晃[*2]

はじめに

　リチウムイオン電池（lithium ion battery：LIB）の負極材料は，1991年のLIB商品化以来，主にグラファイトが用いられている。しかし，増加するLIB需要および高性能化の要望に反して，グラファイト負極を用いたLIBの電気容量は現在原理的な限界に達しつつある。そのため近年では技術革新に向けて，さまざまなLIB負極材料の開発が行われている。特にこれまで開発されていたバルク状のグラファイトの代替として，ナノ炭素材料が注目されている。ナノ炭素材料の中でも，二次元物質であるグラフェンは，グラファイトが形成する層間化合物C_6Liよりも多くのリチウムを保持できることが期待され，LIB負極への応用が検討されている。しかし，純粋なグラフェンを工業的に生産するには高コストであるため，応用研究は進んでいない。そこで，グラフェンに似た二次元物質を大量に製造する手法として，グラファイトを酸化・剥離して得られる酸化グラフェン（graphene oxide：GO）が注目されている。GOは，安全かつ再現性良く作製するための形成メカニズムが明らかにされており[1]（図1），量産化に向けた検討が進められている。本章では，LIB負極材料として用いられるGOおよびその還元体（rGO）の作製方法を紹介し，負極材料としての応用や開発の現状を紹介する。

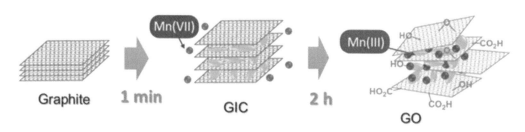

図1　酸化グラフェンの生成メカニズム[1]

[*1]　Yuta Nishina　岡山大学　異分野融合先端研究コア／大学院自然科学研究科　研究教授
[*2]　Nobuaki Azuma　岡山大学　異分野融合先端研究コア／大学院自然科学研究科　特任助教

第11章 酸化グラフェンの合成と負極特性

1 GOの作製方法と還元型rGOの負極応用

1.1 GOおよびrGOの作製方法

　現在の技術で純粋なグラフェンを得るためには，黒鉛をスコッチテープで剥離する方法や，ガス状の炭素源を加熱分解して製膜する化学気相蒸着（chemical vapor deposition：CVD）法などいくつかの手法があるが，いずれの手法でも電極材料に要求される大量製造が困難である。これに対し，グラファイトを酸化・剥離して得られるGOは比較的安価かつ大量に作製することが可能である。酸化の方法としては，酸化剤を用いる化学的手法，または電気化学的に酸化する手法がある。化学的酸化では，グラファイトと過マンガン酸カリウムなどの酸化剤を濃硫酸などの強酸性条件下で混合すると[2]，グラファイト層間への硫酸イオンの挿入および酸化剤による酸素官能基の導入により，グラフェン層間が拡大するとともに静電的に反発し合うようになる。こうして得られたグラファイト酸化物は，超音波や剪断によって剥離することで，単層～数層のGOに導くことができる。電気化学的酸化では，グラファイトを陽極（アノード）とし，硫酸などの電解液に浸し電気分解することで，グラファイト層間へのイオンの挿入を促し，剥離と酸化が進行する[3]。

　GOは量産化が期待されているが，酸素官能基はいわば欠陥を導入していることに等しく，純粋なグラフェンとは全く異なる物性を示す。例えば，グラフェンは構成している炭素がsp^2混成軌道によって結合を形成しており，π電子が非局在化することによって導電性を有する。一方で，GOは導入された酸素官能基により大部分の炭素がsp^3混成軌道によって結合を形成しており，π電子のネットワークが失われるため，電気伝導度は低い。そのため，GOのままではLIBの電極として利用できない。したがって，熱，化学，または電気化学的に還元して酸素官能基量を除去することにより，電気伝導性を向上させる操作が必要になる。これらの還元手法によって得られたGOを還元型GO（rGO）と呼ぶ。

1.2 rGOのLIB負極としての応用

　単層グラフェンは，リチウムイオンの貯蔵をグラフェン層の裏表両面で行えると期待されるが，実際はリチウムイオン間のクーロン反発により，十分な量をグラフェン層上に貯蔵できないことが実験的に示されている[4]。一方で，GOを還元して得られたrGOは電気容量500～700 mA h g^{-1}（グラファイトの1.3～1.9倍）を示す。またrGOはグラファイトと比較して，急速充放電条件でも高い電気容量を示すという特徴がある。前述したrGOの負極としての特性は，理論計算の結果を踏まえると，rGOに存在する格子欠陥や空隙がリチウムイオンの吸蔵・拡散を促進させたことに起因すると考えられている[5,6]。しかし，rGO負極を実用化するにあたり，大きく3つの解決すべき問題がある。1つ目の問題は，電気容量（リチウムイオン貯蔵量）に対して作動電圧が線形的に変化すること，すなわち電池のエネルギー密度（貯蔵できるエネルギー総量）が低くなることである（図2）。これはリチウムイオンの貯蔵の大半が表面への物理

139

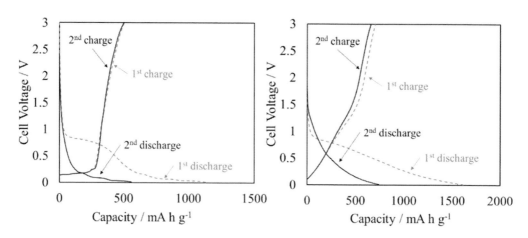

図2　グラファイト負極の充放電プロファイル（左），およびrGO負極の充放電プロファイル（右）

吸着または化学吸着によって引き起こされているため，層間にリチウムイオンが段階的に挿入されるグラファイトの階段状の作動電圧の挙動と比較するとエネルギー密度が小さくなるためである。2つ目の問題点として，rGOは初期クーロン効率（最初に充放電した際の充電量と放電量の比）が低い点が挙げられる。これは，rGOが活性なエッジサイトを多く有し，比表面積が高いため，負極と電解液の界面に生じる被膜（solid electrolyte interface：SEI）の量がグラファイトと比較して多いことが原因である。すなわち，SEIの形成によって電解質内のLiイオンが大量に消費される不可逆容量が生じるため，低い初期クーロン効率となっている。この初期クーロン効率の低さは，Liイオン量が限られる全電池を組み上げる際に大きな問題となる。3つ目の問題として，rGOは膨潤しやすく，電極ペースト作製の際に溶媒が必要となり，作製した負極の電極密度が小さくなる（体積当たりのエネルギー密度が低くなる）ことが挙げられる[7]。電極密度が小さいと，エネルギーを得るために負極の体積を大きくする必要があり，その結果，電池自体が大型化する。

　これらの問題のうち，rGOに限らず低初期クーロン効率を示す多くの負極については，あらかじめSEIを形成（pre-lithiation）させた電極を用いることで対応可能である。pre-lithiationを行った負極を用いた全電池は，pre-lithiationを行っていない全電池の最初のSEI形成で消費されるLiイオン量が抑制されるためである[8]。しかし，pre-lithiationを行うことでレート特性が低下することや低い電気容量を示す場合もあり[9]，さらなる検証が必要と考える。

2　rGOを機能化した負極材料

　前節で述べたように，rGOには負極として複数の問題があることから，近年はrGOを直接負極として用いるのではなく，他の負極材料との複合体として用いる研究が盛んに行われている。GOは，多くの酸素官能基やエッジを有し，反応性に富むことから，複合化や化学修飾が容易で

第 11 章 酸化グラフェンの合成と負極特性

ある。GO を加工することでさまざまな性質を付与することが可能であり，それを還元することにより単独の rGO では成し得ない機能を有する負極を作製する試みがなされている。以下では，リチウムイオン電池負極用に機能化された rGO を，ヘテロ元素導入型と複合型に分類し，それぞれ解説する。

2.1 ヘテロ元素を導入した rGO 負極

グラフェンの炭素のみで形成された結晶格子に炭素以外の元素（ヘテロ元素）を導入すると，グラフェン中の非局在化した π 電子のネットワーク構造が崩れ，特異的な電子状態となる[10]。GO は酸素官能基が面内やエッジに存在している。そのため，GO に対するヘテロ元素導入とは，一般的に酸素以外のヘテロ元素を導入することを指す。窒素元素を導入した rGO（NrGO）は rGO 以上の電気容量と高いレート特性（高速充放電）を発現することが報告されている[11, 12]。これは，rGO のベーサル面，またはエッジに導入されたヘテロ元素によって，リチウムイオンの電極内の拡散が促進されたためと考えられる[13]。しかし，NrGO についても，作動電圧がリチウムイオン貯蔵量に対して線形応答する問題や，低い初期クーロン効率の問題は解決されていない。また，NrGO は負極ペースト作製の際に一般的に使用される分散溶媒である N-メチル-2-ピロリドン（N-methyl-2-pyrrolidone：NMP）と混合すると，ペースト中に凝集塊が形成され，滑らかかつ均質なペーストを作ることができない点も実用化に向けた課題である。

2.2 rGO と他負極材料との複合化

GO が有するさまざまな特性を利用して，他の負極材料と複合化することで高性能の LIB 負極を作製する研究が行われている。例えば，負に帯電している GO に対して正に帯電した他の負極活物質を静電的に結合させる作製方法や，比表面積が高い GO を乾燥させる際に形成される"しわ"に他の活物質を物理的に担持させる方法がある。このようにして作製した複合体中の GO は熱還元によって rGO に変換され，他の活物質が抱える欠点を補強することが期待されている。

前述した他の負極活物質として，Li と合金化／非合金化する金属または半導体（$Si^{14)}$，$Sn^{15)}$），遷移金属酸化物（$SnO_2^{15)}$，$TiO_2^{16)}$），遷移金属硫化物（$SnS_2^{17)}$）などが用いられるが，これらに共通する欠点として，低電気伝導率，低イオン伝導率や，低いサイクル特性（電池寿命）が挙げられる。低電気伝導率は活物質の多くが半導体や絶縁体であることが原因である。低イオン伝導率は他の活物質が，Li イオン挿入型のグラファイトと異なり，Li イオンとの合金反応または置換反応のような比較的遅い反応機構によって Li イオンを貯蔵していることが原因である。また短い電池寿命は，合金化反応や置換反応によって充填される Li イオン量が多く，充放電で大きな体積変化を示すために起こる。大きな体積変化は活物質の集電体からの剥離を引き起こす。また，充電時に形成された SEI が放電時の体積収縮によって負極材料から剥離し，再充電の際に SEI が再度形成されることで不可逆容量が増大する。これらの問題を解消するため

141

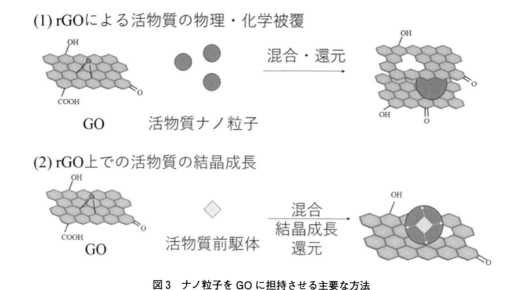

図3 ナノ粒子をGOに担持させる主要な方法

に，以下の2通りの戦略でGOと複合化されている。すなわち，(1)あらかじめ作製した活物質ナノ粒子とGOを混合する方法と，(2)GO上に活物質をナノサイズまで核成長させる方法である（図3）。

(1)の複合化の例として，GOが負に帯電していることを利用し，正電荷を帯びた活物質ナノ粒子と静電的に相互作用させて，活物質を覆う手法がある。実際に，活物質をシランカップリング剤などで表面修飾し，正に帯電させた負極材料GOとの複合体が作製されている[18~20]。活物質Co_3O_4をシランカップリング剤によって正に帯電させた後にGOで被覆した複合材は，140サイクル後でも1,000 mA h g^{-1}程度の高い容量を維持した。また，GOとSiナノ粒子の複合体はSi単体と比較して200サイクル後における電気容量が750 mA h g^{-1}ほど高く，サイクル特性が大きく改善された。他にも，正電荷を帯びさせたSiO_2ナノ粒子をGOで包み，化学還元または熱還元した複合体もSi単体と比較してサイクル特性とレート特性が改善された（サイクル特性は25サイクルで700 mA h g^{-1}増加し，レート特性は0.5 Cで900 mA h g^{-1}増加した）。さらに，ヘテロ元素を導入したrGOとSiナノ粒子を複合化する例もある[21]。GO中に硫黄を導入したGOがSiナノ粒子に対して高い親和性を持つことがDFT計算によって示されており，実際にこのGOとSiナノ粒子を複合・焼成させた負極は2,000サイクル以上でも高容量を保つ高いサイクル特性や2 A g^{-1}高速充放電速度においても高い容量を維持する高いレート特性を示した。

(2)の例として，GOと負極活物質の前駆体を混合・担持させて，GO上で負極活物質の結晶成長を行うことで複合化する方法がある。例えば，SnO_2ナノ粒子が分散したエチレングリコール溶液にグラフェンを混合して得られた複合体は，SnO_2単体で作製したLIB負極と比較して優位なサイクル特性を示した[22]。この複合体はグラフェンシートがSnO_2ナノ粒子を包み込むことで充放電時の体積変化を抑制し，SEIの再形成をSnO_2単体と比較して抑制している。他にも，

第11章 酸化グラフェンの合成と負極特性

GO 上に非晶質の TiO_2 をコーティングし，熱還元して得られた多孔質 TiO_2 ナノシートの負極がリチウムイオン貯蔵量を著しく増加させた報告例がある[23]。この方法で得られた TiO_2 ナノシートは非常に小さい粒子サイズ（～6 nm）と高い比表面積（～252 $m^2 g^{-1}$）による Li 吸蔵活性領域の増加によって，高いリチウムイオン貯蔵量を示したと考えられる。また，TiO_2 の高い比表面積と，焼成によって生成した rGO に由来する高い電気伝導度によって電子移動が促進され，高いレート特性も示した。また，窒素元素をドープした NrGO と SnO_2 活物質の複合体も報告されている[24]。この方法では，SnO_2 のナノ粒子と GO を混合したものをヒドラジン還元し，ヒドラジン由来の N 原子と Sn との間の相互作用によって SnO_2 ナノ粒子を担持させている。この手法で得た複合体も多孔質を形成していたため，充放電時の速いリチウムイオン拡散が実現された。この複合体も高いサイクルおよびレート特性を示した。GO 上でプルシアンブルー（PB）を核成長させ，焼成した複合体は，初期クーロン効率こそ低いものの，数サイクル後はクーロン効率の減少が抑制され，1,200 サイクル以上でも安定な高電気容量（5 $A g^{-1}$ で～500 mA h g^{-1}）を示した[25]。この試料は電極密度が 0.76×10^3 $kg m^{-3}$ であり，グラファイトの半分程度であったが，電気容量が同程度の充放電速度でグラファイトの2倍程度であるため，低体積エネルギー密度の問題の解決への足掛かりになると期待できる。

　これまでに示した rGO と他の活物質の複合化は，導電性の改善や著しい体積変化の抑制効果があるため，高容量ではあるが短寿命な活物質を負極に応用する上で優れた効果を発揮する。また，グラフェン系材料は電極密度を高めることが困難なため，体積エネルギー密度が従来のグラファイトに対抗できない場合が多いが，高容量の他の負極材と複合化することにより，グラファイトを凌駕することも可能になる。

おわりに

　GO または rGO を負極材料として応用するうえでの利点は，導電率の向上，被覆による活物質の体積膨張の抑制，作製条件によるナノ粒子サイズや結晶性の制御の容易さに加え，加工性の高さと実用化を考えた際の大量生産が可能な点が大きな利点である。一方で，rGO 単体の負極では低体積エネルギー密度，低初期クーロン効率，キャパシタのような充放電プロファイルを示すなどの問題を抱えているため，rGO は主に他の負極活物質の欠点を補う複合材料として利用されている。本節で紹介した rGO 複合負極は，グラフェンよりは低コストとはいえ，グラファイトよりは高価であるため，簡便な作製手法を開発する必要がある。また，実用化にはサイクル特性（電池寿命）およびレート特性（充電時間の短縮），体積エネルギー密度（電池の小型化）のさらなる向上・改善が求められている。現在の rGO との複合体の研究は，複合化によるサイクル特性の改善が主体になっているが，実用化のためにはレート特性や体積エネルギー密度の改善も今後の研究の課題である。

文　　献

1) N. Morimoto et al., *Chem. Mater.*, **29**, 2150 (2017)
2) W. S. Hummers and R. E. Offeman, *J. Am. Chem. Soc.*, **80**, 1339 (1958)
3) S. Pei et al., *Nat. Commun.*, **9**, 145 (2018)
4) E. Pollak et al., *Nano Lett.*, **10**, 3386 (2010)
5) L. J. Zhou et al., *J. Phys. Chem. C*, **116**, 21780 (2012)
6) N. A. Kaskhedikar and J. Maier, *Adv. Mater.*, **21**, 2664 (2009)
7) X. Cai et al., *J. Mater. Chem. A*, **5**, 15423, (2017)
8) Y. Abe et al., *Batteries*, **4**, 71 (2018)
9) Ó. Vargas et al., *Electrochim. Acta*, **165**, 365 (2015)
10) T. B. Martins et al., *Phys. Rev. Lett.*, **98**, 196803 (2007)
11) H. Wang et al., *J. Mater. Chem.*, **21**, 5430 (2011)
12) A. L. M. Reddy et al., *ACS Nano*, **4**, 6337 (2010)
13) J. R. Dahn et al., *Science*, **270**, 590 (1995)
14) M. N. Obrovac and L. J. Krause, *J. Electrochem. Soc.*, **154**, A103 (2007)
15) I. A. Courtney and J. R. Dahn, *J. Electrochem. Soc.*, **144**, 2045 (1997)
16) C. Natarajan et al., *Electrochim. Acta*, **43**, 3371 (1998)
17) T. Momma et al., *J. Power Sources*, **97-98**, 198 (2001)
18) S. Yang et al., *Angew. Chem. Int. Ed.*, **49**, 8408 (2010)
19) J. Luo et al., *J. Phys. Chem. Lett.*, **3**, 1824 (2012)
20) P. Wu et al., *ACS Appl. Mater. Interfaces*, **6**, 3546 (2014)
21) F. M. Hassan et al., *Nat. Commun.*, **6**, 8597 (2015)
22) B. Luo et al., *Adv. Mater.* **24**, 1405 (2012)
23) W. Li et al., *Nano Lett.*, **15**, 2186 (2015)
24) X. Zhou et al., *Adv. Mater.*, **25**, 2152 (2013)
25) T. Jiang et al., *ACS Nano*, **11**, 5140 (2017)

第12章　全固体二次電池負極に向けた多層グラフェンの新規合成技術

都甲　薫*

はじめに

これまでリチウムイオン電池の負極活物質として用いられてきたグラファイトは，全固体二次電池用の負極材料としても有望である。もし任意の基板上にグラファイト膜（多層グラフェン）を合成できれば，さまざまなデバイスに全固体二次電池を直接搭載することが可能となる。本章では，著者らが開発してきた多層グラフェンのユニークな合成技術およびそのリチウムイオン電池負極特性について紹介する。

1　全固体二次電池とグラフェンの負極応用

リチウムイオン電池は，携帯機器や移動体の電源として急速に普及してきた。しかし，電解質に有機溶媒を用いた従来のリチウムイオン電池では，安全性の向上や小型・薄型化には原理的な限界がある。そこで，電解質を固体化した「全固体二次電池」が近年盛んに研究されている[1]。全固体二次電池は上記の課題を解決できることに加え，長寿命化や高エネルギー密度・高出力化も可能となるため，早期の実応用が期待されている。全固体リチウムイオン電池の負極活物質としては，従来の液体型リチウムイオン電池に用いられてきたグラファイトに加え，高い比容量をもつリチウム系やシリコン系の新材料も検討されている。グラファイトはこれらの新材料に比容量で劣るものの，その扱いやすさや信頼性は依然として魅力である。グラファイト負極が固体電解質中においても良好な出力性能を示すことはすでに報告されており[2]，今後，全固体二次電池の小型・薄型化に合わせたグラファイト負極の合成技術の開発が望まれる。

グラファイトの1層分に相当するグラフェンは，その高い表面積により，比容量としては極めて高い値を示す[3]。また，グラフェンは優れた電気伝導性や化学的安定性，高い機械的強度をもつため，電気伝導性や充放電時の体積変化に課題をもつシリコン負極の被覆材としても有効である[4]。しかし，グラフェン1層を負極活物質として用いることは面積あたりの容量の観点から現実的ではなく，ある程度の厚みをもつ多層グラフェン（グラファイト膜）としての利用が望ましい。グラフェンに関する学術的興味や透明導電膜応用に向けた研究から，薄い（＜5 nm）多層グラフェンを合成する技術は多く開発されてきた。一方，任意の基板上に均一な多層グラフェ

---

*　Kaoru Toko　筑波大学　数理物質系　物理工学域　准教授

ンが厚膜合成された例はこれまでになかった。また，一般に多層グラフェンの合成には1000℃以上の高温を必要とするが，基材や周辺部材の耐熱温度を考えると，プロセス温度は低温であることが望ましい。もし多層グラフェンを任意の基板上に低温合成することができれば，全固体二次電池の設置形態の自由度は飛躍的に向上し，多様なアプリケーションが開拓される。

2 多層グラフェンの新規合成法

高品質なグラフェンは，グラファイトからの剥離および基板への転写により得られることが良く知られている[5]。しかし，転写法により厚膜の多層グラフェンをつくることは現実的ではない。多層グラフェンを低温で合成する手法として，炭素原子を金属基板や金属膜に高温で固溶させた後，冷却過程において多層グラフェンを析出させる方法が活発に研究されてきた。しかし本手法では，多層グラフェンを任意の基板上に直接形成することが難しく，また，膜厚の制御（特に厚膜化）や均一・大面積形成に課題がある。著者らは，「層交換現象」を利用した新しい合成法により，任意の基板上に多層グラフェン（5～200 nm）を低温合成（500～1000℃）することに成功した。本技術について，最新の成果を紹介する。

2.1 金属誘起層交換

層交換現象はSiとAlを用いた系で発見され，以来，学術面および応用面の両方で盛んに研究されてきた[6]。層交換は，Si原子のAl中への拡散，Al中におけるSi結晶の析出，Si結晶の横方向成長とAlの上部への押し出しによって生じる（図1）。したがって，AlがSi結晶の鋳型のように働くため，最終的なSi薄膜の形状はAl薄膜の初期形状と一致する。著者らは層交換の発現に必要なキーパラメータを明らかにするとともに，SiとAl以外の組み合わせでも層交換が発現することを発見している[7～9]。また，材料の組み合わせに応じて，得られる半導体薄膜の結晶性や結晶化に必要な温度が劇的に変化することがわかっている。

著者らは，層交換法を炭素に応用して多層グラフェンを合成することを着想し，研究を行ってきた。具体的には，絶縁基板（SiO_2）上に非晶質炭素と15種類の金属（Ni, Co, Fe, Cr, Mn, Ru, Ir, Pt, Ti, Mo, W, Pd, Cu, Ag, Au）を薄膜形成するとともにその固相反応を調査している[10]。炭素／金属の固相反応は，(1) 層交換発現（Cr, Mn, Fe, Co, Ni, Ru, Ir, Pt），(2) 炭化物形成（Ti, Mo, W），(3) 一部結晶化（Pd），(4) 未結晶化（Cu, Ag, Au）の4種に分類される（図2）。また，層交換合成して得られた炭素膜をラマン分光法によって評価すると，多層グラフェンに起因したスペクトルが得られる（図3（a））。多層グラフェンの結晶性を示すG/Dピーク比について温度の関数として整理すると，低温で層交換を発現する金属種（Fe, Co, Ni）や，結晶性の高い多層グラフェンを合成する金属種（Ru, Ir, Pr）の傾向がわかる（図3（b））。特に，Niを用いた場合，500℃もの低温で多層グラフェンが合成されることは興味深い。これは，Ni中の炭素の固溶度が比較的高いことに起因していると考えられる。

第 12 章　全固体二次電池負極に向けた多層グラフェンの新規合成技術

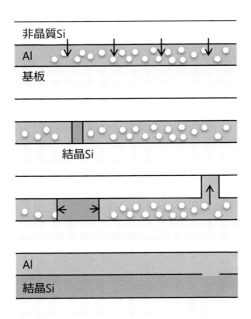

図 1　Si と Al の系における層交換プロセスの模式図

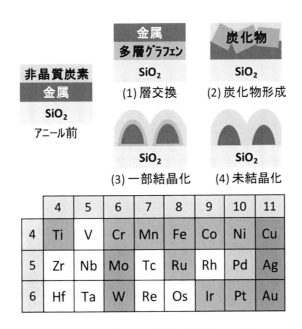

図 2　非晶質炭素と金属膜の固相反応の分類
(1) 層交換（Cr, Mn, Fe, Co, Ni, Ru, Ir, Pt），(2) 炭化物形成（Ti, Mo, W），(3) 一部結晶化（Pd），(4) 未結晶化（Cu, Ag, Au）。

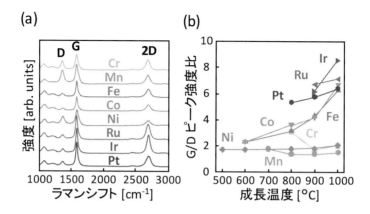

図3 各種金属触媒で層交換合成したSiO₂基板上多層グラフェンのラマン分光評価
(a) 1000℃で熱処理した試料のラマンスペクトル(裏面から観測), (b) G/Dピーク強度比の成長温度依存性。

2.2 Ni誘起層交換合成した多層グラフェンの諸特性

多層グラフェンの低温合成を可能とするNiにフォーカスし,成長温度や膜厚に対する結晶性および電気的特性について紹介する[11]。熱処理後の試料の断面透過型電子顕微鏡観察により,SiO₂基板上に多層グラフェンおよびNi薄膜が積層されており,層交換の発現が確認できる(図4(a))。多層グラフェンは波打った形状となっているが,例えば堆積時にNiと非晶質炭素の間に界面層(酸化Al)を形成することによって,より直線的,すなわち高品質な多層グラフェンを得ることができる[12]。高分解像より,得られた多層グラフェンは基板と平行に配向していることがわかる(図4(b))。また,電子回折像による評価から,多層グラフェンの結晶粒径は数百nm程度と判明している。

表面Ni層を塩化鉄溶液により除去することで,基板全面を被覆した多層グラフェンを得ることができる。走査型電子顕微鏡像より,多層グラフェンの表面様態は,熱処理温度が低温となるほど均一化することがわかる(図5(a)~(d))。これは,低温ほどNi膜の凝集(変形)が抑制

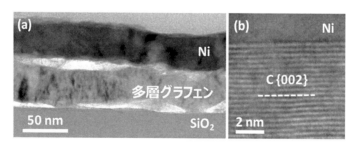

図4 Ni誘起層交換により600℃で合成した多層グラフェンの断面透過型電子顕微鏡像
(a) 明視野像, (b) Ni/炭素界面の高分解能像。

第 12 章　全固体二次電池負極に向けた多層グラフェンの新規合成技術

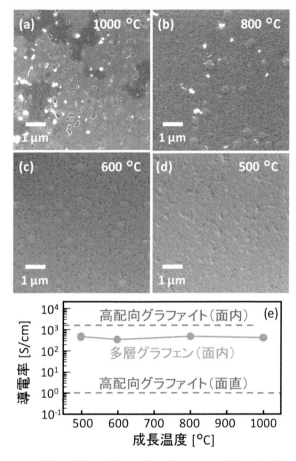

図 5　Ni 誘起層交換で合成した多層グラフェンの評価（Ni 除去後）
(a) 1000℃, (b) 800℃, (c) 600℃, および (d) 500℃で合成した試料表面の走査型電子顕微鏡像, (e) 導電率の成長温度依存性（ファンデアパウ法により測定）。

されるためである。多層グラフェン中には微小な空隙がみられるものの，絶縁基板上に直接合成した多層グラフェンとしては最高水準の均一さである。多層グラフェン中の Ni 残留量は，エネルギー分散型 X 線分析装置の検出限界（＜1％）以下であることが確認されている。導電率は，およそ 3000℃で合成した高配向熱分解グラファイト（結晶粒径：約 5 μm）の面直方向の導電率を 2 桁以上凌駕し，また，面内方向の導電率に迫る値となる（図 5 (e)）。

　Ni と非晶質炭素層の膜厚を 5 nm から 200 nm に変調した試料においても層交換が発現する[13]。膜厚の薄い試料に関しては，透明性をもった多層グラフェンの合成が可能であり，透明導電膜などへの応用が期待される（図 6 (a), (b)）。界面層（酸化 Al）の挿入による多層グラフェンの大粒径化を反映し，一部の試料（膜厚 10～100 nm）では高配向熱分解グラファイトを上回る高い導電率が得られる（図 6 (c)）。

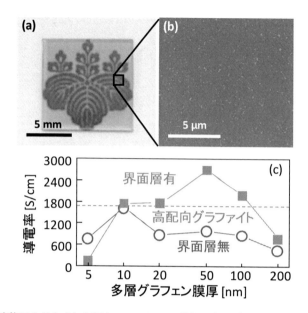

図6 Ni 誘起層交換により合成した厚さ5 nm の SiO_2 基板上多層グラフェンの (a) 試料写真および (b) 走査型電子顕微鏡像, (c) 多層グラフェンの導電率の膜厚依存性
Ni／炭素界面における酸化 Al 層の有無により, 多層グラフェンの結晶性および導電率が変化する。

2.3 層交換合成した多層グラフェンの充放電特性

多層グラフェンを負極としてリチウムイオン電池を試作した結果について述べる。負極活物質となる多層グラフェンの直下には, 集電体が必要である。Ni と非晶質炭素の初期位置を逆にした「逆層交換法[14,15]」によって, 活物質／集電体の電極構造を任意基板上に自己組織的に形成することが可能である。具体的には, Mo 箔上に非晶質炭素と Ni 薄膜を各々100 nm 堆積後, 600℃の熱処理を施し, 逆層交換を誘起した（図7）。Mo 箔上に形成された多層グラフェンを金属 Li 箔と対向させ, 電解液に 1 M $LiPF_6$ in EC/DEC (1:1) v/v を用いた二極式セルを作製し, 充放電試験を 0.01〜2.0 V の範囲で行うと, 傾斜のついた充放電曲線が得られる（図8）。これは, 層交換合成した多層グラフェンが, 一般的に負極活物質として用いられるグラファイトに比べ, 欠陥が多いことに起因すると考えられる。初期クーロン効率は 50％と低い一方で 100 サイクル後にはほぼ 100％となり, 初期放電容量（320 mA h/g）の 75％で安定する。このように特性改善の余地はあるものの, 絶縁基板上に低温合成した多層グラフェンが充放電動作可能であることが示されている。

第 12 章　全固体二次電池負極に向けた多層グラフェンの新規合成技術

図7　逆層交換の模式図および Mo 箔上に合成した多層グラフェン／Ni 構造の写真

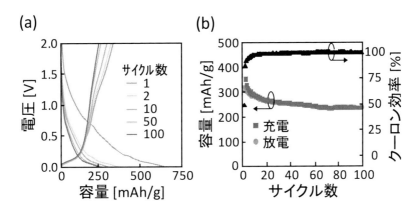

図8　Ni 誘起逆層交換により Mo 箔上に合成した多層グラフェン（100 nm）のリチウムイオン電池負極特性
　　　　　　　　　　（a）充放電特性，（b）サイクル容量およびクーロン効率。

おわりに

　本章では，全固体二次電池の負極活物質として応用が期待される多層グラフェンについて，著者らが開発してきた「層交換」による新規合成技術を紹介した。層交換法を用いれば，任意の基板上に均一な多層グラフェンを低温合成することが可能となる。研究はまだ萌芽的な段階であり，多層グラフェン自体の充放電特性の向上が大いに期待されるほか，高抵抗な負極活物質の導電性を高める被覆材としても応用の可能性がある。さまざまなデバイスに搭載できる全固体二次電池の開発に向けて，今後の発展が期待される。

文　　献

1) 高田和典ほか，全固体電池入門，日刊工業新聞社 (2019)
2) K. Takada et al., Solid State Ionics, **179**, 1333 (2008)
3) G. Radhakrishnan et al., J. Electrochem. Soc., **159**, A752 (2012)
4) J. K. Lee et al., Chem. Commun., **46**, 2025 (2010)
5) K. S. Novoselov et al., Science, **306**, 666 (2004)
6) O. Nast et al., Appl. Phys. Lett., **73**, 3214 (1998)
7) K. Toko et al., Appl. Phys. Lett., **101**, 072106 (2012)
8) R. Yoshimine et al., J. Appl. Phys., **122**, 215305 (2017)
9) K. Kusano et al., Appl. Phys. Express, **12**, 055501 (2019)
10) Y. Nakajima et al., ACS Appl. Mater. Interfaces, **10**, 41664 (2018)
11) H. Murata et al., Appl. Phys. Lett., **110**, 033108 (2017)
12) H. Murata et al., Appl. Phys. Lett., **111**, 243104 (2017)
13) H. Murata et al., Sci. Rep., **9**, 4068 (2019)
14) R. Numata et al., Cryst. Growth Des., **13**, 1767 (2013)
15) K. Toko et al., CrystEngComm, **16**, 9590 (2014)

第Ⅲ編
今後解決しなければならない課題

第1章 炭素表面での反応の重要性について

豊田昌宏[*1]　曽根田　靖[*2]

1 はじめに

リチウムイオン電池（Lithium Ion Battery：LIB）は1991年に我が国で初めて上市されたが，初期のセル負極には低温処理のハードカーボン系炭素材料が用いられていた。それに先立ち，1955年にリチウム蒸気と黒鉛の反応による層間化合物の形成が知られ，1977年には有機溶媒中からのリチウムイオンの電気化学的挿入が報告されており，この反応がリチウムイオン電池を構成する半電池反応の原理となった。上市された当初のリチウムイオン電池では，上述のように低温処理炭素が用いられ，固体電極内でのリチウムの化学状態におおいに興味が注がれ，^{7}Li-NMRや，その他の分析技術による解析の深化に伴って，この分野の科学技術は大きな発展を遂げた。その後，初期充電効率の改善や，レート特性，充放電容量の向上のニーズに応えるため，種々の原料や調製条件を反映したさまざまなハードカーボンや，ソフトカーボンの利用の試みや，実際の製品での適用を経て負極材料は変遷し，現在は黒鉛材料（天然，コークス系）の利用が主流を占めている。

炭素系負極材といっても上述したように，いくつかのカテゴリーに分類することができ，それぞれのカテゴリーには夥しいといってよい程の，前駆体有機物とその熱処理条件，プレおよびポスト処理があり，用いられてきた炭素材料は千差万別と言える。そのようなさまざまな炭素材料は，電気的性質に代表されるさまざまな材料特性が広い範囲で変化するとともに，バレエティに富んだ微細組織を持つことによって，リチウムが挿入される入り口となる表面構造が異なるためにLIB負極としての特性にも影響が表れる。ここでは，炭素材料のバレエティが生まれるエッセンスを解説し，代表的な負極反応の特徴を紹介する。

2 炭素材料の多様性　―構造と微細組織―

炭素の典型的な結晶構造としてはsp^{3}混成軌道によるダイヤモンドと，sp^{2}混成軌道による黒鉛があり，後者ではσ結合に加えてπ結合が生じることから導電性の根源となっている。その

[*1] Masahiro Toyoda　大分大学　理工学部　共創理工学科　教授
[*2] Yasushi Soneda　産業技術総合研究所　創エネルギー研究部門
　　　　　　　エネルギー変換材料グループ　研究グループ長

リチウムイオン二次電池用炭素系負極材の開発動向

もっとも基本的な構造は，炭素が六角網面を形成している単原子層，すなわちグラフェンであるが，グラフェンが単離される以前からナノカーボンとして発展してきたフラーレンとカーボンナノチューブも sp^2 結合炭素による六角網面が曲面を形成している。LIB負極としての炭素材料のみならず，一次電池の炭素電極や，電解製鋼用の黒鉛電極，電極以外の炭素繊維や，活性炭など，炭素材料は基本的に sp^2 結合炭素を中心とした固体である。

黒鉛結晶はグラフェンが積層した構造であるが（図1），炭素原子が最密充填構造のABAB積層を持つことによって六方晶結晶となっている。ABC積層の菱面体結晶が共存することがあるが，六方晶黒鉛が磨砕などのせん断力を受けることによって生じると考えられ，単離はされていない。黒鉛のなかで，最も結晶性が高く，大きな結晶として得られるのは天然黒鉛であり，ダイヤモンドと同様，人工的には天然物ほどの大きな結晶は得られていない。有機物を不活性雰囲気で熱分解することによってヘテロ原子を放出させ，ほぼ炭素原子のみからなる固体となった状態が炭素材料であるが，上述の三次元規則性（ABAB積層）を持つ黒鉛結晶に変換するには，常圧では2400℃程度以上の高温処理が必要である。1000℃程度の低温処理炭素から，高温処理によって黒鉛結晶に変換される間の温度領域では乱層構造炭素として存在し，透過電子顕微鏡によって積層は観察されても隣接する炭素網面は互いに規則性を持たない（図2）。また，高温処理によって黒鉛構造が発達する炭素材料を易黒鉛化性炭素（ソフトカーボン）と呼び，3000℃もの高温処理によっても黒鉛構造に変換されず乱層構造を保つ炭素材料を難黒鉛化性炭素（ハードカーボン）と分類されている。前者としてはメソフェーズピッチ原料のコークスや炭素繊維，PVC炭などであり，後者としてはフェノール樹脂やフラン樹脂炭素化物，PAN系炭素繊維などがある。易黒鉛化性炭素においては，数ナノメートルの網面サイズと数層の積層にとどまる

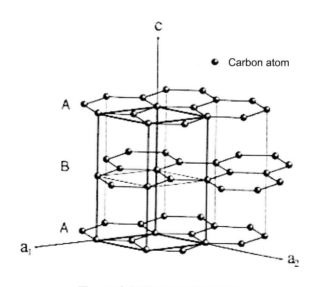

図1 六方晶黒鉛の結晶構造モデル

第1章 炭素表面での反応の重要性について

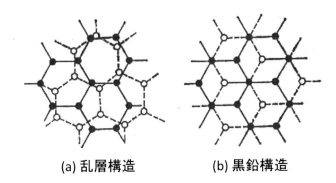

(a) 乱層構造　　　　(b) 黒鉛構造

図2　乱層構造と黒鉛構造におけるグラフェン（炭素六角網面）の積層関係
●は第1層、○は第2層の炭素原子を表す。

BSU（Basic Structural Unit）であってもある程度の優先配向を持ち、熱処理によって黒鉛結晶に発達するが、難黒鉛化性炭素ではBSUが配向を持たずにランダムに存在するために、微細な結晶化領域が合体して成長することができず、高温処理を受けた場合には微小な黒鉛成分と乱層構造炭素が共存する多相黒鉛化現象もしばしば観察される。

　天然黒鉛に代表される黒鉛結晶は、上述の通りsp^2結合炭素からなる炭素六角網面（グラフェン）がファンデルワールス力で積層した層状構造の典型的な異方性結晶であり、外形は結晶癖を反映して平板状（鱗片状）となる。LIB負極として利用する際には、黒鉛結晶のエッジ面からリチウムイオンが積層層間に挿入される。低温処理炭素では炭素網面サイズが小さく積層構造も発達していないため、層間に格納されるリチウムイオンは多くない。一方で、低温処理炭素、特にハードカーボンでは微細な閉気孔を持ち、リチウムはクラスターを形成して収納される。

　図3は、炭素材料にみられるさまざまな形態と、微細組織の配向様式をまとめたものである[1]。カーボンブラックやメソフェーズピッチ球晶などの球状の形態でも、同心殻状や放射状の異なる様式で炭素網面が配向する。炭素繊維の場合、結晶性の高いピッチ系炭素繊維にみられる放射状組織や、気相成長炭素繊維（VGCF）の年輪状組織のいずれにおいても、炭素網面は繊維軸方向に優先配向している。しかし、リチウムがインターカレーションする入口となるエッジ面の存在箇所に注意を払う必要がある。VGCF以外の炭素繊維でも、表面に炭素積層のベーサル面が配向する表面層が観察される場合があることも知られている。平板状形態の場合、塗布電極内で優先配向が生じやすく、やはりリチウムが侵入するエッジ面と電解液との接触に留意する必要があることが理解できる。

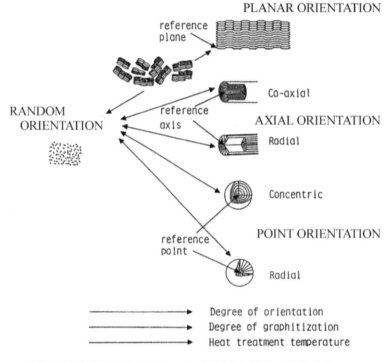

図3 炭素材料におけるグラフェン（炭素六角網面）の配向様式

3 SEI（Solid Electrolyte Interphase）被膜

　LIBの特性について考える場合，その性能のキーのひとつと考えられているのが，炭素電極と電解液の界面に形成される「SEI 被膜」である（図4）。LIB では，リチウムが電解液を介して正極から負極へと移動することによって充電が生じ，負極表面には，電解液の分解による SEI 被膜が形成される（図4）。したがって，炭素表面の特性は，この SEI 被膜形成に大きく影響する。この SEI 被膜は電解液中の溶媒和されたリチウムイオンが電極中にインターカレーションする際に脱溶媒和させる働きをするとともに，逐次的な電解液の分解を抑制することにも寄与していると考えられている。しかしながら，SEI 被膜が薄い場合には電解液の分解反応が続き，厚くなりすぎた場合は大きな界面抵抗の要因となり，その被膜が電池の寿命や効率に悪影響を及ぼす。

　この問題に対し，川浦，山田らは，LIB の性能に大きな影響を与えると考えられている SEI 被膜が，電池の動作環境下（in operando）において形成される過程を，中性子反射率計（SOFIA）を用いてその場観察した結果を報告している[2]。この結果から，負極である炭素と電

第1章　炭素表面での反応の重要性について

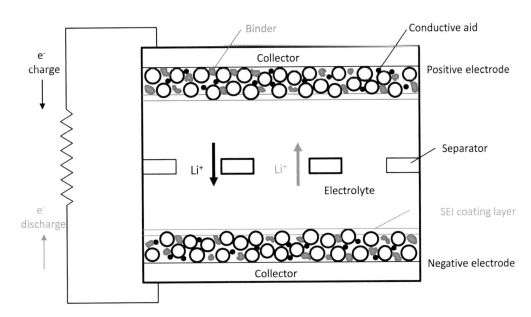

図4　電極-電解質界面に形成された「SEI」

解液の界面に徐々にSEI被膜が形成される経過の詳細が明らかになり，充電が進むとともにSEI被膜の厚さが増すだけでなく，構成物の割合が変化し，SEI被膜の厚みや構成成分が実際の電池性能に影響を与えていることを報告している。充電過程においてリチウムが炭素電極に取り込まれる様子と取り込まれたリチウムの量，全消費電荷量の比較から，SEI被膜の形成に使われた電荷量が評価され，リチウムの移動による充放電とSEI被膜の形成による電解液の分解反応を区別できることを明らかにした。このことは，炭素材料を負極とするリチウムイオン電池の性能向上に繋がる知見が得られると期待される。

4　リチウム-黒鉛層間化合物

リチウムイオンが黒鉛層間にインターカレーションされた黒鉛層間化合物（Graphite Intercalation Compounds：GIC）である Li_xC_6（$x=1$）の化学的な合成は，1955年にHéroldによって初めて報告された[3]。リチウム-黒鉛層間化合物の電池への利用は，1977年にArmandとTouzainによって提案されたものの[4]，一般的に用いられていた電解液の共挿入や非可逆的な還元反応のために，繰り返し充放電が困難であった。LIBにおいて黒鉛負極の使用が可能になったのは，炭酸エチレン（Ethylene Carbonate：EC）を含有する電解液が見出されたことによる。この電解液の場合，初期充電サイクル中に黒鉛へのリチウムのインターカレーションに伴い，黒鉛表面にSEIが形成される。このSEIはイオン導電性を示すものの電子伝導性を持たないことから，一度形成されると電解液の不可逆的還元反応が進行するのを効果的に防ぐ。しかし

ながら,初期反応において電解液の一部がSEI形成のために分解されることから,充電効率が低下することが問題になっている。この充電効率の低下は,負極黒鉛の高純度化および粒子形態の最適化,さらには電解液添加剤の使用によりかなり改善され,最新のリチウムイオン電池の初期不可逆容量は数パーセント以下となっている。六方晶(AB積層)もしくは菱面体晶(ABC積層),いずれかの積層構造からなる黒鉛は,リチウムイオンがインターカレーションされると,炭素六角網面(グラフェンシート)の六角形構造が完全に重なるAA配列で積層し,Li_xC_6のxの値によって決まる数(n)に応じて,黒鉛層n枚ごとに周期的にリチウムがインターカレーションした構造が形成される(たとえば,$x = 0.5$では,ステージ2の構造を示し,リチウムを含む層と含まない層が交互に積層する)。この現象は,リチウム/黒鉛半電池の電圧特性において,段階的に電圧の変化を示す平坦域(約0.2〜0.1 V領域)として現れる。

図5(Left)[5]に黒鉛からLiC_6への定電流還元の電位/組成曲線を示す。黒鉛へのインターカレーションの一般的な特徴は,ステージ形成[3〜6]と呼ばれるゲスト種の層間への周期的配列の段階的形成である。ステージング現象は,Li^+含有電解質中の炭素の電気化学的還元中に簡単に観察できる。プラトーは,2段階の領域を示し[7],電位掃引ボルタンメトリー[図5(Right)]では,電流ピークは2相領域を示す。ステージ=I以外に,ステージ=IV,III,II LおよびII(化学合成でも取得可能)[3,6,8]に対応する4つのバイナリフェーズ[9]が特定されている。

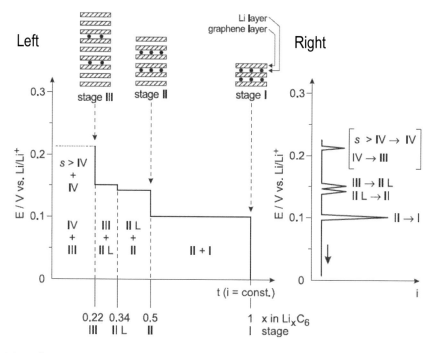

図5 グラファイトへのリチウムの電気化学的インターカレーション中のステージの形成。
左:模式的な定電流曲線,右:模式的なボルタンメトリー曲線

第 1 章　炭素表面での反応の重要性について

5　乱層構造炭素（非黒鉛炭素）へのインターカレーション

　乱層構造炭素では，炭素原子が形成する六角網面（グラフェン）のサイズは小さく，積層方向（c 軸方向）において 3 次元的構造規則性を持たない。しかしながら，この乱層構造炭素についても，LIB の負極用途として関心が集まっている。リチウムのインターカレーションの観点から，結晶性の高い黒鉛は，高比電荷（High Specific Charge）炭素に分類され多くのリチウムを挿入・貯蔵できる（Li_xC_6 では $x > 1$）のに対し，乱層構造炭素（非黒鉛炭素）は，炭素六角網面の積層数も数層程度になっていることから，Li イオンが挿入できる層間のスペースは限られており，黒鉛より少ない量のリチウムイオンしかインターカレーションできない。このことから，乱層構造炭素[10～12]，コークス[13～15]，あるいはカーボンブラック[15～17]などのより規則性を持たない炭素材料は，低比電荷（Low Specific Charge）として分類され，Li_xC_6 の x は，通常～0.5 程度の範囲にあるとされている。乱層構造炭素の場合の低比電荷は，微小な炭素六角網面のサイズと，少ない積層数に加え，六角網面の屈曲などに影響されて，利用可能なリチウム収納サイトが少ないことに起因する[19]。さらに，無秩序な炭素六角網面間の架橋が，リチウムを炭素網面の積層層間に収容するために必要な AA スタッキングへの移行を妨げる[20, 21]ことも関係している。したがって，黒鉛結晶にみられるステージ構造は形成されず，また，このような材料へのリチウム挿入は通常，黒鉛より高い電圧で生じる。しかしながら，非晶質部（非晶質間隙を含む）の微小な閉気孔にクラスターを形成して収納されることができるため，層間のみが反応サイトとなる黒鉛結晶よりもリチウムの収納量が多くなる場合があり，そのような材料では単位質量当たりの容量は，黒鉛結晶の理論容量より大きくなる。反応サイトが黒鉛結晶より多いことは，電荷移動抵抗の低減にも繋がり，入出力特性が向上する。一方，反応サイトが多い分，不可逆容量は黒鉛と比べてかなり大きくなる傾向を示すし，初回のクーロン効率（充放電効率）が低下する傾向を示す[22, 23]。

6　黒鉛結晶へのインターカレーション

　易黒鉛化炭素は，2000℃以上の高温で熱処理されると，その構造が黒鉛構造にむけて徐々に変化する炭素材料であり，バルク中の結晶子のサイズと配向の程度は熱処理温度（Heat Treatment Temperature：HTT）と共に増加する。黒鉛化処理前の低温処理炭素（HTT：～1300℃）での結晶子の大きさは，層に対して平行および垂直にそれぞれ 50 Å 程度以下であり，平均面間距離 d 値は 3.44 Å に近い。結晶子サイズは，典型的には HTT 2000℃で約 100 Å 程度，より高い熱処理温度によって数百 Å に達し，d 値も黒鉛結晶の値（3.354 Å）に近づく。

　黒鉛化が起こる温度領域（HTT：1300～3000℃）で熱処理された易黒鉛化炭素材料［たとえば，黒鉛化性コークス，メソフェーズ系炭素繊維，気相成長炭素繊維，またはメソカーボンマイクロビーズ（MCMB）］すべては，Li の電気化学的インターカレーションおよびデインターカ

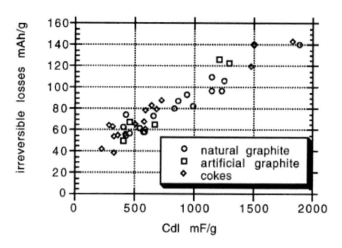

図6 インピーダンス分光測定から決定された二重層静電容量「Cdl」の関数としての(○)天然黒鉛，(□)合成黒鉛，および（◇）石油コークスのテフロン結合電極の不可逆損失
電解質：EC/DMC の LiTFSI 1 M

表1 熱処理された石油コークス：X 線回折測定[a] から推定された電気化学データと g パラメータ

HTT (℃)	DLC (mF/g)	Irreversible losses (mA h/g)	Reversible capacity (mA h/g)	g parameter
1300	1800	140	260	0
1700	1200	115	265	0.13
2000	600	60	182	0.29
2200	600	50	205	0.5
2400	550	50	280	0.75
2800	400	110	310	0.94

[a] $g = (3.44 - d_{002})/(3.44 - 3.354)$

レーションに共通の特徴を示す[24~28]。最初のサイクルでのファラデー損失（不可逆容量）は，電解質の組成にかかわらず，インピーダンス分光法で測定した二重層容量（Double Layer Capacitance：DLC）とよく相関する（図6)[29]。表1に一連の温度で熱処理された石油コークスのX線回折測定から推定される電気化学データを示す。HTT-2800サンプルを除いて，不可逆的な損失はHTTと共に減少する。DLCもHTTと共に減少することから，構造の再編成（微小細孔の排除）に起因する活性表面積の減少を仮定することができる。黒鉛化プロセスの開始時（HTT：1300～2000℃）でその効果が大きくなることからも妥当であると考えることができ，それは黒鉛化が進んだサンプル（HTT：2800℃以上）では，黒鉛で多少の剥離が起こったことが

第 1 章　炭素表面での反応の重要性について

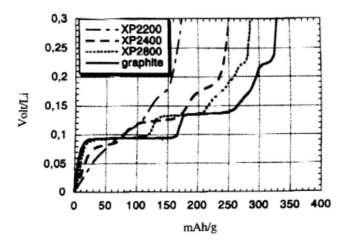

図7　2200℃（XP 2200），2400℃（XP 2400），2800℃（XP 2800）で熱処理した石油コークスの平衡に近い条件でのリチウムの脱インターカレーション中に観察された電圧プロファイル

考えられ，不可逆的な損失の増加を生じたと考えられた。可逆容量の値は黒鉛よりも低く，約2000℃で処理されたサンプルでは最小値を示した。図7に2200℃（XP 2200），2400℃（XP 2400）および2800℃（XP 2800）で熱処理された石油コークスの平衡に近い条件でのリチウムのデインターカレーション中に観察された電圧プロファイルを示す。この HTT 値は，その温度を超えて熱処理された炭素の範囲を定め，セル電圧は，二相ドメインに特徴的なプラトーの外観を示した[29]。一方，2000℃以下で熱処理された炭素では，電圧は連続的に変化した。熱処理されたすべての易黒鉛化炭素において得られた結果は，HTT が 2000℃より高いか低いかによって，電気化学的挙動の2つのドメインが存在することを示し，HTT-2000 を超える試料での可逆容量の増加は，結晶化度の増加に起因すると理解できる。一方，低い HTT での容量の増加は，無秩序な積層の間隙とその積層に含まれる多くの欠陥に影響を受けていることが，Flandrois ら[30]によって提案されたモデルと Mering[31]の黒鉛化モデルで理解できることが示されている。

7　複合材へのインターカレーション

黒鉛の「コア」と無秩序な炭素（非黒鉛）の「シェル」を含む複合炭素質材料の使用が負極として検討されている。コア部へのリチウムインターカレーションによる貯蔵特性とシェル部への溶媒共挿入に伴う遅延特性を組み合わせることが報告されている[32]。図8は，コークスを含む電極の最初の Li^+ インターカレーション／デインターカレーションサイクルを示している。Li^+ の可逆的インターカレーションは Li/Li^+ に対して約 1.2 V で始まり，曲線は区別できるプラトー

なしで傾斜することから，電位プロファイルは黒鉛のプロファイルとはかなり異なる。この挙動は，電子的および幾何学的に非等価なサイトを提供する無秩序構造の結果と報告されている。両者の特長を併せ持つ材料として検討が進められている。

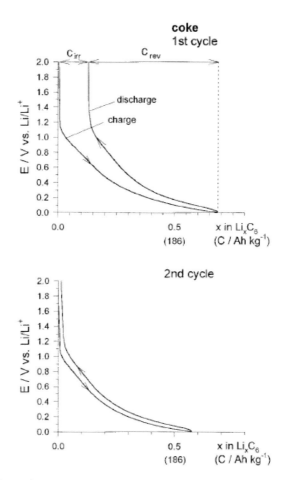

図8　電解質 $LiN(SO_2C_3)_2$/エチレンカーボネート/ジメチルカーボネート（C_{irr} は不可逆的な比電荷，C_{rev} は可逆的な比電荷）におけるコークス（コノコ）の定電流充放電曲線（1サイクル目と2サイクル目）。

8 おわりに

　炭素材料の数多いアプリケーションの中で，生活の中で不可欠となったLIBの負極材料としての役割は確固たる地位を確立しているが，さらなる特性向上の要求も止むことはない。炭素電極の特性を凌駕する材料の探索についての検討は引き続き盛んであり，Li吸蔵合金[33]や遷移金属窒化物[34,35]などは，黒鉛を大きく超える900 mA h/gの可逆容量を示す場合があるものの，多くの場合それらは大きな不可逆容量も示しており，リチウムに対する平均電位の増加に起因して，バッテリーとしての作動電圧の降下も引き起こす。これらの材料探索の現状から，炭素材料は今もってLIBの負極として最適な材料であるといえる。過去30年近く，黒鉛結晶から，結晶性を示さない多くの乱層構造炭素まで，広い範囲の炭素材料の負極特性が検討されてきた。負極炭素材料中へのリチウムの電気化学的挿入を考察する場合，炭素材料の持つ，構造，組織，結晶性は当然のこととして，炭素材料表面の細孔構造，閉気孔とそれらが形成するナノスペースの大きさや形状，分布，さらにその空間に隣接する骨格炭素構造との境界である炭素壁面についての考察が重要になると考えられる。これまでに，炭素骨格の結晶性や電子伝導性，表面官能基，細孔構造などに注意が払われてきたが，グラフェンにおけるエッジ構造と同様，黒鉛結晶のリチウム挿入口となるエッジ面のテーラリング，低温処理炭におけるリチウムクラスターの格納庫となる閉気孔の壁面構造の制御に，重点が置かれることになるだろう。リチウムを収納する空間と，それを形作る壁面の科学に光りを当ててゆくことで，炭素材料のLIB負極への応用は，さらなる高みにある次のステージに進むことができるであろう。

文　　献

1) M. Inagaki, *TANSO*, No.122, 114 (1985)
2) H. Kawaura *et al., ACS Appl. Mater. Interfaces*, **8**, 9540 (2016)
3) A. Herold, *Bull. Soc. Chim. Fr.*, **187**, 999 (1955)
4) M. Armand and P. Touzain, *Mater. Sci. Eng.*, **31**, 319 (1977)
5) J. O. Besenhard and H. P. Fritz, *Angew. Chem. Int. Ed. Engl.*, **95**, 950 (1983)
6) N. Daumas and A. Herold, *Bull. Soc. Chim.*, **5**, 1598 (1971)
7) J. R. Dahn, *Phys. Rev. B*, **44**, 9170 (1991)
8) P. Pfluger *et al., Synth. Met.*, **3**, 27 (1981)
9) S. Mori *et al., J. Power Sources*, **68**, 59 (1997)
10) J. R. Dahn *et al., Electr. Chim. Acta*, **38**, 1179 (1993)
11) A. Satoh *et al., Solid State Ionics*, **80**, 291 (1995)
12) T. Zheng and J. R. Dahn, *Phys. Rev. B*, **53**, 3061 (1996)

13) M. Jean *et al.*, *J. Electr. Chem. Soc.*, **142**, 2122 (1995)
14) R. V. Moshtev *et al.*, *J. Power Sources*, **56**, 137 (1995)
15) J. M. Chen *et al.*, *J. Power Sources*, **54**, 494 (1995)
16) K. Takei *et al.*, *J. Power Sources*, **55**, 191 (1995)
17) A. K. Sleigh and U. von Sacken, *Solid State Ionics*, **57**, 99 (1992)
18) K. Takei *et al.*, *J. Power Sources*, **54**, 171 (1995)
19) J. O. Besenhard, In: Progress in Intercalation Research, p.457, Kluwer Academic Publishers (1994)
20) T. Zheng and J. R. Dahn, *Synth. Met.*, **73**, 1 (1995)
21) T. Zheng and J. R. Dahn, *Phys. Rev. B*, **53**, 3061 (1996)
22) J. O. Besenhard *et al.*, *J. Power Sources*, **54**, 228 (1995)
23) R. Fong *et al.*, *J. Electr. Chem. Soc.*, **137**, 2009 (1990)
24) J. R. Dahn *et al.*, *Electr. Chim. Acta*, **38**, 1179 (1993)
25) A. Satoh *et al.*, *Solid State Ionics*, **80**, 291 (1995)
26) K. Tatsumi *et al.*, *J. Electr. Chem. Soc.*, **142**, 1090 (1995)
27) M. Endo *et al.*, *J. Phys. Chem. Solids*, **57**, 725 (1996)
28) R. Kostecki *et al.*, *J. Electr. Chem. Soc.*, **144**, 3111 (1997)
29) S. Flandroisa and B. Simon, *Carbon*, **37**, 165 (1999)
30) S. Flandrois *et al.*, *Mol. Cryst. Liq. Cryst.*, **310**, 389 (1998)
31) J. Maire and J. Méring, In: Chemistry and physics of carbon, vol. 6, p.125, Marcel Dekker (1970)
32) I. Kuribayashi *et al.*, *J. Power Sources*, **54**, 1 (1995)
33) E. Rennebro *et al.*, *J. Electr. Chem. Soc.*, **151**, 1738 (2004)
34) M. Nishijima *et al.*, *J. Power Sources*, **68**, 510 (1997)
35) J. Cabana *et al.*, *Chem. Mater.*, **20**, 1676 (2008)

第2章　ヘテロ原子-ドープカーボンの触媒活性

尾崎純一*

1　はじめに

　カーボン材料は，原料やその作り方によって構造，物性そして化学的特性が変化する特性を持つという点で，魅力的な材料である。しかしながら，その構造は複雑であり，構造と特性の相関は未解明の部分が多い。本稿では，ヘテロ元素の導入によりもたらされるカーボン材料の電気化学的触媒活性，特に我々が研究している酸素還元反応（ORR）に対する触媒活性について述べる。残念ながら，筆者はリチウムイオン電池には不案内であるため，本書のタイトルであるリチウム二次電池に直接関わる話題を提供することはできない。しかしながら，ここで紹介する内容が読者のリチウムイオン電池研究を行う上で何らかの役に立てば幸いである。

2　カーボンの触媒作用と触媒設計への道のり

　カーボン材料の表面が触媒活性を示すことはよく知られた事実である。例えば，Bansalら著 "Active Carbon" には "Catalytic Reactions of Carbons" の節があり，そこには次の反応に対する触媒活性が紹介されている[1]。H_2S の酸化反応，Fe^{2+} の酸化反応，亜硫酸の酸化反応，シュウ酸の酸化反応，クレアチンの酸化反応，n-ブチルメルカプタンの酸化反応，過酸化水素の分解反応などである。また，書籍『活性炭の応用技術』には，上述の酸化反応だけでなく，ハロゲンを含む反応，脱水素反応，酸化・脱水反応，還元反応，単量体の合成反応，異性化反応，重合反応と，広範な反応に対して触媒活性を示すことが記されている[2]。カーボン材料が電気化学的反応に及ぼす触媒効果は，Kinoshita の成書 "Carbon: electrochemical and physicochemical properties" にまとめられている[3]。この本では，カーボン自体の電気化学的酸化からカーボンを電極触媒として起こる反応，酸素還元（Oxygen Reduction Reaction：ORR），酸素発生（Oxygen Evolution Reaction：OER），過酸化水素分解反応，ハロゲン酸化反応ならびに発生反応などの事例が多く紹介されている。

　カーボン触媒の活性は，熱処理や表面官能基の導入，そして酸処理，異種元素の導入によってその活性が変化する。これらの事実より，カーボン触媒上に存在する触媒活性点として，①カーボンそのもの，②表面官能基，③異種原子，④金属不純物が候補として考えられる。上記の通り

＊　Jun-ichi Ozaki　群馬大学　大学院理工学府　附属元素科学国際教育研究センター
　　教授／センター長

カーボン材料の構造は複雑であり，触媒活性を担う構造や組成などの要因を明確にすることは難しい。したがって，カーボン触媒は，図1のようにハッチングした長方形や元素記号"C"として表現されることが多かった。これらのカーボン表面に存在する活性点の化学構造を知ることが，カーボン触媒科学を発展させる上で重要な課題である。図2に示すように，触媒の3要素として，活性，選択性，寿命がある。活性と選択性は，活性点の種類およびその構造を見極め，反応過程を理解することで，コントロールできる。また，寿命は，活性点が壊れる条件が明らかになれば，それを防ぐ方法を考えることで実現できる。つまり，カーボン材料の表面が示す多様な触媒作用が，カーボンのどのような特性，さらには表面構造に由来するのかを解明することが重要な課題になる。筆者は，カーボン材料表面の構造・物性・反応性の関連性を理解することで，対象とする反応に適したカーボン材料を構築する触媒設計の獲得を目標とし研究を進めている。

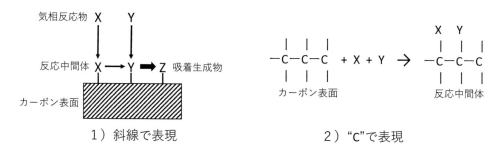

図1　カーボン触媒の表記法

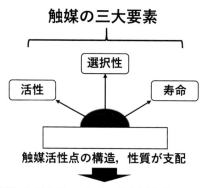

図2　触媒の三大要素とそれを支配する活性点の構造・特性

第2章　ヘテロ原子-ドープカーボンの触媒活性

3　固体高分子形燃料電池カソード触媒用カーボンアロイ触媒

　燃料電池は水素を燃料とするクリーンなエネルギー源として期待されている。特に低温で作動する固体高分子形燃料電池（Polymer Electrolyte Fuel Cells：PEFC）は，家庭用，自動車用そしてバックアップ用電源として開発の進められている燃料電池である。この燃料電池の特徴は，プロトン導電性を持つ高分子膜を電解質とする80℃程度の低温で作動するところにある。このため，電気自動車やフォークリフトなどのモビリティー用途，家庭用電源や災害時のバックアップ電源などとしての利用が期待されている。2014年12月15日にトヨタ自動車㈱より世界に先駆けて燃料電池自動車「MIRAI」が発売され，今後，水素源の開拓と確保，そして水素ステーションなどのインフラ整備とともに普及していくことが期待される。

　PEFCの実用化に向けた問題点として，カソード触媒として多量の白金を必要とすることがある。固体高分子形燃料電池の模式図を図3に示す。負極（アノード）に導入されたH_2は，触媒により水素イオン（H^+）と電子（e^-）に解離する。これが水素酸化反応（HOR）である。生成したH^+とe^-は，それぞれ電解質膜と外部回路を通り，反対の正極（カソード）に到達する。この過程で電子は負荷に対して電気的な仕事をさせる。正極にはO_2が供給され，別々の経路を通ってきたH^+およびe^-と反応し，H_2Oを生成する。この正極で起こる反応が酸素還元反応（ORR）である。ORRは，HORに比べ起こりにくく，燃料電池が十分に発電特性を出すためには，負極で生成した電子とプロトンが正極に移動し，酸素によりバランスよく消費されることが必要である。このバランスが取れていないと，電池全体としての性能は反応速度の低い正極により決定されることになる。したがって，正極で起こるORRの速度を高くする必要があり，正極

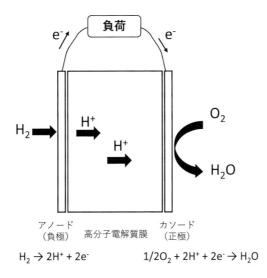

図3　固体高分子形燃料電池の原理

には負極に比べ多量の白金触媒が用いられてきた。白金は，高価な貴金属であり，その生産量と産地も限定された資源である。このため，白金を触媒とする限りPEFCの普及が妨げられることになる。白金に代わる触媒の開発が望まれてきた。白金代替カソード触媒として，多くの物質が検討されてきたが，最近はカーボン系材料に注目が集まっている。我々の開発したカーボンアロイ触媒は，カーボンアロイ[4]の概念を用いることでカソード触媒活性を付与したカーボン材料である。ナノシェル含有カーボン（Nanoshell-Containing Carbon：NSCC）[5,6]とBNドープカーボンを2000年代に見出し[7,8]，日清紡ホールディングス㈱のチームと共同で発展させ，2017年9月に世界初の非貴金属カソード触媒を用いたポータブル型固体高分子形燃料電池の実用化に成功している[9]。

4 ヘテロ元素ドープカーボンのORR触媒活性

4.1 窒素ドープカーボン

カーボン表面が酸素還元活性を示すことはよく知られている。卑近な例で言えば，化学体験教室で有名な木炭とアルミ箔と塩水から作る電池がある。この電池の正極反応は木炭表面に吸着した酸素分子が還元される反応，すなわちORRであり，負極反応はアルミ箔の溶解であるイオン化反応である。カーボンに窒素を導入することでORR活性が増加することは1960年代から知られている[3]。

なぜ，窒素が導入されるとORR活性が増加するのか。多くの説明が提示されてきた。Strelkoらは窒素や他の元素をグラファイト網面にドープした際の電子状態を分子軌道法により計算し，バンドギャップがドープされた窒素の化学状態に依存して変化し，それに伴いORR活性が増加することを報告している[10]。窒素ドープによるORR活性増加の説明として，窒素によりもたらされた炭素構造の乱れと，炭素網面に導入された窒素の化学的な作用の2つが提示されている。Matterらは，アセトニトリルの気相化学蒸着法により窒素ドープカーボンを合成し，高いORR活性を示すカーボンにはピリジン型窒素が含まれていること，そして，これがカーボンのエッジの存在を示すマーカーであると捉えている[11]。Maldonadoらはフェロセンとピリジンの混合ガスを原料とするCVD法により得た窒素ドープカーボンナノチューブのORR活性を検討し，得られたCNT上には窒素ドープにより生成した乱れたエッジが見られることを報告している[12]。窒素導入がもたらす電子的，化学的な効果からの議論は，量子化学計算を用いた議論が展開されている。Gongらは高いORR活性を示す垂直配向した窒素ドープCNTを調製し，そのORR活性が網面に埋め込まれた窒素とStone-Wales型欠陥によりもたらされると考えた。特に，正に帯電した炭素原子に注目し，それが酸素分子の吸着を変化させることをDFT計算より示している。ここでは，電気陰性度の高い窒素原子が，炭素原子の帯電を促すと考えている[13]。Ikedaらは，窒素で置換したグラファイト網面の第一原理計算を行い，炭素網面のジグザグ面に存在するグラファイト窒素が，隣接する炭素原子を活性化する結果を得てい

第2章 ヘテロ原子-ドープカーボンの触媒活性

る[14]。GuoらはHOPG表面をエッチングして得たエッジに窒素を導入することで、ピリジン型窒素を多く有するモデルカーボン触媒を調製し、このピリジン型窒素がORR活性を支配していることを報告している[15]。古くから研究されている窒素ドープであっても、その作用については未解明の部分が多い。この問題の解決には、Guoらが行っているような窒素の状態を単一にする手法を用いること、ORR活性評価の条件（例えば、酸性か塩基性かなど）を統一することなどの検討が必要である。

4.2 その他の異種元素ドープカーボン

カーボンへの単一元素ドープの例として、ホウ素[7,16,17]、リン[18,19]、硫黄[20~22]やハロゲンなどが検討され、ORR活性の増加が報告されている。GongらのドープによるORR活性増加の解釈は、炭素原子よりも電気陰性な原子がドープされた場合には成立するが、炭素原子より電気陰性度の低いホウ素やリン、または炭素原子と同程度の硫黄をドープした場合には適用できないという問題点が指摘されている[23]。

4.3 複合ドープカーボン

これらの元素を複合させたらORR活性はどのように変化するのだろうか。筆者は素朴に、13族元素であるホウ素と15族元素である窒素を同時にドープしたらどうなるか興味を持ち、BNドープカーボンを調製した[7,8]。その結果、単独ドープよりも高いORR活性を示す複合効果が得られた。半導体の価電子制御では、14族のケイ素にドープされた13族元素はアクセプターとして作用し正孔（ホール）を生成する。これに対し、15族元素は電子を1個供出するドナーとして作用する。このような電子的特性が正反対の元素を導入すると、その効果は相殺されてしまうと考えられる。ところが、図4に示すようにORR活性は増加した。カーボンブラックに対し六方晶窒化ホウ素（h-BN）をメカノケミカルに導入することでもBNドープカーボンは得られ、そのORR活性は増加した[24]。

4.4 BNドープカーボン

我々の複合ドープに関する研究の4年後、垂直配向したBNドープCNTが高いORR活性を示すことが報告された[25]。その後、ホウ素と窒素原子の存在状態に関する研究や、他の元素との組み合わせについての研究が数多くなされるようになった。これまで報告されている2種類の元素を複合ドープする例としては、BNの他に、NP[26~32]、NS[33~39]などがある。さらには、3種類の元素を複合ドープしORR活性が増加する例も報告されている[40~42]。上述のように、1種類の元素である窒素ドープ系についても、ORR活性が増加するメカニズムは十分に理解されていない現状がある。多元素ドープにより確かにORR活性は増加する。しかし、現象を理解することで触媒設計指針を得、さらにそれを制御しつつ分子を組み立てるための化学を構築するためには、従来とは異なる理解のためのアプローチが必要となるであろう。

171

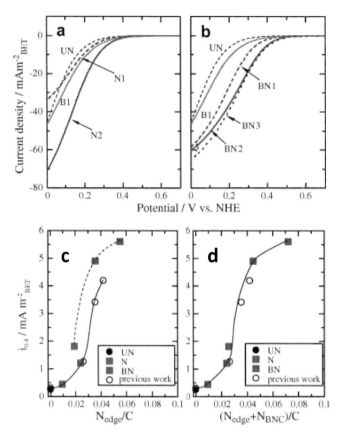

図4　BNドープカーボンの酸性条件下のORR触媒活性（a, b），ならびにその活性とドーパント化学状態の関係（c, d）

4.5　PNドープカーボン[43]

　従来，PNドープカーボンを得る方法として，［窒素含有ポリマー＋リン含有化合物］混合物や，窒素とリンを両方含むイオン液体の炭素化が用いられてきた[44〜48]。つまり，特殊な化合物が必要だった。我々は，図5に示す制御リン酸処理（Controlled Phosphoric Acid Treatment：CPAT）を考案した。この方法は，上記のような特殊な原料を用いることなく，種々の特性を持つPNドープカーボンの調製を可能にする。葉酸（Folic acid：FA，$C_{19}H_{19}N_7O_6$）は，ビタミンMとも言われ，ほうれん草やレバーなどに含まれる化合物で，入手しやすい窒素原料である。CPATは，窒素を含む分子をリン酸と混合し，それを所定温度（200〜800℃）で熱処理することでリンと窒素を含むカーボン原料を得る方法である。これをさらに1000℃で熱処理することで，PNドープカーボンが得られる。CPAT温度を変えることで，カーボン原料に含まれるヘテロ元素量を変えることができ，それが最終的生成物であるPNドープカーボンの特性を決定する。我々は，CPAT温度700℃で処理し，それを1000℃で熱処理して得られたPNドープカー

第2章 ヘテロ原子-ドープカーボンの触媒活性

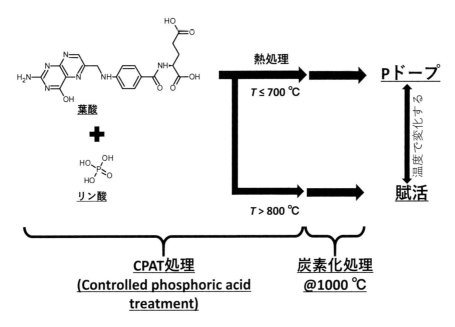

図5 制御リン酸処理（Controlled Phosphoric Acid Treatment：CPAT）の概念

ボン（PH700）が図6に示すように高いORR活性を示し，かつこれをカソードとして組んだ燃料電池単セルの発電特性を報告している。PH700にはP-C結合が含まれることがX線光電子分光測定（XPS）より推定され（図7），さらにその表面には薄い湾曲した網面が存在していることが透過型電子顕微鏡（TEM）観察より明らかになった（図8）。また，このサンプルの振動容量法で求めた仕事関数は最小となり，フェルミ準位が他のサンプルに比べて上昇していることがわかった。これらの因子が，ORR活性の増加に寄与することが示されたが，それらがどのように関与するかについては未解明のままである。

4.6 ナノシェルカーボンと異種元素ドープ

カーボンアロイ触媒のもう1つのタイプとして，ナノシェル含有カーボンがある。このカーボンは，遷移金属錯体をカーボン前駆体であるポリマーに混合し，炭素化することにより得られる材料である。ここで遷移金属は炭素化過程を修飾し，ナノシェル構造を作るために導入され，炭素化終了後，酸処理により除去される。ナノシェルは，図9に示したように直径20～30 nmの球殻構造を持つカーボンである。図10は，ナノシェルの発達程度を表すパラメーターf_{sharp}に対して，遷移金属錯体の種類を変えて調製したNSCCのORR活性をプロットしたものである[6]。2つの曲線が示されているが，まずいずれの曲線もナノシェルの発達程度とともにORR活性は増加するがある値で減少に転じる傾向を示している。次に，同じf_{sharp}で比較すると，フタロシアニンを原料として用い調製したNSCCのORR活性の方が，フェロセンやアセチルア

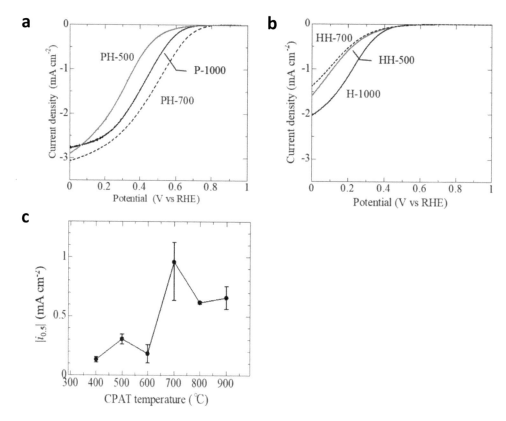

図6 葉酸のCPAT処理により調製したPNドープカーボンの酸性条件下のORR活性
（a）PNドープカーボン，（b）Nドープカーボン，（c）ORR活性のCPAT温度依存性

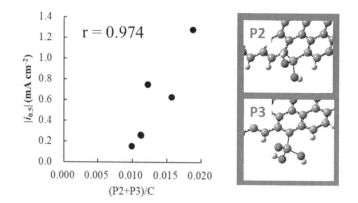

図7 葉酸のCPAT処理により調製したPNドープカーボンのORR活性とリン酸化学種の関係

第 2 章　ヘテロ原子-ドープカーボンの触媒活性

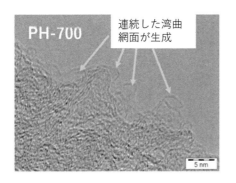
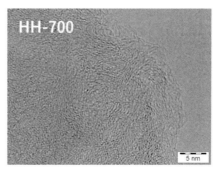

CPATにより調製したカーボン　　　　　CPATなしで調製したカーボン

図8　葉酸の CPAT 処理により調製した PN ドープカーボンの透過型電子顕微鏡像の比較
PH-700：PN ドープカーボン，HH-700：同条件で作った N ドープカーボン

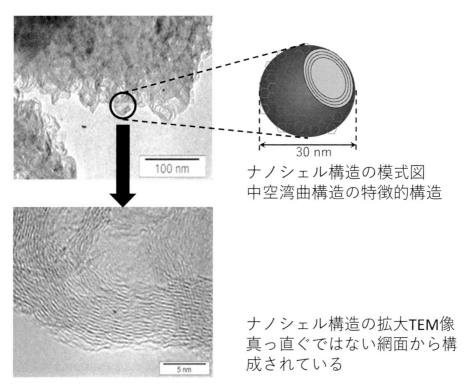

ナノシェル構造の模式図
中空湾曲構造の特徴的構造

ナノシェル構造の拡大TEM像
真っ直ぐではない網面から構成されている

図9　ナノシェル含有カーボンの構造

セトン錯体を用いて調製した NSCC よりも高い。フタロシアニン錯体から調製した NSCC には窒素が含まれているが，他の錯体を用いて調製した NSCC には含まれていない。このことより，NSCC においても窒素ドープが有効であることがわかる。我々は，カーボン前駆体に，異なる

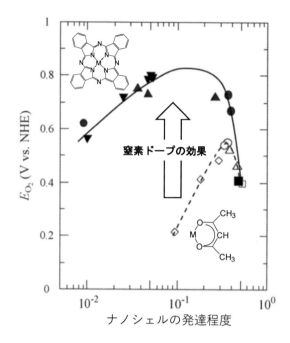

図 10 ナノシェル含有カーボンに含まれるナノシェル発達程度と酸性条件下 ORR 触媒活性の相関

比率で鉄フタロシアニンと銅フタロシアニンを添加し炭素化し，Fe：Cu ＝ 25：75 のときに最大 ORR 活性が得られることを示している[49]。Fe はナノシェル構造を作る作用を，Cu は窒素を導入する作用をそれぞれ有しており，最大活性を示した材料では乱れたナノシェルと高い窒素導入量が認められた（図 11）。NSCC 形成時にホウ素と窒素を導入したところ，ORR 活性の増加が認められた[50]。このことは，BN ドーピングも NSCC に対して効果があることを意味している。ただし，NSCC へのドーピングは，ナノシェル構造の形成にも影響を与え，乱れた積層構造が得られており，単純に窒素やホウ素が炭素網面に組み込まれた効果のみではない。

5　結論

固体高分子形燃料電池は，地球温暖化の原因である CO_2 排出量を減らすための方策である水素エネルギー社会実現の鍵となるエネルギー変換装置である。その実現には，資源的に希少な貴金属である白金を代替する正極触媒が必要である。その有力な候補としてカーボン系触媒が注目されており，世界中でその活性，選択性，耐久性向上のための材料調製，そして活性点解明に関する研究が精力的に進められている。本稿では，異種元素ドープの観点から，カーボン正極触媒を概観した。古くからカーボンの触媒活性発現に寄与することが知られている窒素から始まり，その原子の大きさから炭素六角網面には組み込まれないような元素である硫黄やリンまでが俎上

第2章 ヘテロ原子-ドープカーボンの触媒活性

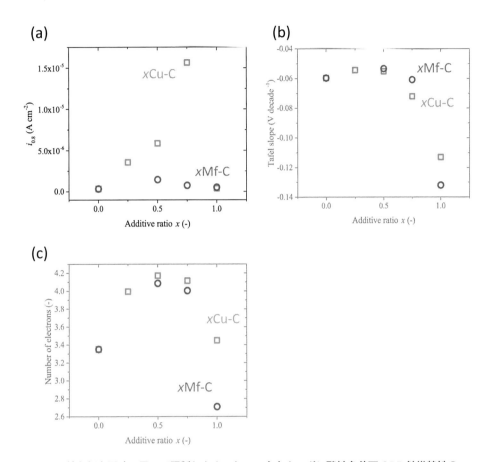

図11 鉄と銅を同時に用いて調製したナノシェル含有カーボン酸性条件下ORR触媒特性の銅添加量依存性
（a）ORR反応活性，（b）Tafel勾配，（c）反応関与電子数

に載せられ，性能向上に寄与することが示されてきた。さらには複合ドープで2元系から3元系，さらには天然物を原料とすることでさらに多くの元素を含む複雑な系までその範囲は拡張され，複雑さを増している。多種類の元素や助触媒を導入していくことは，触媒の実用化のプロセスとしては自然の流れである。その一方で，この研究には「カーボンの触媒特性を異種元素により促進する」という学術的な面からの関心も大いにある。我々は，カーボン触媒を用いた燃料電池が実用化されるというエキサイティングな時代にあり，この学術的な課題に対する基礎研究を進めていく駆動力は十分にある。今が，カーボン表面で起こる反応を丁寧に探り，それを理解する好機であると考えている。この研究を進めていくことで，新たなカーボン材料の方向性が見えてくると考えている。

リチウムイオン二次電池用炭素系負極材の開発動向

文　　献

1) R. C. Bansal *et al.*, Active Carbon, p.413, Dekker (1988)
2) 稲葉隆一, 活性炭の応用技術（立本英機ほか編）, p.517, テクノシステム (2000)
3) K. Kinoshita, Carbon: Electrochemical and Physicochemical Properties, p.360, John Wiley & Sons (1988)
4) Y. Tanabe *et al.*, *Carbon*, **38**, 329 (2000)
5) J. Ozaki *et al.*, *J. Appl. Electrochem.*, **36**, 239 (2006)
6) J. Ozaki *et al.*, *Electrochim. Acta*, **55**, 1864 (2010)
7) J. Ozaki *et al.*, *Carbon*, **44**, 3358 (2006)
8) J. Ozaki *et al.*, *Carbon*, **45**, 1847 (2007)
9) https://www.nisshinbo.co.jp/news/pdf/1645_1_ja.pdf
10) V. V. Strelko *et al.*, *Carbon*, **38**, 1499 (2000)
11) P. Matter *et al.*, *J. Phys. Chem. B*, **110**, 18374 (2006)
12) S. Maldonado *et al.*, *J. Phys. Chem. B*, **109**, 4707 (2005)
13) K. Gong *et al.*, *Science*, **323**, 760 (2009)
14) T. Ikeda *et al.*, *J. Phys. Chem. C*, **112**, 14706 (2008)
15) D. Guo *et al.*, *Science*, **351**, 361 (2016)
16) L. Yang *et al.*, *Angew. Chem. Int. Ed.*, **50**, 7132 (2011)
17) C. H. Choi *et al.*, *ACS Nano*, **6**, 7084 (2012)
18) X. Zhang *et al.*, *J. Power Sources*, **276**, 222 (2015)
19) L. Zhang *et al.*, *J. Phys. Chem. C*, **118**, 3545 (2014)
20) Z. Yang *et al.*, *ACS Nano*, **6**, 205 (2012)
21) I. Jeon *et al.*, *Adv. Mater.*, **25**, 6138 (2013)
22) M. Seredych *et al.*, *ChemCatChem*, **7**, 2924 (2015)
23) N. Yang *et al.*, *Chem. Sci.*, **9**, 5795 (2018)
24) J. Ozaki *et al.*, *TANSO*, **2007**, 153 (2007)
25) S. Wang *et al.*, *Angew. Chem. Int. Ed.*, **51**, 4209 (2011)
26) D. Kim *et al.*, *Phys. Chem. Chem. Phys.*, **17**, 407 (2015)
27) J. Zhang *et al.*, *Angew. Chem. Int. Ed.*, **55**, 2230 (2016)
28) M. D. Bhatt *et al.*, *J. Phys. Chem. C*, **120**, 26435 (2016)
29) H. Jiang *et al.*, *Carbon*, **122**, 64 (2017)
30) M. Bonghei *et al.*, *Appl. Catal. B Environ.*, **204**, 394 (2017)
31) J. Yang *et al.*, *Sci. Rep.*, **8**, 1 (2018)
32) H. Luo *et al.*, *Carbon*, **128**, 97 (2018)
33) J. Liang *et al.*, *Angew. Chem. Int. Ed.*, **51**, 11496 (2012)
34) W. Ai *et al.*, *Adv. Mater.*, **26**, 6186 (2014)
35) R. Li *et al.*, *ACS Catal.*, **5**, 4133 (2015)
36) K. Qu *et al.*, *Nano Energy*, **19**, 373 (2016)
37) J. Li *et al.*, *ACS Appl. Mater. Interfaces*, **9**, 398 (2017)

第 2 章　ヘテロ原子-ドープカーボンの触媒活性

38) C. Yang *et al., Nano Energy*, **54**, 192 (2018)
39) N. Chandrasekaran *et al., ACS Sustain. Chem. Eng.*, **6**, 9094 (2018)
40) H. Liang, *J. Am. Chem. Soc.*, **135**, 16002 (2013)
41) S. Zhao *et al., ACS Appl. Mater. Interfaces*, **6**, 22297 (2014)
42) S. Huang *et al., Adv. Funct. Mater.*, **27**, 1606585 (2017)
43) R. Kobayashi *et al., Beilstein J. Nanotechnol.*, **10**, 1497 (2019)
44) J. Gao *et al., J. Solid State Electrochem.*, **22**, 519 (2018)
45) R. Li, *ACS Catal.*, **5**, 4133 (2015)
46) F. Razmjooei, *Carbon*, **78**, 257 (2014)
47) D. von Deak *et al., Carbon*, **48**, 3637 (2010)
48) J. C. Li *et al., Carbon*, **139**, 156 (2018)
49) T. Ishii *et al., Carbon*, **116**, 591 (2017)
50) T. Ishii *et al., Int. J. Hydrog. Energy*, **42**, 15489 (2017)

第3章 B/C/N系材料のリチウムイオン二次電池負極特性

川口雅之＊

1 はじめに

リチウム(Li)イオン二次電池は，ノートパソコンやスマートフォンなどを中心とした小型モバイル機器や電気自動車などの大型機器の電源として実用化され，ユビキタスネットワーク社会および再生可能エネルギーの蓄電を利用したゼロエミッション社会の実現に向けて重要な役割を果たしている。最近では，二次電池のさらなる性能向上が要望されており，正極・負極の高容量化などが必要となっている。現在，負極にはLiを可逆的に挿入（インターカレート）するグラファイトがホスト材料として使用されているが，理論容量が372 mA h/gで限界があるため，易黒鉛化性炭素（ソフトカーボン）[1～3]や難黒鉛化性炭素（ハードカーボン）[1,4～6]などをホスト材料に用いる研究開発も行われている。

筆者らは，グラファイト様層状構造を有し，ホウ素／炭素／窒素から成る材料（B/C/N材料）とホウ素／炭素から成る材料（B/C材料）を作製し，Liイオン二次電池負極[7]やナトリウムイオン二次電池負極[8]への応用を検討してきた。本稿では，B/C/N材料とB/C材料を合わせてB/C/N系材料と呼ぶ。B/C/N系材料のLiイオン二次電池負極特性を調べた結果，グラファイトの容量を超える580 mA h/g以上を示すことが分かった。ただ，充放電の際に負極としての電位の変化がグラファイトの場合とは異なり，電位がなだらかに変化するが，その明確な理由については分かっていない。この理由が解明できれば，組成制御などにより，負極としての電位や容量の制御を可能にすることが期待される。

本稿では，さまざまな条件で作製したB/C/N系材料について，Liイオン二次電池特性を測定した結果を示す。また，元のB/C/N系材料の結晶構造や電子構造と充放電特性との関連を調べ，グラファイト様層状構造に含まれるホウ素や窒素がLiイオン二次電池負極特性に及ぼす影響を考察する。

＊ Masayuki Kawaguchi 大阪電気通信大学 工学部／エレクトロニクス基礎研究所 教授／所長（兼）

第3章　B/C/N系材料のリチウムイオン二次電池負極特性

2　B/C/N系材料の作製と生成物

2.1　B/C/N材料とB/C材料の作製

　B/C/N系材料の作製方法として，固相反応，固気反応，前駆体経由熱分解法，化学気相蒸着（CVD）法などが用いられている[9]。その中でもCVD法を用いると，組成制御が容易で比較的結晶性の高い材料が得られることが分かっている。筆者らはこれまで，CVD法を用いてさまざまな組成のB/C/N材料を作製してきた。その際，原料ガスの種類，モル比，作製温度を変えることによって，組成や結晶性が変化することは分かっており，いくつかの例を後に挙げて説明する。

　B/C/N系材料の膜（B/C/N膜とB/C膜）については，化学気相蒸着（CVD）装置を用いて作製している。B/C/N膜の場合は，高周波誘導加熱した1470 K，1770 Kあるいは2070 Kのカーボンサセプターの入った反応管内に，出発原料である三塩化ホウ素（BCl_3）とアセトニトリル（CH_3CN）をモル比 $BCl_3 : CH_3CN = 1:1$ あるいは $2:1$ で2～12時間導入して堆積させた。一方，B/C材料の場合は，1170 Kに加熱したカーボンサセプターの入った反応管内に，出発原料である BCl_3 とエチレン（C_2H_4）をモル比 $BCl_3 : C_2H_4 = 4:3, 1:3, 1:6$，あるいは $1:12$ で6時間導入して堆積させた。反応終了後，作製した膜をサセプターから剥がし，一部の膜については，乳鉢で粉砕し，ステンレス篩を用いて45 μm以下の粉末にした。本稿では，例えばモル比 $BCl_3 : CH_3CN = 1:1$ で1770 Kで作製したB/C/N材料をB/C/N (1770 K, 1:1)，あるいはモル比 $BCl_3 : C_2H_4 = 4:3$ で1170 Kで作製したB/C材料をB/C (1170 K, 4:3) と記載する。

2.2　生成物の組成

　作製した材料の組成について，ESCAでも推定は可能であるが，ここでは精度の高い元素分析により求めた組成を示す。まずホウ素については，材料に炭酸ナトリウムを加えて混合して電気炉でアルカリ溶融して分解し，溶融物を純水および塩酸で溶解・希釈して溶液とし，ICP発光分析法で測定した。アルカリ溶融した際に目視で分解が確認できるため，ホウ素含有量は精度の高い方法と考えられる。次に炭素，窒素および水素の分析については，燃焼法による有機微量分析を用いた。この分析では微量の試料で測定ができる半面，B/C/NおよびB/C材料が難燃性であるため，完全燃焼させることが難しい。このため，100 wt％から信頼性の高いホウ素含有量を差し引いた値について，燃焼法による炭素，窒素および水素の分析値で按分して，その値を炭素，窒素および水素の含有量とした。

　得られたB/C/N材料の組成を表1に示す。B/C/N材料の場合，原料モル比2:1で行うと作製温度による組成の変化はあまりなかったのに対し，モル比1:1で行うと2:1の場合に比べB/C/N膜に含まれる炭素の比率が高くなった。これは，BCl_3 と CH_3CN 分子の衝突の確率や作製温度による対流の影響が作用していると考えられる。また，作製温度が高くなるにつれて

表1　原料モル比 BCl_3:CH_3CN = 1:1 と 2:1 で作製した B/C/N 材料の組成[10]

Temperature / K	B/C/N (1:1)	B/C/N (2:1)
1470	$BC_{6.5}N_{1.0}$	$BC_{2.2}N_{0.77}$
1770	$BC_{4.7}N_{0.75}$	$BC_{2.2}N_{0.76}$

表2　原料モル比 BCl_3:C_2H_4 と 1170 K で作製した B/C 材料の組成[11]

BCl_3:C_2H_4	4:3	1:3	1:6	1:12
Composition	$BC_{7.9}$	BC_{15}	BC_{16}	BC_{27}

得られる膜の重量も増加した。作製温度を 2070 K 以上にすると，副生成物の炭化ホウ素 B_4C がわずかに検出されたので，表1には組成を入れていない。

以上より，原料モル比1:1と2:1を比較したとき，2:1の方が安定した組成の材料を作製できることが分かった。言い換えると，原料モル比と作製温度を変えることによって，さまざまな組成の材料を作製できると言える。

次に，得られた B/C 材料の組成を表2に示す。B/C 膜のホウ素含有量は原料モル比 BCl_3/C_2H_4 が大きくなるに従い大きくなり，モル比4:3の場合に約 BC_8 の組成であった。作製温度が 1270 K 以上になると，わずかであるが副生成物の B_4C が XRD で検出されたので，作製温度を 1170 K としている。

2.3　B/C/N 系材料の結晶構造

作製した B/C/N 材料や B/C 材料は基本的にグラファイト様層状構造を有している。図1に，モル比 BCl_3:CH_3CN = 1:1 で作製した B/C/N 粉末の XRD パターンを示す。グラファイトの(00l)回折線と類似した位置に比較的シャープな回折線が観察された。ただ，グラファイトのように(100)と(101)回折線が分離せず，ブロードな(10)回折線を示すことから，積層順序がランダムな乱層構造を有することが分かる。作製温度が高くなるほど(00l)回折線がシャープになり，c軸方向の結晶性が向上したが，2070 K 以上ではわずかに副生成物の B_4C が検出された。表3に具体的に，グラファイトの(002)回折線に相当する B/C/N 材料の回折線の d 値と半値幅（FWHM）を示す。作製温度が高くなるとグラファイトの(002)回折線に相当する回折線の半値幅が小さくなり結晶性が高くなったことが分かる。これは，結晶性の低い炭素材料を高温で熱することによって結晶性が高くなる効果（黒鉛化）[12, 13]と類似した効果が B/C/N 材料にも起こったと考えられる。モル比2:1で作製した B/C/N 材料についても1:1の場合とほぼ同じ傾向であった。

第3章 B/C/N系材料のリチウムイオン二次電池負極特性

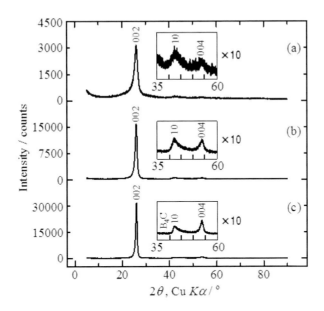

図1 原料モル比 BCl$_3$:CH$_3$CN = 1:1 で,(a)1470 K,(b)1770 K,および(c)2070 K で作製したB/C/N材料のX線回折パターン[10]

表3 原料モル比 BCl$_3$:CH$_3$CN = 1:1 で1470 K,1770 K および2070 K で作製したB/C/N材料の(002)回折線から求めた面間隔および半値幅(FWHM)[10]

Sample	$d_{(002)}$/nm	FWHM of (002) peak
B/C/N (1470 K, 1:1)	0.343	1.36°
B/C/N (1770 K, 1:1)	0.343	0.98°
B/C/N (2070 K, 1:1)	0.342	0.72°

図2にB/C粉末のX線回折パターンを示す。1170 Kという低温で作製したにもかかわらず,シャープな(00l)回折線が観察され,c軸方向に比較的高い結晶性を有していることが分かった。ただ,B/C/N材料と同様,ブロードな(10)回折線を示すことから,積層順序がランダムな乱層構造を有することが分かった。表4には,原料モル比が異なる場合のグラファイトの(002)回折線に相当するB/C材料の回折線のd値,および半値幅(FWHM)を示す。これより,ホウ素の含有量が大きい(BCl$_3$:C$_2$H$_4$ = 4:3で作製した)B/C材料の方が高い結晶性を示した。これらの結果は,B/C材料内のホウ素が材料の結晶性を向上させる役割を担っていることを示唆している。

炭素材料にホウ素を導入した研究としては,1967年Lowellによる報告例がある[14]。この際は固相法で作製されており,ホウ素含有量は2.35 at%と少なかったが,微量のホウ素が材料の結晶性を向上させたと報告している。それ以降,CVD法やその他の方法でアプローチがなされて

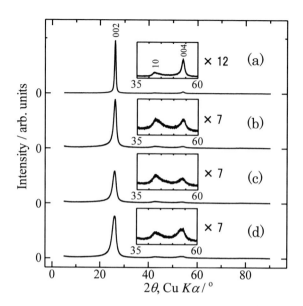

図2 1170 K で作製した B/C 材料の X 線回折パターン[11]
原料モル比 $BCl_3 : C_2H_4$ = (a) 4 : 3, (b) 1 : 3, (c) 1 : 6, (d) 1 : 12

表4 1170 K で作製した B/C 材料の(002)回折線から求めた面間隔および半値幅 (FWHM)[11]
原料モル比 $BCl_3 : C_2H_4$ = 4 : 3, 1 : 3, 1 : 6, 1 : 12

Sample	$d_{(002)}$/nm	FWHM of (002) peak
B/C (1170 K, 4 : 3)	0.342	0.60°
B/C (1170 K, 1 : 3)	0.341	1.30°
B/C (1170 K, 1 : 6)	0.343	1.70°
B/C (1170 K, 1 : 12)	0.344	1.92°

いる[15~18]。CVD 法で作製された例として，BC_3[15]，BC_5[16]，BC_8[10, 18]などの組成を有する材料が報告されている。これらの材料でもホウ素含有量が増加すると結晶性は向上していく傾向にあったと報告されている[16]。本報で報告した B/C/N 材料と B/C 材料と同様の温度で CVD 法を用いて炭素だけから成る材料を作製すると，図1および図2で示した材料より (00l) 回折線はブロードになり，B/C/N 材料や B/C 材料より結晶性の低い材料しか得られないことを確認している。この結果より，B/C/N 材料や B/C 材料に含まれるホウ素は，グラファイト様層状構造の c 軸方向の結晶性を向上させる役割を持ち，その中でも B/C 材料に対して，より効果的に作用することが分かる。

第3章 B/C/N系材料のリチウムイオン二次電池負極特性

3 電気化学インターカレーションと負極特性

3.1 Liイオン二次電池負極特性

　電気化学測定の際には，三極式セルを用いた。B/C/NあるいはB/C粉末に対して，アセチレンブラックとポリフッ化ビニリデンを20:2:1の比で混合して作用極とし，対極と参照極にLiあるいはNa金属を使用して組み立てた。電解質としてヘキサフルオロリン酸リチウム（$LiPF_6$）を使用し，エチレンカーボネート（EC）およびジエチルカーボネート（DEC）を体積比1:1に調製した混合溶媒に1 mol/Lになるように溶解し電解液として用いた。本稿では，1M-$LiPF_6$/EC + DECとして表記する。自然電位を測定した後，定電流充放電測定あるいはサイクリックボルタンメトリー（CV）などで評価した。

　以下では，Liを対極に（見かけ上，負極として）用いているので，電気化学的に挿入（インターカレーション）する際を放電と呼び，放出（デインターカレーション）する際を充電と呼んでいる。なお，B/C材料の方がB/C/N材料より容量が大きかったので，本稿ではB/C材料について紹介する。

　図3に原料モル比BCl_3：C_2H_4 = 4:3で1170 Kの温度で作製したB/C材料（組成$BC_{7.9}$）の1回目と5回目の充放電曲線を示す。また，比較のために，実際にLiイオン二次電池に使われているグラファイトを用いて同条件で測定した充放電曲線を示す。$BC_{7.9}$（図3）およびグラファイト（図4）の材料ともに，1回目の放電（Liインターカレーション）の際，0.7〜0.8 V

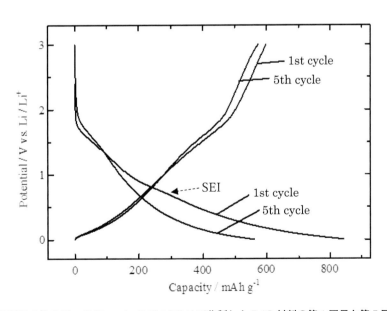

図3　原料モル比BCl_3：C_2H_4 = 4:3で1170 Kで作製したB/C材料の第1回目と第5回目の定電流充放電曲線[21]
電流密度：100 μA/cm^2，電解質溶液：1 M-$LiPF_6$/EC + DEC

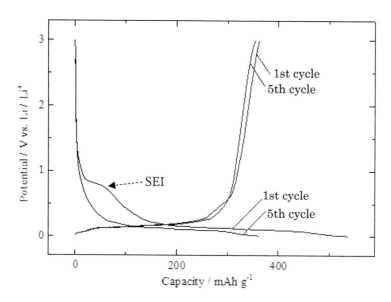

図4 グラファイトの第1回目と第5回目の定電流充放電曲線
電流密度：100 μA/cm², 電解質溶液：1 M-LiPF$_6$/EC + DEC

vs. Li/Li$^+$ の電位に平坦な部分（プラトー）が見られる。これは電極表面に固体電解質界面（SEI）と呼ばれる膜の形成に相当する[19,20]。この SEI 形成のために1回目の充放電効率が低下することが知られている。グラファイト同様，B/C 材料でもこの SEI 形成が起こっていることが分かる。

次に，図3と図4を比較すると B/C 材料の方が放電（インターカレーション）の開始時の電位が高く，次第に低くなっていることが分かる。また，B/C 材料の可逆容量が 580 mA h/g 以上あり，グラファイトの理論容量である 372 mA h/g より大きくなっている。これらの原因として，B/C 材料内のホウ素の影響が考えられる。我々は，B/C/N および B/C 材料の電子構造の中で，伝導帯の位置と形状が異なっていることを見出した[22,23]。Li などのアルカリ金属がグラファイトや B/C 材料のようなホスト材料にインターカレートされる場合，すなわちドナー型インターカレーションの場合，ホスト材料の空の伝導帯に電子が与えられる（図5）。これに関連して，実際の B/C/N 系材料の伝導帯を軟 X 線吸収分光分析により測定した結果をグラファイト（HOPG）と比較して図6に示す。この図は軟 X 線吸収端構造（XANES）と呼ばれ，横にすると図5のような伝導帯の一番エネルギーの低い部分を示している。図5と図6に示したように，B/C/N 系材料の伝導帯の一番低い部分のエネルギーはグラファイトより低く，これはアルカリ金属をインターカレートしやすいということを意味する。電気化学の観点で言い換えると，高い電位からインターカレーションが起こることを示す。このような理由で，伝導帯の底のエネルギーが低い B/C 材料には，高い電位から Li の電気化学インターカレーションが始まり，また，その結果としてグラファイトより大きな容量を示すと考えられる。

第 3 章　B/C/N 系材料のリチウムイオン二次電池負極特性

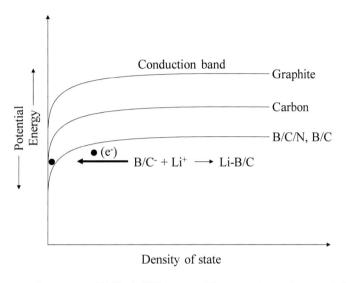

図 5　グラファイトや B/C/N 系材料の伝導帯とドナー型インターカレーション反応進行の模式図

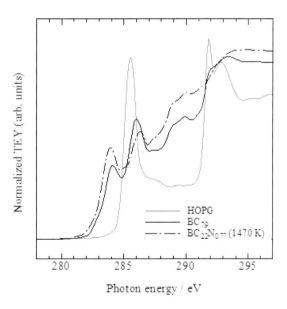

図 6　グラファイト (HOPG), B/C および B/C/N 材料の CK-XANES スペクトル[23]

以上のように，Liイオン二次電池の高容量化を目指すためには，材料の電子状態をよく知り，制御された材料作製を考える必要があるだろう。

4　おわりに

B/C/N材料とB/C材料をCVD法で作製した際，原料の種類・モル比・作製温度によって，生成した材料の組成や結晶性を制御できることを紹介した。

B/C材料には高電位からLiの電気化学インターカレーションが始まり，これは材料の電子状態，特に伝導帯のエネルギー位置が関連している。また，その結果として，B/C材料の容量はグラファイトの理論容量（372 mA h/g）より大きい580 mA h/g以上を示した。

今後，Liイオン二次電池の高容量化を目指すためには，材料の電子状態をよく知り，制御された材料作製を考える必要がある。

謝辞

本研究の一部は科研費（15H03852）より補助を受けて実施された。

文　　献

1) J. R. Dahn *et al., Science*, **270**, 590（1995）
2) T. Zheng *et al., J. Electrochem. Soc.*, **143**（7），2137（1996）
3) Z. Chen *et al., Electrochim. Acta*, **51**, 3890（2006）
4) J.-H. Lee *et al., J. Power Sources*, **166**, 250（2007）
5) T. Utsunomiya *et al., J. Power Sources*, **196**, 8598（2011）
6) H. Hori *et al., J. Power Sources*, **242**, 844（2013）
7) M. Kawaguchi *et al., J. Phys. Chem. Solids*, **67**, 1084（2006）
8) K. Yamada *et al., Electrochemistry*, **83**（6），452（2015）
9) M. Kawaguchi, *Tanso*, **2015**（267），84（2015）
10) 山田薫，博士論文（大阪電気通信大学），2017年3月
11) 石川弘通，永倉祥太郎，川口雅之，未発表データ
12) 炭素材料学会編，新・炭素材料入門，リアライズ理工センター（1996）
13) 大谷杉郎，炭素・自問自答，裳華房（1997）
14) C. E. Lowell, *J. Am. Ceram. Soc.*, **50**, 142（1967）
15) J. Kouvetakis *et al., Synth. Met.*, **34**, 1（1989）
16) B. M. Way and J. R. Dahn, *J. Electrochem. Soc.*, **141**, 907（1994）
17) U. Tanaka *et al., Carbon*, **39**, 931（2001）

第3章　B/C/N系材料のリチウムイオン二次電池負極特性

18) T. Shirasaki *et al., Carbon,* **37**, 1961 (1999)
19) 小久見善八，リチウム二次電池，オーム社 (2008)
20) E. Peled, *J. Electrochem. Soc.*, **126**, 2047 (1979)
21) 永倉祥太郎，川口雅之，未発表データ
22) M. Kawaguchi *et al., J. Electrochem. Soc.*, **157**, P13 (2010)
23) 石川弘通ほか，炭素，**2019** (287), 67 (2019)

第4章 炭素表面での反応のTEM観察

吉澤徳子*

1 はじめに

　透過型電子顕微鏡（TEM）はその名の通り，電子線が物質を透過する際の相互作用を利用し像を観察する顕微鏡である。一般にTEMと言えば，高倍率・高分解能を生かしたサブナノメートルオーダーの観察手段と理解される場合が多い。実際，炭素材料の場合には後述する炭素002格子像が比較的容易に観察され，これが炭素六角網面自体に相当するものとして微細構造の評価に役立てられてきた。一方，TEMが電子線の照射領域における局所的な結晶構造解析・分析を，像観察と並行して同一視野で実施できる装置である点も重要である。この場合，格子像が観察できるほどの高倍率だけでなく，粒子の形態との関連を理解したい場合は，マイクロメートルオーダーまでの広い視野を低倍率で観察することが必要となる。このようにTEMは基本原理や周辺知識を理解するほどより多角的な情報を試料から引き出すことができ，しかもより多彩な試料評価手段を研究者に提供する可能性に満ちた装置となる。

　リチウムイオン電池（LIB）では民生用を中心に黒鉛系負極が普及しているが，さらなる高性能を求め，各種炭素材料を用いた研究が進められている。多くの場合，バルク状態の組成と結晶構造を考慮した物質探索および特性評価が行われているが，さらに実用的な観点からは，電極と電解質の界面における物質移動，およびその経路となる電極表面構造が重要な意味を持つ。すなわちバルク状態として想定される電気化学反応が実際に起こり，また充放電サイクルが実用に耐えうる程度に進行するには，電極と電解液の界面を構成する活物質粒子の表面構造，界面にて生じる電気化学的挙動とそれに伴う構造変化を念頭に置いた設計を行う必要がある。

　本稿では黒鉛を含めた炭素系負極材料における電極表面反応を調べる手段としてのTEMに注目し，まず炭素材料表面のTEM観察に有用な観察技法，続いて一般的に知られる炭素材料のバルクおよび表面構造の特徴の概略を示す。さらに電極を構成する炭素粒子表面と電解液の界面における相互作用に関する知見を簡単に紹介し，最後に筆者が関与した炭素微小球による研究事例について述べる。

＊　Noriko Yoshizawa　産業技術総合研究所　創エネルギー研究部門　総括研究主幹

第 4 章　炭素表面での反応の TEM 観察

2　炭素表面構造の TEM 観察技法

2．1　TEM の基本構成

　図1に TEM の基本構成を示す。最上部にある電子銃（フィラメント，エミッタとも呼ばれる）から電子線が放出される。従来から用いられる LaB_6 などの熱電子放出型に対し，近年は高輝度・高干渉性の電子線が得られる電界放出型（FE）の電子銃を備えた装置が普及してきた。鏡筒内は高真空度が保たれ，放出された電子は加速され，照射系のコンデンサレンズを通り試料に照射される。試料を透過した電子は結像系の対物レンズを通過する。対物レンズの性能で像質がほぼ決定する。なお近年，対物レンズにおける収差補正装置（Cs コレクタなど）が開発され，これを取り付けることで TEM の分解能は飛躍的に向上している。TEM では原理的に高加速電圧ほど分解能が高くなるが，一方では高加速電圧で得られた電子線による観察時の試料ダメージが無視できず，炭素材料や軽元素を含む試料の場合は分解能を犠牲にして低い加速電圧での観察が従来行われてきた。収差補正装置の登場により，低加速電圧でも高分解能での観察が可能となり，電子線による損傷を抑制しながら原子レベルの繊細な構造を観察することが可能となってきた。

　対物レンズのすぐ下の後焦点面には対物絞りがあり，対物絞りを用いて電子の散乱角を制限し，像のコントラスト調整あるいは種類選択を行う。さらに下方には制限視野絞りがあり，後述する制限視野回折像の観察時に用いる。こうして得られた像は観察室の窓から確認でき，またその下のカメラ室に設置された CCD カメラなどで記録される。

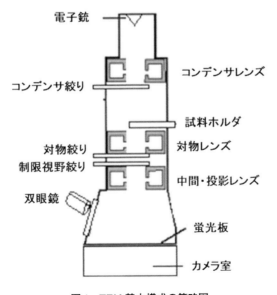

図1　TEM 基本構成の簡略図

191

一方，TEM内は高真空度を保つ必要があり，真空系統が厳密に制御されている。特殊な機構により試料付近を各種のガス雰囲気とし，表面反応を in-situ で観察できる機能を備えたTEMも市販されている。

2.2　炭素材料に用いられる各種TEM観察像

2.2.1　電子線回折像

　電子線回折像はBraggの式 $\lambda = 2d\sin\theta$（λ：電子線波長，d：格子面間隔，θ：回折角）に従い得られるパターンである。回折像の観察法として最も容易なのは制限視野回折法で，観察視野を制限視野絞りで選択し，0.1 μmφ程度までの特定領域の結晶学的情報，すなわち格子型や結晶方位，格子定数について調べることができる。高結晶性あるいは単結晶であれば，その周期構造と方位に応じたスポット状のパターンが出現し，多結晶の場合にはリングやアーク状のパターンが得られる。リングやアークの場合，透過スポット（回折像の中心の点）から見たこれら図形の広がりは，対象とする周期構造の配向の程度と関連付けられる。電子線回折像を取得した際の電子線波長 λ，カメラ長 L，格子面間隔 d，透過スポットから回折パターンまでの距離 R の間にはおよそ $L\lambda = Rd$ の関係がある。なおこの手法は電子線を視野全体に広げることが前提となる。粒子のごく表面では視野内に物質が存在しない領域，あるいは電子線平行方向の高低差が大きい領域が含まれがちであり，回折像に強度むらや歪みが生じる場合がある。この場合はより適切な試料位置で回折像を取得し直すか，視野内のマクロ構造を考慮し回折像の解釈を行う必要がある。

　制限視野回折法以外の電子線回折像の取得方法として，電子線自体を絞り照射領域を小さくする収束電子線回折法やマイクロビーム法がある。これらは設定が複雑であり，また定量的な解釈が難しい場合が多い。

2.2.2　明視野像・暗視野像

　明視野像は，散乱されずに物質を透過した電子線だけを用い構成される像であり，技法としては電子線回折像中心の透過スポットのみを対物絞りで選択することで得られる。電子線が試料に入射する際，試料の薄い部分は散乱される機会が少ないことから電子線を透過しやすいので明るくなり，逆に厚い部分は電子線が散乱されやすいので暗くなる。また電子線の散乱されやすさは物質を構成する元素の種類にも依存し，一般的には原子番号の大きい元素ほど電子線を散乱しやすいので像が暗くなる。また電子線回折を生じる部分も電子線がそのまま透過しないため暗くなる。このように電子線の散乱により得られる像の濃淡は散乱コントラストと呼ばれ，数万倍程度までの低～中倍率による広範囲の組織の解釈によく用いられる。

　一方，暗視野像は，回折を生じた電子線のみにより構成され，技法としては電子線回折像の特定の回折線を対物絞りで選択し得られる。すなわち暗視野像では選択した回折線を生じる領域のみが明るくなり，ほかの部分は暗くなる。同じ領域の明視野像と対比することで，特定の結晶構

第 4 章　炭素表面での反応の TEM 観察

造を有する領域のサイズと分布を確認する際に有用なテクニックとして用いられる。

2.2.3　格子像

　格子像は，原理的には透過電子線と回折された電子線をそれぞれ波と見なす際に得られる干渉像であり，通常は電子線回折像の中心と近傍の回折線が透過するように対物絞りをセットして観察する。実際にどの回折を結像に用いるかは対物絞りのサイズで調整される。炭素材料の場合は数十万倍を超える高倍率で 002 格子像がよく観察される。一方，回折現象は電子線と格子面が Bragg 式を満たす位置関係になければ生じない。したがって回折が生じない角度で電子線が格子面に当たった場合，例えそこに格子面が存在していても格子像は出現しない。なお TEM の電子線の波長は大変短く（加速電圧 200 kV で 0.00251 nm），Bragg 式における回折角もほぼゼロに近いため，電子線が格子面に平行に近い状態で入射した状態で回折現象が生じる。

　格子像におけるコントラストは位相コントラストと呼ばれる。位相コントラストは電子線の加速電圧や焦点はずれ量などに依存し，試料の同一領域でも焦点を連続的に変化させると像の変化やコントラストの逆転が生じるので注意が必要である。格子像は同じ視野の電子線回折像を同時に残しておくと考察に便利なことが多い。

2.2.4　STEM 観察と EDS・EELS 分析

　TEM はオプションとしてさまざまな周辺装置を取り付け，機能拡張が可能である。うち，近年注目される手法のひとつに STEM 観察がある。これは微小（0.1～数 nm 程度）に絞った電子線プローブで試料をスキャンし，試料の各点から出てくる透過あるいは散乱電子線を下方に設置した円盤状検出器で受け，その強度を像としてモニタに表示する方法である。分解能はプローブ径に依存する。プローブを用いる観察法であるため，SEM と同様に点分析，線分析を簡単に行うことができる。

　STEM はさらに明視野法と暗視野法に分けられ，特に最近注目を集めているのが HAADF-STEM（高角度散乱暗視野 STEM）法である。この方法では，電子線を試料に照射させたときに生じる散乱電子のうち，高角度に散乱された弾性散乱電子を結像に利用する。中心の透過電子は結像に寄与しないため，得られる像は暗視野像となる。検出される電子線の強度は原子番号の 2 乗に比例し，そのまま観察像のコントラスト（Z コントラスト）となる。Z コントラストは回折現象とは無関係であり，正確に取得できれば，規則性の低い構造でも観察が可能である。

　分析装置としては特性 X 線を測定する EDS（エネルギー分散型 X 線分光），電子線が試料を透過する際に非弾性散乱を生じることで失うエネルギーを測定する EELS（電子線エネルギー損失分光）が代表的である。EDS は近年，Be 以上の原子番号の元素であれば検出できる装置が普及しているが，基本的には原子番号の増加と共に特性 X 線の発生確率が増大するため，測定法としては重い元素に対し特に有効とされる。逆に EELS は原理上，原子番号が大きくなるほどピーク強度が減少するため，軽元素の分析に適した手法とされる。リチウムイオン電池で炭素負極と電解液の相互作用を調べる場合，それぞれ軽元素が主成分である場合が多い。EELS と STEM の併用は，充放電過程における電極表面の構造変化を詳細に調べる上で有効な手法と考

193

えられ，解析法の進展が望まれる。

3 炭素材料のバルクおよび表面構造

工業用途で用いられる炭素材料の多くは黒鉛あるいはその多結晶体と見なすことができる。図2に黒鉛結晶（六方晶系，$P6_3/mmc$）の構造モデルを示す。黒鉛では炭素六角網面がファンデルワールス力により互いに平行に配列する。なお網面同士の配列すなわち積層に関し，3次元的規則性を有し積層する場合が結晶学的に厳密な意味での黒鉛構造であり，3次元的規則性を有さず積層する場合は乱層構造と呼ばれる。網面間にリチウムが入ることで層間化合物が形成されて電池としての挙動を示す。リチウムイオンが黒鉛層間に全て密に入った状態ではLiC_6の組成となり，この理想組成を元に理論容量の見積もりが可能である。

民生用LIB負極では黒鉛系炭素材料が多く用いられている。天然黒鉛も使用されるが，鱗片状粒子であるため，塗布時に配向しやすいなどの問題がある。そこで人造黒鉛が多く採用されてきた。一般的に炭素材料は原料の高温処理により製造され，3000℃程度までの高温処理により黒鉛構造が不可逆的に発達する。また高温処理により常に黒鉛構造が十分に発達するわけではなく，原料の種類，賦形方法，熱処理方法などの各種条件により黒鉛構造の発達度合いが大きく異なる。Franklin[1]は微小な積層構造が低温段階で配向しているか否かが高温段階における黒鉛構造の発達しやすさに関連するとし，易黒鉛化性炭素，難黒鉛化性炭素の概念を提唱した（図3）。2次元的なイメージであり，また非積層部分の状態などに未だ議論の余地はあるものの，現在でも炭素材料の構造について広く用いられる概念である。これら炭素はさらに高温処理を施すことで黒鉛構造が発達し，例えば図4のTEM観察像に示すような微細組織を取るようになる。炭素002格子像では黒いすじ模様が炭素六角網面に相当するため，組織内の網面配向を直接評価できる観察手法として有効である。

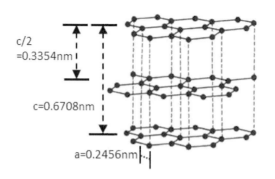

図2 黒鉛結晶の構造モデル

第 4 章　炭素表面での反応の TEM 観察

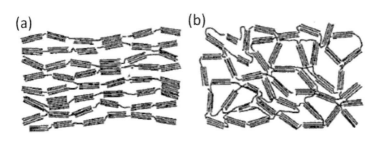

図3　(a) 易黒鉛化性炭素，(b) 難黒鉛化性炭素の概念図

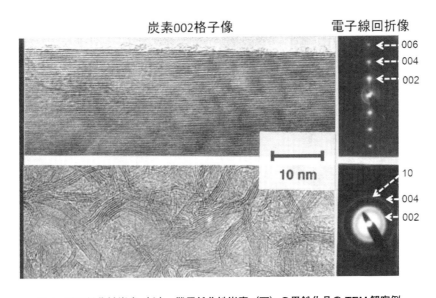

図4　易黒鉛化性炭素（上），難黒鉛化性炭素（下）の黒鉛化品の TEM 観察例

　以上は炭素材料のバルク状態における構造の知見である。一方，炭素の表面構造に関しては，炭素網面が有限サイズであることにより生じる端部，すなわちエッジの存在が重要である。LIB においてリチウムイオンはエッジ部分を経由して黒鉛層間へ出入りする。炭素網面におけるエッジ部分は面部分（ベーサル面）に比べ活性で反応性に富み，酸素などの異種原子と反応して含酸素官能基を生成しやすい。例えばカルボキシル基，フェノール性水酸基，カルボニル基，エーテル構造などがよく議論される[2]。含酸素官能基の分析方法としては酸塩基滴定法，FT-IR，XPS，TPD などが用いられている。また炭素表面構造と深い関連をもつ特性として，分子吸着により評価される表面特性が挙げられる。LIB 負極用の黒鉛の場合，比表面積は粒子径に関連付けられ，リチウムイオンとの反応性を検討する際の指標となる場合がある。

4 電極表面構造の顕微鏡観察

初めにも述べたように，炭素系負極の設計においては，バルク結晶構造のみならず，エッジ部分の状態も考慮したアプローチを行う必要がある。例えば負極を構成する黒鉛粒子の組織においては，リチウムイオンの出入り口であるエッジ部分が電解液に対し適度に露出する必要がある。工業的には熱処理や粉砕などの製造プロセスの改良により得られた黒鉛粒子の開発が試みられ，商品化されてきた。一方でエッジ部分における反応性の高さ，また含酸素官能基の存在は，電解液の分解につながることから，電池寿命や安全性の観点からは好ましくない。さらにエッジ部分におけるこれらの特徴は，リチウムイオンが黒鉛層間に出入りする際に必要な被膜（SEI）[3]の形成との関係が深い。SEIはリチウムイオン伝導性を有し，一方で電子伝導性は持たない。これまでの研究により，電解液中で溶媒和したリチウムイオンはSEIを通過するにあたり脱溶媒和するため，SEI形成後は溶媒の共挿入は進行せず，リチウムイオンのみが層間に挿入するものと考えられている。またSEI生成因子としては溶媒の還元安定性，溶媒和能，溶媒和リチウムのサイズなどが検討されている。一方，SEI形成に用いられるエネルギーは充放電過程における不可逆容量を生ずる原因となるため，SEIをいかに効率よく形成するかが充放電効率向上の観点では極めて重要である。

SEIの生成過程や組成については多くの議論があるものの，その形成過程を *in-situ* で直接観察し評価した説得力のある研究はTEMに限らず未だ多くない。TEMに関して述べると，所定の充放電プロセスを経た試料をセルから取り出してTEMで観察し，SEIの膜厚や表面形状を充放電条件と対応させた例[4,5]が見られる程度である。電極表面における構造変化が電解液中で進行するため，高真空環境を必要とするTEM観察にはなじまないことが *in-situ* 研究を難しくしている。またハロゲン元素を含む試料は電子線照射による変質を受けやすいため，フッ素を含む電解液を用いる場合には観察に困難を伴いがちである。それでもなお，適切な窓材料を用いて作製された電気化学セルを試料ホルダに組み込むなどの工夫が進んでおり[6]，今後の研究の進展が期待される。

なおTEMではないが，SPM（走査型プローブ顕微鏡）による観察例としては，高配向性熱分解黒鉛（HOPG）表面に露出し部分的に積層数が少なく段差ができている箇所を利用し，EC-DEC系電解液を用いた際のリチウムの挿入時におけるエッジ付近の形態変化を追跡した研究がある[7]。また同時にPC系電解液を用いた場合にはSEI被膜生成よりもグラファイト層の剥離が優先的に進行し，安定な被膜形成がなされないことも明らかにされている。

5 炭素微小球（GCNS）負極の電池特性と表面構造

電気自動車用途のように多様な環境で使用されることが前提のLIBの場合，幅広い温度環境で安定に動作することが重要である。うち低温特性に関し，EC系電解液は融点が約30℃であ

第 4 章　炭素表面での反応の TEM 観察

り，0℃以下での充放電には限界がある。一方 PC の融点は－49℃であり，低温環境下で用いる LIB の電解液としてはより望ましい特性を持つ。ところが PC 系電解液を用いる場合，4 節に示したように，通常の黒鉛負極では充放電過程で黒鉛構造の剥離が生じ，リチウムイオンの挿入脱離が安定的に進行しない。これは PC 系電解液での充放電過程では電極表面に適切な被膜である SEI が形成されないためである。一方，先述のように EC 系電解液を用いると SEI がうまく形成され，リチウムイオンの挿入脱離が進行する。

これに対し，PC 系電解液において黒鉛負極を用いるための研究が数多くなされてきた。例えば電解液の工夫として，添加剤を加えることで SEI 形成促進を図るもの[8]，電解液に含まれる塩の工夫[9]，SEI 形成が可能な共溶媒の検討[10]，ルイス酸の添加[11]などが試みられている。また電極表面構造の制御も行われてきた[12]。例えば黒鉛電極表面における PC 系電解液の還元分解反応を低結晶性炭素，あるいは不活性金属酸化物の被覆により抑制した例が見られる。しかし被覆自体が電極の特性を本質的に向上させるわけではない。電極特性を真に理解するためには，電極を構成する黒鉛粒子内におけるリチウムイオンの挙動の検討が必要であり，さらに電極としてのバルクの黒鉛構造との関連では黒鉛化度合や配向構造，表面形状との関連がやはり重要ということになる。

筆者らは炭素粒子として特異な組織を有する炭素微小球（CNS）を負極に用い，その電池特性を検討してきた。CNS は図 5（a）に示すように，炭素六角網面が粒子表面に沿って配向する，すなわち同心球配向組織をとる直径 500～1000 nm 程度の炭素粒子である。黒鉛化品（GCNS）はポリゴン状の粒子となる。粒子内部は表面付近と中心付近とで結晶構造が異なるコアシェル組織を有し，表面付近ではポリゴン面に沿い黒鉛組織が発達するのに対し，中心付近では難黒鉛化性炭素にみられるような規則性の低い組織が粒子中心を囲むように存在する。さらに表面付近の組織に関し，ポリゴン面に沿う黒鉛組織のほか，稜付近には構造欠陥が集中し，粒子表面から中心に向かって小さいサイズの網面がカラム状に積層することが詳細な TEM 観察により明らかとなった（図 5（b））[13]。稜部分のカラム状の構造欠陥がリチウムイオンのスムーズな出入り口となり，また黒鉛部分の層間にリチウムイオンが入り込むことで容量を稼げる可能性があり，GCNS は高速での充放電挙動に優れた負極材として期待される。この点は EC 系電解液を用いた実際の測定でも確認された[14, 15]。

その後の研究で GCNS は添加剤を含まない PC 系電解液，すなわち PC とリチウム塩のみで構成される電解液でも一定の条件下において安定な充放電挙動を示すことが明らかになった[16]。この理由を GCNS の表面構造と反応性の関連からより詳細に調べる目的で，筆者らは 700 nm 級 GCNS に 2600℃あるいは 2900℃での熱処理を施した試料（それぞれ GCNS-2600 あるいは GCNS-2900 と表記）の TEM 観察を行った。代表的な観察結果を図 6 に示す。いずれもポリゴン状の粒子形状を取り，粒子表面に沿い黒鉛構造が発達する様子がわかる。また隣り合う面どうしが形成する稜の部分では，微小な炭素網面がカラム状に積層する様子が見られ，また表面において 10 枚程度の網面が束で剥離するような欠陥構造が，特に GCNS-2900 において顕著に確認

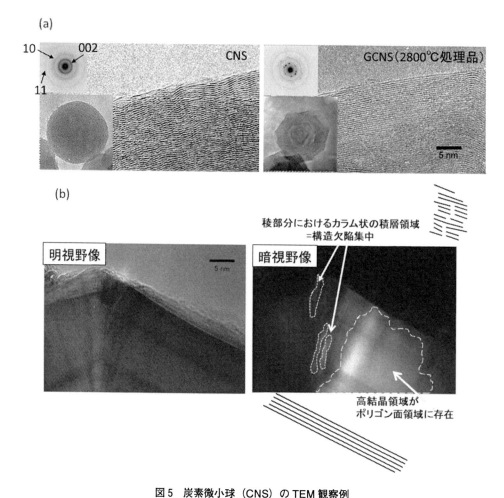

図5 炭素微小球(CNS)のTEM観察例
(a) 粒子全体および表面組織,(b) 黒鉛化処理品の明視野像および暗視野像

された。炭素材料では一般的に,処理温度の上昇に伴い黒鉛構造が発達することが知られる。別途実施した XRD 測定から計算された結晶構造パラメータ,および Raman スペクトルから得られた D/G バンド強度比はいずれも GCNS-2600 より GCNS-2900 で黒鉛化が進行したことを示した。これらの手法により評価される黒鉛化の度合いは試料全体の平均的情報を示しており,特に今回比較した両試料ではポリゴンの主に面領域における構造を反映すると考えられる。一方,熱処理過程において黒鉛化の発達に伴う粒子の収縮が発生し,粒子表面には応力が発生すると予想される。ここでポリゴンの面領域における黒鉛構造がさほど発達していない場合は,炭素網面の構造欠陥が適度に分布すると考えられ,収縮応力も欠陥部分で分散する。一方,黒鉛構造が発達している場合には応力が稜に集中しやすいと推定される[17]。以上により,GCNS-2900 にて顕著に見られた稜部分の欠陥構造は,黒鉛構造がポリゴン面部分でより発達していることにより収

第4章　炭素表面での反応のTEM観察

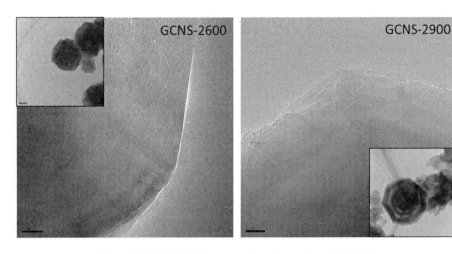

図6　黒鉛化炭素微小球（GCNS，700 nm級）の微細組織

縮応力が稜付近に集中したことにより生じたものと考えられた。なおPC系電解液を用いて充放電特性を評価したところ，GCNS-2600では添加剤なしでも安定な充放電挙動が確認された一方，GCNS-2900では確認できなかった。GCNS-2600が炭素負極としてPC系電解液で安定的な充放電挙動を示す理由はさらに検討が必要だが，粒子表面における適度な構造欠陥の存在が影響する可能性は十分にある。

このように，欠陥構造が電極特性を左右する場合において，局所的な構造解析手段としてのTEM観察は非常に有効である。さらに全体平均としての構造情報を提供するXRDやRamanのような解析手法と組み合わせることで，特定の材料による電池特性の理解が進み，あるいは目的に応じた電極材料設計がさらに進展することが期待される。

6　まとめ

リチウムイオン電池の充放電挙動を理解する上で，電極-電解液界面における反応は現実的な視点からの電池材料設計において極めて重要である。TEMにおける近年の性能向上は各種材料において原子レベルでの観察・分析を可能としているが，電極-電解液界面の解析については未だ十分な恩恵が得られていない。今後，周辺装置の開発を含めた挑戦的アプローチによる解析法が出現し，リチウム電池のみならず各種エネルギー貯蔵デバイスの挙動に関する新たな知見が得られることを期待したい。

文　　　献

1) R. E. Franklin, *Proc. Roy. Soc.*, **A209**, 196 (1951)
2) A. A. Franco et al., *Chem. Rev.*, **119**, 4569 (2019)
3) E. Peled, *J. Electrochem. Soc.*, **126**, 2047 (1979)
4) M. Dollé et al., *J. Power Sources*, **97-98**, 104 (2001)
5) M. Nie et al., *J. Electrochem. Soc.*, **161**, A1001 (2014)
6) Z. Zeng et al., *Nano Lett.*, **14**, 1745 (2014)
7) M. Inaba et al., *Langmuir*, **12**, 1535 (1996)
8) G. H. Wrodnigg et al., *J. Electrochem. Soc.*, **146**, 470 (1999)
9) S.-K. Jeong et al., *Electrochem. Solid-State Lett.*, **6**, A13 (2003)
10) T. Abe et al., *J. Electrochem. Soc.*, **150**, A257 (2003)
11) S. Takeuchi et al., *Electrochem. Acta*, **56**, 10450 (2011)
12) H. Wang et al., *J. Power Sources*, **93**, 123 (2001)
13) N. Yoshizawa et al., *Mat. Sci. Eng. B*, **148**, 245 (2008)
14) H. Wang et al., *Adv. Mater.*, **17**, 2857 (2005)
15) S. Maruyama et al., *J. Mater. Chem. A*, **6**, 1128 (2018)
16) S. Maruyama et al., *J. Electrochem. Soc.*, **165**, A2247 (2018)
17) N. Yoshizawa et al., *Mater. Chem. Phys.*, **121**, 419 (2010)

第5章　CVDコーティングによる炭素表面での反応制御

大澤善美[*1], 糸井弘行[*2]

1　CVD法を利用したカーボンコーティングによる表面修飾の概要

1.1　はじめに

　現在，リチウムイオン二次電池の負極材料には，総合的性能に優れた黒鉛系材料が主に用いられている。しかし，黒鉛の容量には限界（理論容量：372 mA h/g）があり，高い電流密度下での性能（レート特性）はそれほど良くない。また，低温での特性に優れたプロピレンカーボネート（PC）系の電解液を選択的に分解するため，PCを含む電解液中では黒鉛を用いることはできない。一方，難黒鉛化性炭素や低温焼成炭素など黒鉛の理論容量を超える負極用炭素が見出されているが，容量ロスの要因である不可逆容量が大きい，サイクル特性が悪い，レート特性に劣るなどの問題点があり，総合的な性能ではまだ黒鉛を凌駕する負極用炭素が見出されたとは言いがたい。炭素の示す電気化学的特性は，炭素内部のナノスケールでの構造（ナノ構造），および炭素表面のナノ構造に強く依存する。したがって，高い容量を持ちながらトータル的な性能バランスに優れた炭素を創製するには，その内部，および表面両方のナノ構造を最適化する必要がある。さらに，サイクル特性やレート特性などの電極性能は，電極材料の構造や性状に加え，マクロな電極の構造にも依存するため，活物質である炭素材料と，集電体や導電助材，バインダーなど電極構成材料を含めたマクロ的電極構造制御の側面からの研究も重要となる。以上のような背景のもと，種々の手法による負極用炭素の合成，表面修飾・改質，電極作製に関して精力的に検討が進められており[1～5]，本書でも優れた成果が紹介されている。本章では，化学気相成長（chemical vapor deposition：CVD）法を利用したカーボンコーティングによるリチウムイオン二次電池負極用炭素の表面修飾と表面での反応制御について紹介する。

1.2　CVD法によるカーボンコーティングの研究事例

　CVD法を利用し，リチウムイオン二次電池用の新規負極炭素を合成する試みが検討されている。例えば，薄膜状の熱分解炭素[6,7]，アモルファスのスス状炭素[8]，触媒を利用した高結晶性黒鉛微粒子[9]，カーボンナノチューブ[10]，ヘテロ元素として窒素やホウ素を導入した炭素[11]，シリコンとの複合材料[12,13]などがCVD法で合成されている。CVD法で析出したカーボン（熱分解

　[*1]　Yoshimi Ohzawa　愛知工業大学　工学部　応用化学科　教授
　[*2]　Hiroyuki Itoi　愛知工業大学　工学部　応用化学科　准教授

表1 CVD法による活物質へのカーボンコーティングの例

Core materials	CVD conditions			Ref. No.
	Source gas	Temperature/°C	Methods	
Natural graphite	$C_6H_5CH_3-N_2$	950	Gas-flowed	14
Synthetic graphite	C_2H_4-Ar	700 − 1000	Pressure-pulsed	15
Graphite	C_3H_8-Ar	1000 − 1200	Tumbling (rotating reactor)	16
Natural graphite	C_2H_2-Ar	950	Fluidized bed	18
Hard carbon	$C_6H_5CH_3-N_2$	700 − 1200	Gas-flowed	19
Hard carbon fiber	$C_3H_8-H_2$	950	Pressure-pulsed	20
Hard carbon powder	CH_4-H_2	1100	Pressure-pulsed	21
Si	$C_6H_6-N_2$	1000	Gas-flowed	22
$Li_4Ti_5O_{12}$	$C_6H_5CH_3-N_2$	650 − 900	Fluidized bed	24
$LiFePO_4$	$C_3H_6-N_2$	700	Gas-flowed	25
$LiFePO_4$	$C_3H_8-N_2$	800	Pressure-pulsed	26

炭素）膜は，優れた負極特性を示すことから，この膜を既存の活物質材料の表面にコーティングし，表面構造を最適化する検討も進められている。表1に，報告例のいくつかについて，コアとなる活物質材料とCVDのコーティング条件を示した。例えば，負極用黒鉛粒子の表面への，CVD法による熱分解炭素のコーティングが試みられている[14〜18]。黒鉛は，低温での特性に優れたプロピレンカーボネート（PC）系の電解液を選択的に分解するため，PCを含む電解液中では黒鉛を用いることはできない。析出した熱分解炭素の結晶性は，コアの黒鉛より低く，PC系電解液の分解と黒鉛の剥離の抑制に効果が高い。熱分解炭素膜を黒鉛粒子一つ一つへ均一にコーティングすることを目的に，圧力変動を加える（後述するパルス方式）[15]，反応管を回転させる[16]，処理粒子を流動化させる（流動層方式）[17,18]などの工夫が検討されている。また，難黒鉛化性炭素に層状組織の熱分解炭素をコーティングすることで，基質炭素の持つ初期不可逆容量を大きく低下させたとの報告もみられる[19〜21]。負極用炭素の表面修飾ではないが，CVD法による炭素のコーティングは，シリコンの容量低下の抑制[22,23]や，それぞれ新規負極および正極材料として期待される$Li_4Ti_5O_{12}$および$LiFePO_4$の導電性向上にも効果がある[24〜26]。

1.3 流通式CVD法とパルスCVD／CVI法

前述のように，CVD法は，ナノ構造を制御した新規炭素材料の合成や，既存炭素の表面ナノ構造の修飾法として魅力的な手法と考えられるが，表面修飾法として利用した場合，従来のガス流通式のCVD法の欠点の一つに，炉内位置や処理基材の厚み方向で，析出膜の膜厚，組織や結晶性などにおけるさまざまな不均一が起きやすい点がある。例えば，粉体を充填し，粒子毎に均一にコーティングする場合を想定する。流通式CVDでは，粉体充填床に原料ガスが到達する前に，ガスは充分加熱（予備加熱）されるため，粉体層の外表面にのみ厚い膜が生成しやすく，この結果，粉体層の表層部の粒子と内部の粒子では，コーティング膜の厚みに不均一が生じやす

第 5 章　CVD コーティングによる炭素表面での反応制御

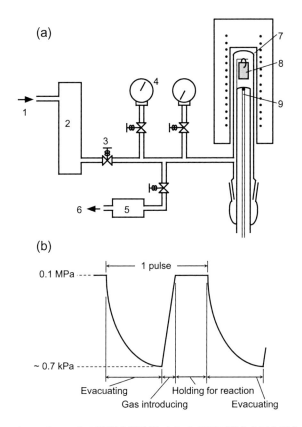

図 1　パルス CVD/CVI 装置の概略図（a）と反応容器内の圧力変化（b）
1. 原料ガス，2. リザーバー，3. 電磁弁，4. 圧力ゲージ，5. 排気タンク，6. 真空ポンプへ，
7. 反応炉，8. 基質，9. 熱電対

い。均一コーティングのためには，例えば粉体層を極力薄くする，処理の途中で中断し粉体層を軽く粉砕するなどの操作が必要である。また，前述のような圧力変動，回転反応管，流動層などの利用という装置上の工夫も検討されている。予備加熱によるタールやススの生成も問題点の一つとなる。原料ガスが粉体層に到達前に充分加熱されると，タールやススを形成しやすくなり，これが膜中に取り込まれると，膜の結晶性の低下が起きることになる。現在のリチウムイオン電池で使われているエチレンカーボネート系の電解液を用いる場合，一般には，炭素の結晶性が高いほど，電解液の分解などの不可逆反応は抑制され，不可逆容量が小さいなど負極特性に優れた炭素となるため，ススやタールの生成は，極力抑制する必要がある。均一なコーティングの達成や，スス，タールの生成を抑制するための一手法である，圧力変動を利用したパルス CVD 法について，以下に詳説する。

　CVD 法のうち，圧力を周期的に変動させる方法は，PCVD（pressure-pulsed CVD：パルス CVD）と呼ばれている[27]。なお，CVD 法を，粉体充填層内や多孔質体内部の空隙に原料ガスを

流し，化学反応を経て固相マトリックスを析出，充填させる目的で用いる場合は，一般に，CVI（chemical vapor infiltration：化学気相含浸）法と呼ばれており[28,29]，PCVDにもPCVI法がある[30,31]。CVI法は，主にC/Cコンポジットなどの繊維強化耐熱複合材料の作製法として適用されている。図1に典型的なパルスCVD/CVI装置の概略図と反応容器内の圧力変化の模式図を示した。反応容器内が真空引きされた後，原料ガスが瞬間的に充填される。ここで析出のため所定の時間保持した後（保持時間），再度容器内を真空引きする。この一連の操作を1パルスとして，サイクルを繰り返すものである。従来の流通型CVD法に比較して，パルスCVD/CVI法では，予熱されていない原料ガスが瞬間的に導入された後，反応が起きるため，最適条件下では，反応炉内の位置や基材の厚み方向に依らず，均一な膜をコーティングすることが可能である[32]。また，予備加熱が少ないため，ガスが基材に到達する前に，ススやタールなどの副生成物の発生が少なく，さらに，副生成ガスが反応部に留まることなく周期的に排気されるため，良質で結晶性が高い炭素膜を得ることが比較的容易である[33,34]。以下，各種炭素の表面に，パルスCVD/CVI法でカーボンコーティングを行った試料の表面構造と，表面での反応や電気化学的特性との関係について，その研究例をいくつか紹介する。

2　天然素材から得た低結晶性炭素へのカーボンコーティング

負極用炭素のうち，一部の難黒鉛化性炭素のような低結晶性炭素は，黒鉛の理論容量を超える負極用活物質として注目されている。難黒鉛化性炭素のうち，紙繊維や木材などセルロースを主成分とした天然素材から得た低結晶性炭素化物も高い容量を持ち，リチウムイオン二次電池用負極材料として利用できれば廃棄物リサイクルの観点からも興味深い。しかし不可逆容量も大きく初期クーロン効率が低い，サイクル特性が悪いなどの問題点がある。これら天然素材から得た低結晶性炭素の負極特性の向上のため，パルスCVD/CVI法による高結晶性炭素のコーティングが検討されている[20,33~35]。

2.1　コーティング試料の表面構造

図2にCVI処理によって，紙繊維および木材炭素化物に熱分解炭素を析出させた試料のSEM写真を示した。なお，基質の炭素化物は，市販の濾紙，および木材（ヒノキ）を，Ar雰囲気中，1000℃で，4時間保持することで作製されている。パルスCVI処理の条件は，原料ガスC_3H_8(30％)-H_2，CVI温度950℃である。数万パルスのCVI処理を行うと，紙繊維炭素化物から得られた試料では，炭素繊維の周囲に膜厚3μm程度の熱分解炭素が析出していることが，また，木材から得た試料では，炭素化処理で残存した壁に囲まれたハニカム状貫通孔内部に熱分解炭素膜が析出している様子がわかる。析出した熱分解炭素は，オニオン状の層状構造を有していることがわかる。不可逆容量の低減の点からみると，オニオン状の層状組織をとる方が好ましいと考えられる。層状構造では，活性な炭素エッジ面が電解液と触れる程度が小さくなり，不可逆

第 5 章　CVD コーティングによる炭素表面での反応制御

容量の要因となる電解液の分解などの反応が抑制されるためである。

　図 3 は，各炭素化物，および熱分解炭素を充填した試料の X 線回折図を示したものである。紙繊維，木材炭素化物ともに CVI 処理前では $2\theta = 22\sim 23°$ 付近（d_{002} = 0.386 nm 程度）に非常にブロードな(002)回折ピークが観察され，基質の炭素の結晶性はかなり低いことがわかる。熱分解炭素が析出すると，いずれの試料の(002)回折ピークも高角度側の 25.4° 付近にシフトし，d_{002} 値も 3.59 nm 程度まで小さくなっている。この結果は，熱分解炭素の結晶性が基質の紙繊維および木材炭素化物より高いことを示している。また，木材炭素化物に熱分解炭素を析出させた試料では比較的強い(10)回折ピークもみられる。木材から得られた試料の測定では X 線を炭素膜の断面に垂直に照射している。強い(10)回折ピークは，図 2 に示した炭素膜の層状組織を反映した結果である。前述のように従来の流通型 CVD の場合，原料ガスが基質に到達する前に，ガスは充分加熱（予備加熱）されるため，気相中で活性な中間体を生成しやすく，これにより気相での均一核生成が起き，タールやススが生成する要因となる。タールやススが膜中に取り込まれると，膜の結晶性の低下が起きることになる。一方，パルス CVD/CVI 法では，予備加熱が少ないため，ガスが基材に到達する前に，ススやタールなどの副生成物の発生が少なく，また，真空排気の間に核成長が助長されるため，良質で結晶性が高い炭素膜が析出しやすいと推定されている。

　表 2 には，窒素ガス吸着法により測定した CVI 処理前後での BET 比表面積の変化を示した。

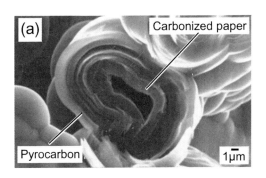

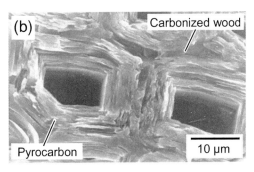

図 2　紙繊維炭素化物（a）および木材炭素化物（b）に熱分解炭素をコーティングした試料の SEM 写真

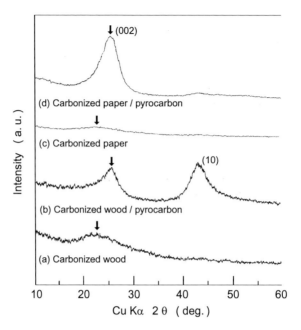

図3 熱分解炭素のコーティング前後でのXRD回折パターンの変化
パルス数：(c) 40000, (d) 35000

表2 処理前低結晶性炭素とCVD法により熱分解炭素コーティングした試料の比表面積

Sample	BET surface area / $m^2 g^{-1}$
Original carbonized paper	170 - 220
Original carbonized wood	80 - 120
Carbonized paper/pyrocarbon	0.81
Carbonized wood/pyrocarbon	0.58

Number of pulses in PCVI treatment of pyrocarbon; 5000.

処理前の紙繊維および木材炭素化物の比表面積は，それぞれ200および100 m^2/g前後であったが，CVI処理により著しく減少していることがわかる。BJH法によるメソポア分布の解析より，処理前の炭素化物には，2～10 nmのポアが多く存在していたが，熱分解炭素のコーティングにより，著しい減少が見られた。この結果は，ナノスケールで緻密な熱分解炭素の膜が，炭素化物の表面に一様に被覆されたことを示している。

2.2 コーティング試料の充放電特性

図4に紙繊維炭素化物，およびCVI処理後の試料の初期充放電曲線を示す。この際，放電（Li挿入）は定電流30 mA/gの後，3 mV定電圧保持，トータル放電時間48時間とし，充電（Li脱離）は定電流30 mA/g，終止電圧3 Vである。参照極および対極にリチウム箔，電解液に

第5章　CVDコーティングによる炭素表面での反応制御

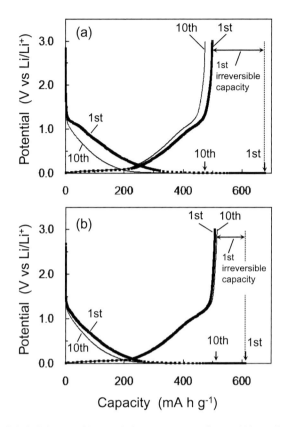

図4　紙繊維炭素化物および熱分解炭素をコーティングした試料の初期充放電曲線

1 mol/L-LiClO$_4$-EC/DEC が用いられている。処理前の炭素化物は，難黒鉛化性炭素において一般的に見られる挙動を示し，充電容量は 498 mA h/g と黒鉛の理論容量（372 mA h/g）よりも高容量であるが，不可逆容量も 180 mA h/g と大きい。処理前の炭素化物は比表面積が比較的大きく，電解液の分解などの不可逆反応が著しいためと考えられる。500 パルス処理し 8 mass％の熱分解炭素をコーティングした試料では，電位の変化の挙動には大きな差は見られず，容量も 502 mA h/g と処理前と同程度であった。しかし，不可逆容量は，100 mA h/g 程度まで減少した。不可逆容量の減少は，結晶性が高く層状構造の熱分解炭素がコーティングされ，活性なエッジ面や官能基が電解液と接触する程度が小さくなったこと，および比表面積が大きく減少したことにより，電解液の分解などの不可逆反応が抑制されたためと考えられる。熱分解炭素の被覆量を多くすると，不可逆容量をさらに減少させることが可能であったが，同時に，可逆容量の減少が見られた。これは，熱分解炭素が易黒鉛化性炭素であり，基質炭素より容量が低いと思われること，また，層状組織のため，膜厚が厚いと Li 拡散の抵抗が大きくなることが原因ではないかと推察されている。可逆容量を減少させることなく，不可逆容量のみを減少させるには，膜厚の薄い熱分解炭素を均一にコーティングすることが重要である。また，熱分解炭素のコー

ティングにより，サイクル特性の向上が見られた。熱分解炭素の析出により炭素化繊維どうしが所々強固に接着され，充放電サイクルによる導電ネットワークの破壊が抑制されたものと推定されている。

3 難黒鉛化性炭素粉体へのカーボンコーティング

流通型 CVD 法で粉体粒子一つ一つにコーティングを行う場合，できるだけ均一に成膜するには，粉体層を反応容器内に極力薄くセットする，あるいは処理の途中で粉体を取り出し軽く粉砕するなどの工程が必要であり処理効率が悪い。1 回の操作で大量の粉体を処理するために，粉体充填層の下部から原料ガスを流し，粉体を流動化させて処理する流動層 CVD 法や反応炉を回転させるなどの手法の適用が報告されている[16〜18]。パルス CVD/CVI 法による難黒鉛化性炭素粉体（カーボンビーズ，平均粒径 3 μm）へのコーティングについても検討が行われている[21]。

3.1 コーティング試料の構造評価

図 5 に，リチウムイオン二次電池負極用の難黒鉛化性炭素粉体（カーボンビーズ）と，この粉体に原料ガス CH_4(50%)-H_2，反応温度 1100℃，保持時間 1 秒でパルス CVI 処理し熱分解炭

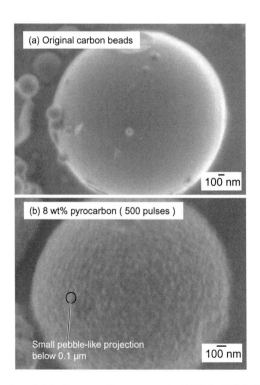

図 5 処理前カーボンビーズ (a) と，500 パルスの CVI 処理を施し熱分解炭素を 8 wt%コーティングした試料の SEM 写真

第5章　CVD コーティングによる炭素表面での反応制御

素をコーティングした試料の SEM 写真を示した。未処理の試料の表面はサブミクロンオーダーでは非常に滑らかである。500 パルスのパルス CVI 処理を行い，8 mass％の熱分解炭素をコーティングした試料では，表面に数十～数百 nm のこぶ状の隆起が見られる。したがって，サブミクロンオーダーでは表面の粗さが増大したと考えられる。

表3には，コーティング処理前後のカーボンビーズの諸特性を示した。XRD の結果では，処理前の試料ではブロードな(002)回折ピークが $2\theta = 23.8°$ に現れ，これより計算した d_{002} は 0.373 nm でかなり大きく結晶性が低いことがわかる。5000 パルス処理し熱分解炭素を析出させた試料では，高角度側の $2\theta = 25.7°$ ($d_{002} = 0.348$ nm) に，シャープな(002)回折ピークが現れた。このことはパルス処理を行うことにより，コア炭素であるカーボンビーズより高い結晶性を有する熱分解炭素膜が析出したことを示している。ラマン分光法で検出された G バンドピーク強度に対する D バンドピーク強度の比（R 値）は，熱分解炭素のコーティングにより減少していることがわかる。一般に，R 値が低いほど炭素の表面近傍での構造の乱れが小さいとされており，したがって，ラマン分光の結果からも，析出した熱分解炭素膜の結晶性は，基質のカーボンビーズより高いとみなすことができる。

表3　処理前カーボンビーズと CVD 法により熱分解炭素コーティングした試料の構造比較

Sample	d_{002} by XRD[a] / nm	R (I_D/I_G) value by Raman Spectroscopy[a]	BET Surface area[b] / m^2g^{-1}
Original carbon beads	0.373	1.42	25
carbon beads / pyrocarbon	0.348	1.22	8.5

[a] Measured for the sample with 47% pyrocarbon after 5000 pulses in PCVI treatment.
[b] Measured for the sample with 8% pyrocarbon after 500 pulses in PCVI treatment.

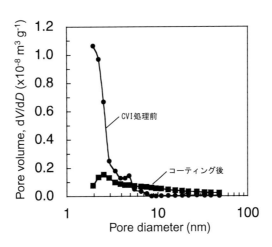

図6　処理前のカーボンビーズ，および 500 パルスの CVI 処理を施し熱分解炭素を 7 wt％コーティングした試料のメソポア分布

表3のBET比表面積の結果を見ると,コーティング処理により25 m^2/gから8.5 m^2/gに減少していることがわかる。また,図6に示したように,5 nm以下のメソポアは著しく減少したが,10 nm以上のポアは処理により増加が認められる。5 nm以下のポアが減少したことは,カーボンビーズの表面が,ナノスケールで緻密な熱分解炭素薄膜で被覆された結果を反映したものと考えられる。このような,比表面積や小さな表面ポアの減少は,電解液の分解などの抑制に効果的と考えられ,コーティング試料では不可逆容量の減少が期待できる。一方,10 nm以上のポアの増加は,図5のSEM像に示したように,数十～数百 nm程度のこぶを有する熱分解炭素膜のサブミクロンスケールでの構造を反映した結果と考えられる。

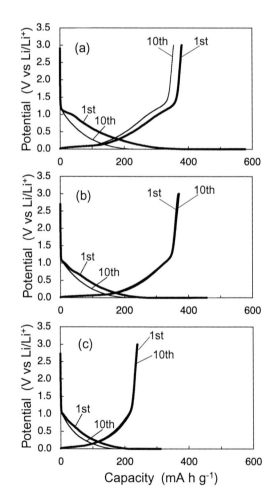

図7 熱分解炭素コーティング前後での初期および10サイクル後の充放電曲線の変化
(a) 処理前, (b) 8 wt%熱分解炭素, 500パルス処理, (c) 47 wt%熱分解炭素, 5000パルス処理

第5章　CVDコーティングによる炭素表面での反応制御

3.2　コーティング試料の充放電特性

　図7に，CVI処理前後でのカーボンビーズの初期充放電曲線を示す。処理前のカーボンビーズは，難黒鉛化性炭素において一般的に見られる挙動を示した。可逆容量は380 mA h/g程度で，初期不可逆容量は200 mA h/g程度と大きい値を示した。処理前のカーボンビーズは，表面構造が乱れており，比表面積がやや大きく，電解液の分解などの不可逆反応が著しいためと考えられる。500パルス処理し8 mass％の熱分解炭素をコーティングした試料では，電位の変化の挙動には大きな差は見られず，可逆容量も処理前と大きな変化はみられなかった。しかし，初期不可逆容量は，100 mA h/g程度まで減少した。不可逆容量の減少は，カーボンビーズ表面のナノメータースケールでの構造変化が強く影響していると考えられる。CVI処理により，結晶性が高く層状構造の熱分解炭素がコーティングされ，活性なエッジ面や官能基が電解液と接触する程度が小さくなったこと，および表面近傍の5 nm以下のポアが大きく減少し比表面積も減少したことにより，電解液の分解などの不可逆反応が抑制されたため考えられる。図7（c）に示したように，熱分解炭素の被覆量を多くすると，不可逆容量をさらに減少させることが可能であるが，同時に，可逆容量の減少が見られる。前節でも述べたように，熱分解炭素が易黒鉛化性炭素であり，基質炭素より容量が低いと思われること，また，層状組織のため，膜厚が厚いとLi拡散の抵抗が大きくなることが原因ではないかと推察されている。可逆容量を減少させることなく，不可逆容量のみを減少させるには，膜厚の薄い熱分解炭素を均一にコーティングすることが重要である。

　また，図7（a）から，処理前のカーボンビーズは10回の充放電サイクルで可逆容量の低下が起きていることがわかる。容量の低下は，CVI処理後の試料では抑制されており，熱分解炭素のコーティングにより，サイクル特性の向上が可能であることがわかる。サイクル特性の向上のメカニズムは明白にされていないが，一つの理由としてカーボンビーズ表面のサブミクロンスケールでの構造変化が影響しているのではないかと推定されている。図5に示したSEM写真，および図6に示したメソポア分布から，こぶ状の熱分解炭素膜のコーティングにより，数十nmからサブミクロンスケールでは，むしろ表面粗さが大きくなっていることがわかる。リチウムイオン電池の負極においては，活物質（炭素）粉体どうしを有機質バインダーにより結着させて，導電ネットワークを形成している。粉体とバインダーの結着力が弱いと，充放電サイクルにより粉体が欠落し，容量の低下の原因となる。熱分解炭素をコーティングした試料は，数十nmからサブミクロンスケールの凹凸が表面に形成されているため，いわゆるアンカー効果によりバインダーとの結着力が大きくなり，結果としてサイクル特性が向上したものと推察される。

4　黒鉛粉体へのカーボンコーティング

　リチウムイオン電池の低温性能の向上には，低凝固点の電解質溶液プロピレンカーボネート（propylene carbonate：PC）の使用が必須であるが，現在，電池負極に使用されている高結晶

リチウムイオン二次電池用炭素系負極材の開発動向

性の黒鉛材料では，PC は連続的に分解され，また黒鉛自体も層間剥離などの構造破壊を起こすため，PC の使用は困難である。このような背景のもと，前述のように，黒鉛系負極材料の表面に CVD 法で熱分解炭素膜をコーティングし，低温特性に優れた PC 系電解液中での分解の抑制について検討が進められた[14〜18]。この場合，PC の分解は，黒鉛のような結晶性の非常に高い炭素で起きるので，黒鉛コアへ結晶性の低い炭素をコーティングすることが目的となる。

一方，高速充放電特性（レート特性）の観点から負極炭素を考えた場合，炭素への Li イオンの挿入脱離は，炭素の結晶子のエッジ面を介して起きるので，結晶子が小さい炭素の方が Li イオンの出入口が多くなり，高速充放電特性には有利であると推察される。しかし，現在の天然黒鉛や人造黒鉛の結晶性は高く，結晶子のサイズも大きい。この場合も，黒鉛コアの表面に結晶子の小さいカーボンをコーティングすることが特性向上に効果があるのではないかと考えられる。

ここでは，パルス CVD/CVI 法を用いて，負極用黒鉛のうち，球状人造黒鉛 MCMB（meso-carbon micro-beads：メソカーボンマイクロビーズ，大阪ガスケミカル製，平均粒径 10 μm，2800℃ 黒鉛化品），および天然黒鉛 NG（natural graphite，SEC カーボン製，平均粒径 10 μm）の表面結晶性を，プロパン-水素ガス原料からのカーボンコーティングによる表面修飾により制御し，PC の分解反応の抑制について，および高電流密度下での負極容量へ及ぼす影響について検討した結果[36]を紹介する。

4.1 コーティング試料の構造評価

図 8 には，コーティング処理前の MCMB（写真 a）と NG（写真 e），パルス CVI 処理を行い熱分解炭素をコーティングした MCMB（写真 b〜d）と NG（写真 f）の SEM 画像を示した。コーティング処理前の MCMB は球状，NG は鱗片状をしていることがわかる。熱分解炭素の析出量が 2.5 mass% と少ない場合は（写真 b），処理前後の MCMB で表面形態に大きな差は見られない。TEM 観察の結果からは，35 mass% の熱分解炭素をコーティングした試料で表面に数十 nm の膜がコーティングされていることがわかった。この結果から推定すると，2.5 mass% の析出ではコーティング膜の膜厚は数 nm と著しく小さいため，表面形状に顕著な差は現れなかったものと思われる。熱分解炭素の析出量が 26 mass% と大きくなると（写真 c），表面にこぶ状の突起が観察される。NG の場合も析出量が多い写真 f において，こぶ状突起物の生成が認められる。また，析出量が多い場合，低倍率写真（d）からわかるように，10 μm 程度の粒子が結着し，数百 μm の大きな塊になっている。このような状態では，電極への成形が困難であり好ましくない。SEM および TEM 観察において，異なる位置から採取した試料について膜厚などを観察した結果，比較的均一なコーティングがなされていることがわかった。パルス CVD/CVI 法は，反応系の真空引き，原料ガスの瞬間充填，微細孔内での析出のための保持を 1 パルスとした，圧力を周期的に変動させる方法である。従来の流通型 CVD 法に比較して，フレッシュな原料ガスを瞬時に試料粒子の近傍まで導入することができるため，試料位置によらず均一にコーティングすることができたと推定される。

第5章　CVD コーティングによる炭素表面での反応制御

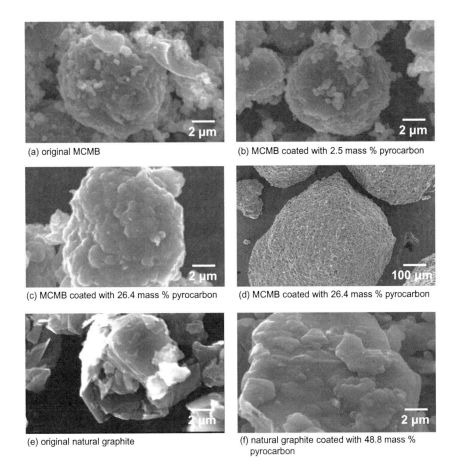

図8　コーティング処理前の MCMB（写真 a）と NG（写真 e），パルス CVI 処理を行い熱分解炭素をコーティングした MCMB（写真 b～d）と NG（写真 f）の SEM 画像

表4　処理前 MCMB および NG とパルス CVI 法により熱分解炭素コーティングした試料の構造比較

Substrate	Mass fraction of pyrocarbon/mass%	R value	BET surface area/m^2g^{-1}
MCMB	0 (original)	0.19	2.3
MCMB	4.0	0.46	0.7
MCMB	10.3	0.67	0.4
NG	0 (original)	0.38	8.3
NG	5.8	1.26	4.3
NG	10.7	1.61	3.4

　XRD 回折による結晶構造の評価から，熱分解炭素の被覆により，(002)回折のピーク強度が大きく減少したが，(002)回折ピークから計算した d_{002} 値には大きな変化がないことがわかった。この結果は，コアの黒鉛内部の結晶構造をほとんど変化させることなく，結晶性の低い炭素

膜で表面修飾できたことを示している。表4には，コーティング処理前後のMCMBおよびNGのラマンスペクトルから計算したR値，およびBET比表面積を示した。ここでR値は，黒鉛構造に起因する1580 cm^{-1}付近のGバンドピーク強度に対する，構造の乱れに起因した1360 cm^{-1}近傍のDバンドピーク強度の比（I_{1360}/I_{1580}）であり，一般に黒鉛化度が高く結晶性が高い炭素ほど小さくなる。表4において，R値は，MCMBではコーティング前0.19からコーティング後0.67まで増加し，NGでも同様の傾向が見られる。この結果から，コア黒鉛の表面に，より結晶性の低い熱分解炭素がコーティングされたことがわかる。また，処理前のMCMBのBET比表面積は2.3 m^{2}g^{-1}，NGの比表面積は8.3 m^{2}g^{-1}であったが，10 mass%程度の熱分解炭素膜のコーティングにより，いずれの黒鉛の場合も減少していることがわかる。この結果は，ナノスケールで緻密な熱分解炭素の膜が，コア黒鉛粒子の表面に一様に被覆されたことを示唆している。

4.2 コーティングによるPC分解反応の抑制

表5および6に，それぞれ，電流密度60，および450 mA g^{-1}の場合について，PCを含まないEC/DEC＝1:1の電解液溶媒と，PCを含むPC/EC/DEC＝2:1:1 vol.%電解液溶媒を用いたときの，パルスCVI処理前後でのMCMBの容量と初期クーロン効率を示す。2〜15 mass%程度の熱分解炭素をコーティングすることより初期クーロン効率が向上することがわかる。特にPCを含む電解液中で，効果が高いことが明らかである。前述のように，高結晶性の黒

表5 電流密度60 mA g^{-1}におけるコーティング前後でのMCMBの初期容量と初期クーロン効率

Electrolyte EC : DEC : PC	Mass fraction of pyrocarbon/%	Discharge capacity/ mA h g^{-1}	Charge capacity/ mA h g^{-1}	First coulombic efficiency/%
1:1:0 (no PC)	0 (pristine)	322	294	91
1:1:0 (no PC)	2.9	324	301	93
1:1:0 (no PC)	8.1	321	298	93
1:1:2	0 (pristine)	427	302	71
1:1:2	3.2	344	303	88
1:1:2	12.2	343	295	86

表6 電流密度450 mA g^{-1}におけるコーティング前後でのMCMBの初期容量と初期クーロン効率

Electrolyte EC : DEC : PC	Mass fraction of pyrocarbon/%	Discharge capacity/ mA h g^{-1}	Charge capacity/ mA h g^{-1}	First coulombic efficiency/%
1:1:0 (no PC)	0 (pristine)	165	142	86
1:1:0 (no PC)	2.5	175	161	92
1:1:0 (no PC)	13.1	165	151	91
1:1:2	0 (pristine)	244	121	49
1:1:2	1.7	216	154	72
1:1:2	8.7	217	158	73

第 5 章　CVD コーティングによる炭素表面での反応制御

表 7 電流密度 60 mA g^{-1} におけるコーティング前後での天然黒鉛 NG の初期容量と初期クーロン効率

Electrolyte EC : DEC : PC	Mass fraction of pyrocarbon/%	Discharge capacity/ mA h g^{-1}	Charge capacity/ mA h g^{-1}	First coulombic efficiency/%
1 : 1 : 0 (no PC)	0 (pristine)	426	355	83
1 : 1 : 0 (no PC)	3.2	392	360	92
1 : 1 : 1	0 (pristine)	551	353	64
1 : 1 : 1	3.7	396	358	90
1 : 1 : 2	0 (pristine)	901	335	37
1 : 1 : 2	3.1	424	363	86

表 8 電流密度 600 mA g^{-1} におけるコーティング前後での天然黒鉛 NG の初期容量と初期クーロン効率

Electrolyte EC : DEC : PC	Mass fraction of pyrocarbon/%	Discharge capacity/ mA h g^{-1}	Charge capacity/ mA h g^{-1}	First coulombic efficiency/%
1 : 1 : 0 (no PC)	0 (pristine)	268	207	77
1 : 1 : 0 (no PC)	3.5	319	297	93
1 : 1 : 1	0 (pristine)	432	218	51
1 : 1 : 1	3.5	295	260	88
1 : 1 : 2	0 (pristine)	1538	169	11
1 : 1 : 2	2.4	284	232	82

鉛材料では，PC は連続的に分解され，また黒鉛自体も層間剥離などの構造破壊を起こすが，結晶性の低い炭素の場合は，PC の連続した分解は起きないことが知られている。表 4 で述べたとおり，低結晶性の熱分解炭素のコーティングにより，黒鉛のエッジ面が被覆され，PC 分解の活性サイトが減少することにより，結果として PC の分解反応に代表される初期不可逆反応が抑制され，初期クーロン効率が向上したと推察している。

また，表 7 および 8 に，それぞれ，電流密度 60，600 mA g^{-1} の場合の，パルス CVI 処理前後での NG の容量と初期クーロン効率を示す。PC を含む電解液溶媒において，熱分解炭素のコーティングによって初期クーロン効率が向上する効果が MCMB の場合と同様に，NG においても明らかに発現していることがわかる。

4. 3　コーティングによるレート特性の向上

表 7 と 8 において，容量の電流密度依存性を見てみると，低電流密度（60 mA g^{-1}）下では，コーティング前後で容量（Li$^+$ 脱離）に大きな差は見られないが，高電流密度 600 mA g^{-1} においては，3 mass% 前後のコーティングを行った試料の方が大きな容量が得られている。この結果は，充放電レートを高くすることによる容量低下が，コーティングにより小さく抑えられることを表している。図 9 に，コーティング前後の天然黒鉛について 60 mA g^{-1} での容量を 100 としたときの容量維持率を電流密度に対してプロットした結果を示す。例えば，PC を含まない電

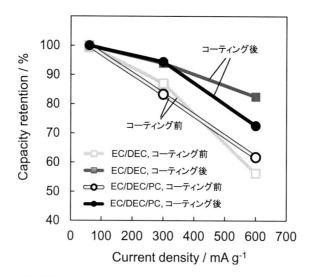

図9　各電解液中でのコーティング処理前後の天然黒鉛 NG の容量維持率
カーボンコーティング量：3 mass%

解液溶媒を用いた場合で，60 mA g^{-1} での容量を 100 としたときの 600 mA g^{-1} での容量を比較すると，コーティング前では 58% まで低下するのに対し，コーティング後の試料では 83% の容量を維持している。PC を含んだ電解液溶媒（PC/EC/DEC = 1 : 1 : 1 vol.%）を用いた場合でも，コーティング前では 62% まで低下するのに対し，コーティング後の試料では 73% の容量を維持している。これらの結果より，熱分解炭素のコーティングはレート特性の向上に効果が高いことがわかる。PC 系では PC 分解生成物の抑制，黒鉛表面部分の構造劣化が抑えられ，リチウムイオンの挿入・脱離速度が増加したためと考えられるが，PC を含有していない系でもレート特性の向上が認められる。一般に結晶性の高い黒鉛の結晶子のサイズは 100 nm 以上といわれているが，熱分解炭素の結晶子の大きさは黒鉛よりかなり小さく，数 nm 程度とされている。リチウムイオンの挿入脱離は，結晶子と結晶子の間の境界にあるエッジ面を介して起きる。結晶子サイズが小さいほど，単位表面あたりのエッジの割合が多くなり，リチウムイオンの出入り口が増えることになる。これらより，結晶性が低く結晶子サイズが小さい熱分解炭素をコーティングした試料では，リチウムイオンの挿入・脱離速度が増加したものと推定している。

謝辞

本章で紹介した研究の一部は，愛知工業大学「新エネルギー技術開発拠点」（グリーンエネルギーのための複合電力技術開拓），および JSPS 科研費 17K06022 の支援を受けて行われたものである。

第 5 章　CVD コーティングによる炭素表面での反応制御

文　　献

1) 芳尾真幸，小沢昭弥，「リチウムイオン二次電池」，p.232, 日刊工業新聞社 (2000)
2) 小久見善八，「最新二次電池材料の技術」，p.54, シーエムシー出版 (1999)
3) 田村英雄，「電子とイオンの機能化学シリーズ 3，次世代型リチウム二次電池」，p.25, エヌ・ティー・エス (2003)
4) Y. Ohzawa & T. Nakajima, *TANSO*, **2007** (230), 140 (2007) [in Japanese]
5) L. J. Fu et al., *Solid State Sci.*, **8**, 113 (2006)
6) M. Mohri et al., *J. Power Sources*, **26**, 545 (1989)
7) T. Fukutsuka et al., *J. Electrochem. Soc.*, **148**, A1260 (2001)
8) Y. S. Han et al., *J. Electrochem. Soc.*, **146**, 3999 (1999)
9) Y. Ohzawa et al., *TANSO*, **2007** (230), 299 (2007) [in Japanese]
10) S. Komiyama et al., *TANSO*, **2005** (216), 25 (2005) [in Japanese]
11) M. Kawaguchi, *TANSO*, **2007** (227), 107 (2007) [in Japanese]
12) 大澤善美，糸井弘行，「次世代電池用電極材料の高エネルギー密度，高出力化」，p.313, 技術情報協会 (2017)
13) A. M. Wilson & J. R. Dahn, *J. Electrochem. Soc.*, **142**, 326 (1995)
14) H. Wang et al., *J. Electrochem. Soc.*, **149**, A499 (2002)
15) C. Ntarajan et al., *Carbon*, **39**, 1409 (2001)
16) Y. S. Han & J. Y. Lee, *Electrochim. Acta*, **48**, 1073 (2003)
17) M. Yoshio et al., *J. Electrochem. Soc.*, **147**, 1245 (2000)
18) H. L. Zhang et al., *Carbon*, **44**, 2212 (2006)
19) T. Hashimoto et al., *Electrochem. Soc. Proc.*, **99-24**, 315 (2000)
20) Y. Ohzawa et al., *TANSO*, **2007** (230), 140 (2007) [in Japanese]
21) Y. Ohzawa et al., *J. Power Sources*, **146**, 125 (2005)
22) M. Yoshio et al., *J. Electrochem. Soc.*, **149**, A1598 (2002)
23) W. R. Liu et al., *J. Electrochem. Soc.*, **152**, A1719 (2005)
24) L. Cheng et al., *J. Electrochem. Soc.*, **154**, A692 (2007)
25) I. Belharouak et al., *Electrochem. Commun.*, **7**, 983 (2005)
26) J. Li et al., *Mater. Sci. Eng. B*, **142**, 86 (2007)
27) W. A. Bryant, *J. Cryst. Growth*, **35**, 525 (1976)
28) I. Golecki, *Mater. Sci. Eng. R*, **20**, 37 (1997)
29) Y. Ohzawa, *TANSO*, **2006** (222), 130 (2006) [in Japanese]
30) K. Sugiyama & T. Nakamura, *J. Mater. Sci. Lett.*, **6**, 331 (1987)
31) Y. Ohzawa et al., *Mater. Sci. Eng. B*, **45**, 114 (1997)
32) K. Sugiyama & Y. Ohzawa, *J. Mater. Sci.*, **25**, 4511 (1990)
33) Y. Ohzawa et al., *J. Power Sources*, **122**, 153 (2003)
34) Y. Ohzawa et al., *Mater. Sci. Eng. B*, **113**, 91 (2004)
35) Y. Ohzawa et al., *TANSO*, **2010** (245), 192 (2010) [in Japanese]
36) Y. Ohzawa et al., 愛知工業大学研究報告，**54**, 84 (2019) [in Japanese]

第6章　グラフェン系炭素表面での反応特性

稲本純一[*1]，松尾吉晃[*2]

1　緒言

　グラフェンの両面に黒鉛の層間と同様の配置でリチウムを貯蔵できるとすると，飽和組成はLiC_3に達するため，これをリチウムイオン電池負極として用いた場合，黒鉛の2倍である744 mA h/gの容量が期待できる。しかしながら，グラフェンの表面はすべて電解液に対して露出することになるため，安定に充放電を進行させるのに必要な不働態膜であるSEI形成に要する溶媒の還元反応による容量が非常に大きくなり，充放電効率が低くなってしまうことが懸念される。実際，これまでに報告されているグラフェン系炭素材料の容量は非常に大きく1000 mA h/gを超えるものも多数報告されているが，不可逆容量も非常に大きく初期効率は非常に低かった[1〜5]。SEIの形成は電極表面で起こり活物質の表面積に依存することから，不可逆容量を低減するための方策のひとつとして，黒鉛のように積層しており低比表面積でありながら，グラフェンのような反応性を示す材料の適用が考えられる。我々は以前から，酸化黒鉛を真空下300℃で熱処理すると層間距離が0.4 nmを超える低表面積の炭素材料を得ることができ，これをリチウムイオン電池負極として用いると高容量が得られることを見出していた[6,7]。さらに，熱処理温度を800℃程度まで上げると層間距離が黒鉛のものとほとんど同じになり表面積も比較的小さいが，充放電カーブはグラフェン系炭素材料のものと比較的類似していたことから[8]，この材料をグラフェンライクグラファイト（以降GLGと略）と名付けて改めて検討することとした。その結果，熱処理温度が高く，層間距離が黒鉛にかなり近い場合でも多量のリチウムイオンが吸蔵され，期待通りグラフェン系炭素材料よりも高い初期クーロン効率を示すことが明らかとなった[9]。これまでに種々の分光測定や顕微鏡観察からこのGLGの炭素面内には酸素が主としてC-O-Cの形で導入されているとともに，ラクトンなどで終端された1〜5 nm程度のナノ孔が存在していることがわかっており，第一原理計算結果をもとに図1のような構造モデルを提案している[9]。また，GLGの容量は酸素量の増加に伴って増加し，最大で673 mA h/gに達することも明らかになっている[10]。

　本稿では，このGLGのリチウム吸蔵の初期過程を調べた結果をもとに，GLG表面での反応特性について考察するとともに，その知見をもとにしたプレドープ法による高効率化について述べる。

[*1]　Junichi Inamoto　兵庫県立大学　大学院工学研究科　助教
[*2]　Yoshiaki Matsuo　兵庫県立大学　大学院工学研究科　教授

第6章　グラフェン系炭素表面での反応特性

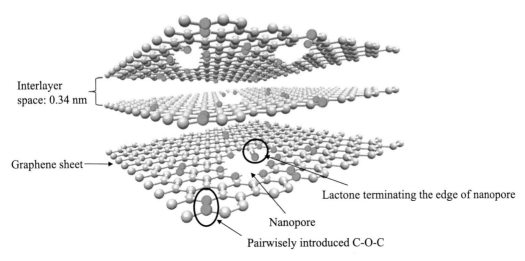

図1　GLGの構造モデル[9]

2　GLGのリチウムイオン挿入の初期過程[9, 10]

図2に800℃で5時間熱処理したあとに，15 kPaの空気を導入して降温することで，酸素含有量を5.9 at％にまで増加させたGLGの充放電カーブを示す。充電時には1 V付近から電圧が緩やかに低下して1033 mA h/g程度の容量を示す。一方，放電時には電圧は直線上に上昇して，容量は608 mA h/gであった。上限電圧が2 Vであるが，初期効率は56％に達しており，これまでに報告されているグラフェン系炭素材料のものよりも非常に高いことがわかる。このGLGを種々のセル電圧まで充電したあと，電極を取り出して不活性雰囲気下で測定して得られたX線回折図を図3に示す。GLGの回折ピークは $2\theta = 26.2°$ 付近に見られるが，0.9 Vまで電圧が下がると $2\theta = 25.7°$ 付近に新たなピークが見られるようになった。さらに電圧が下がると，GLGのピークが消失するとともに，新たなピークは低角度側にシフトしていった。

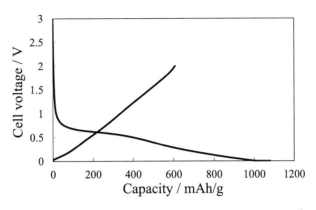

図2　空気処理したGLG800の1サイクル目の充放電カーブ[9]

このときの面間隔の値を電圧に対してプロットしたのが図4である。面間隔は連続的に増加しているのではなくて，階段状に増加していることがわかった。また，図中の点線はGLGの面間隔とリチウム–黒鉛層間化合物で報告されている挿入種のサイズ 0.036 nm（d_i）を元にステージ構造を仮定して，以下の式(1)をもとに計算した面間隔 d_{calc} を示している。

$$d_{calc} \times n = 0.341 \times n + d_i \tag{1}$$

n：ステージ数

一部異なる部分はあるものの，d_{calc} は実測の面間隔とほぼ一致しており，充電の初期段階ではGLGへのリチウムイオンの挿入がステージ構造をとりながら進行していることが明らかとなっ

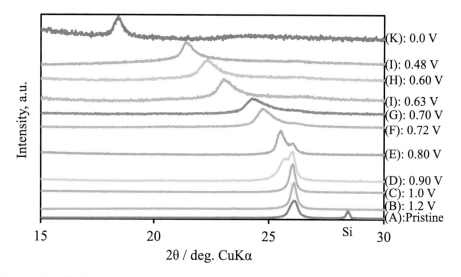

図3　空気処理したGLG800の1サイクル目の充電前および，充電時の種々の電圧でのX線回折[10]

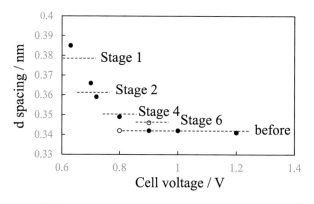

図4　空気処理したGLG800の面関係の充電電圧による変化[10]
白抜き記号はマイナー相の面間隔を示す。

第6章 グラフェン系炭素表面での反応特性

た。なお,その後はさらに面間隔の増加が起こり,充電末の0Vでは層間距離は0.48 nmにも達する。第一原理計算によると,この段階ではグラフェン面内にC-O-Cの形で導入された酸素は多数のリチウムイオンと相互作用しており,その結果2本のC-O結合のうち1本が切断され,酸素は層間方向に移動してくることが明らかとなった。これにより黒鉛で見られるよりも非常に大きな層間距離変化が起こったものと考えられる。図5に初回充電時の種々の電圧に達するまで定電流充電した後に測定した開回路電圧の時間変化を示す。充電初期には,電圧が時間とともに徐々に上昇し続けるのに対して,0.7 V以下では,電圧は速やかに上昇するとともに上昇幅も小さいことがわかる。これは,充電の初期段階において,リチウムイオンはGLG中の酸素と相互作用するため層間を移動しにくいのに対して,GLGへの充電が進み,リチウムイオンと相互作用できる酸素がなくなると,リチウムイオンの移動が容易になることを示すのではないかと考えている。

一方,充放電後のGLGをセルから取り出してXPS測定を行って見積もられたSEIの厚みは数十nmとそれほど厚くないことから,不可逆容量はGLG中にとどまって取り出すことのできないリチウムがある,もしくは,SEI形成に関与しない電解液の還元物の生成に起因するものと考えられた。ここで,真空下で熱処理することによって得た種々のGLGの酸素含有量と不可逆容量の関係を図6に示す。初期効率は酸素含有量にかかわらずほぼ50%を少し超える程度で,GLG中でリチウムイオンが酸素と相互作用することによって残存しているとは考えにくい結果であった[11]。リチウムイオンの挿入時に層間距離が増加すると,一旦生成したSEIにき裂が生じるなどして,GLG表面が完全には保護できなくなると考えられ,新たにSEIを修復するための容量が必要となると思われる。GLGの場合には,上記の通り層間距離は徐々に変化するため,SEIの破壊と修復が連続的に起こることになる。このため,SEIがそれほど厚くなく,また酸素含有量にかかわらず不可逆容量が比較的大きかったものと考えている。

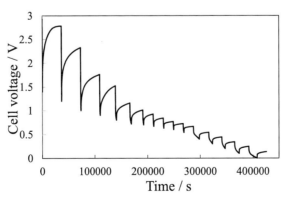

図5 空気処理したGLG800を種々の電圧まで充電したあとの開回路電圧の緩和挙動[10]

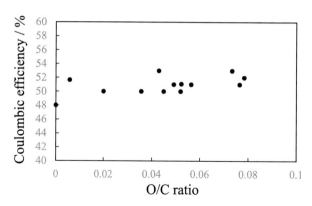

図6 種々のGLGの初期効率と酸素含有量の関係[11]
（Elsevier社より許可を得て転載）

3 GLGへのリチウムのプレドープと充放電[12]

負極における不可逆容量を減少させるための方法として，充放電前に負極を金属Liやリチウム錯体によって処理するプレドープ法が有効であることが報告されている[13〜19]。ここではGLGに対して金属Liによるプレドープ法を適用した。図7に金属LiをGLG電極に貼り付けたあと電気化学セルにセットし，電解液を注入して1日放置することでプレドープを行ったGLGの充放電カーブを，プレドープ処理をしていないGLGのものとともに示す。充電容量はLi添加量とともに減少したが，放電カーブは未処理のGLGとほぼ重なっており，還元処理がリチウムの脱離挙動には影響を与えないことがわかった。また，金属Liとの反応によってGLGは還元されるため，充電容量は貼り付けたLiの容量分減少することが期待されるが，充電容量の減少は

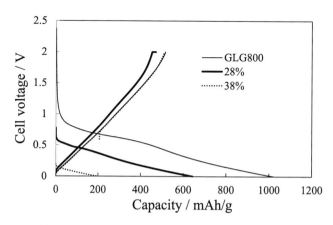

図7 GLG800および充電容量の28および38%に相当する量のLiをプレドープしたGLG800の1サイクル目の充放電カーブ[12]
（電気化学会より許可を得て転載）

第6章　グラフェン系炭素表面での反応特性

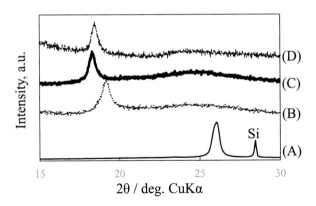

図8　(A) GLG800 および充電容量の (B) 15 および (C) 20%に相当する量の Li をプレドープした GLG800 および (D) 0 V まで電気化学的に充電した GLG800 の X 線回折図[12]
（電気化学会より許可を得て転載）

それよりもかなり大きくなった。この要因を調べるために，Li との反応後の GLG の X 線回折測定を行った。得られた結果を，充放電前の GLG および 0 V までフルに充電した GLG のものとともに図8に示す。Li 金属の添加量が充電容量の 15%の場合，回折ピークは 19.27°までシフトし，さらに 20%の添加ではフルに充電した GLG の 18.45°とほぼ同じ 18.30°に達していることがわかる。このことは，Li の挿入量が少ないにもかかわらず，GLG の層間距離がフル充電のものと同等にまで大きく増加していることを示している。このような現象が見られたのは，還元力の高い Li 金属と直接反応させることでリチウムイオンの挿入が急速に行われたためであると考えている。また，前節に示したとおり，定電流充電の際には GLG の層間距離が徐々に増加し SEI の修復のための容量が必要となるが，プレドープを行った場合には層間距離が一気に増加するため，その後のリチウムの挿入反応時の構造変化がなくなり SEI の修復に使われる容量も不要となる。このため，添加した Li の量から予想される以上に充電容量が減少したものと考えられる。また，この結果は，リチウムのプレドープ量を調節すれば放電容量を変化させることなく初期効率を 100%近くにまで向上させることができることを示している。

4　まとめ

GLG の充電の初期においては，リチウム挿入はステージ構造をとりながら進むことが明らかとなった。この際，GLG の層間距離は徐々に増加するため，SEI の破壊と再生が継続的に進行すると考えられ，これが GLG の初期効率が黒鉛ほど高くならない理由であると推定された。しかしながら，GLG を Li 金属との反応によって急速に還元すると層間距離を一気に増加させることができ，このためその後は SEI の破壊が起こりにくくなるため，不可逆容量を低減できることが明らかとなった。GLG は高容量を示すとともに高入出力性も備えており，サイクル特性の

改善や大量合成法の確立などに課題はあるものの，さらに検討を進めリチウムイオン電池負極材料として実用化を目指したい。

謝辞

本研究は，JST 先端的低炭素化技術開発（ALCA；JPMJAL1406）の支援を受けて行われた。関係各位に深く感謝いたします。また，本研究は，兵庫県立大学の学生，研究員諸氏，日本電気㈱の前田勝美博士，関西大学の石川正司教授，産業技術総合研究所の内田悟史博士および佐藤雄太博士，日本黒鉛工業㈱の塚本薫氏および増山卓哉氏との共同研究の成果であり，深く感謝いたします。

文　　献

1) E. J. Yoo et al., *Nano Lett.*, **8**, 2277 (2008)
2) Z. Yang et al., *Chem. Rev.*, **115**, 5159 (2015)
3) R. Raccichini et al., *Nat. Mater.*, **14**, 271 (2015)
4) K. Chen et al., *Chem. Soc. Rev.*, **44**, 6230 (2015)
5) C. De las Casas and W.-Z. Li, *J. Power Sources*, **208**, 74 (2012)
6) Y. Matsuo and Y. Sugie, *Carbon*, **36**, 301 (1998)
7) Y. Matsuo and Y. Sugie, *Denki Kagaku*, **66**, 1288 (1998)
8) Y. Matsuo and Y. Sugie, *J. Electrochem. Soc.*, **146**, 2011 (1999)
9) Q. Cheng et al., *Sci. Rep.*, **7**, 14782 (2017)
10) Y. Matsuo et al., *J. Electrochem. Soc.*, **165**, A2409 (2018)
11) Y. Matsuo et al., *J. Power Sources*, **396**, 134 (2018)
12) J. Inamoto et al., *Electrochemistry*, in press
13) F. Holtstiege et al., *Batteries*, **4**, 4 (2018)
14) 矢田静邦，工業材料，**40**, 32 (1992)
15) 矢田静邦，電気化学および工業物理化学，**65**, 706 (1997)
16) Z. Wang et al., *J. Power Sources*, **260**, 57 (2014)
17) T. Abe et al., *J. Power Sources*, **68**, 216 (1997)
18) T. Tabuchi et al., *J. Power Sources*, **146**, 507 (2005)
19) S. Yoshida et al., *Electrochemistry*, **83**, 843 (2015)

第7章　単層カーボンナノチューブ電極表面の反応特性

川崎晋司[*1], 石井陽祐[*2]

1　はじめに

長方形に切り出したグラフェンシートを筒状に丸めるとカーボンナノチューブができる[1~3]。どのくらいの大きさの長方形を切り出すかでチューブの直径と長さは変わってくる。また，炭素の六員環の向きに対してどのような方向で長方形を切り出すかで，チューブ軸に対する六員環の並ぶ方向はさまざまに変わる（図1）。また，1つの筒から構成されるカーボンナノチューブもあれば複数の筒から構成されるものもある。つまり，一口にカーボンナノチューブと言っても実はさまざまな種類のものが存在するということである。

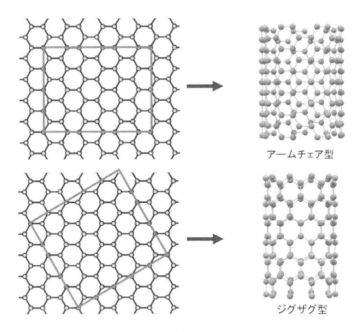

図1　グラフェンシートを長方形に切り取り丸めるとSWCNTができる。長方形の切り出し方でチューブ端の構造が変化する。

---

*1　Shinji Kawasaki　名古屋工業大学　大学院工学研究科　生命・応用化学専攻　教授
*2　Yosuke Ishii　名古屋工業大学　大学院工学研究科　生命・応用化学専攻　助教

さまざまなカーボンナノチューブが存在するが，いずれも基本的にはsp^2炭素のネットワークで構築されており，電気伝導性がよく化学的安定性も優れている。また，他の材料にみられないチューブ中空という均一で広大な細孔構造を有している。こうした特性はカーボンナノチューブが新しい電池電極材料として機能することを予感させ，実際に多くの実験が行われた[4〜7]。しかし，最も期待されたリチウムイオン電池の黒鉛負極代替材料としてはカーボンナノチューブには重大な欠陥があることが判明する。カーボンナノチューブのリチウムイオン電池（LIB）負極特性を評価すると可逆容量をはるかに上回る不可逆容量が観測されるのである[8〜10]。本稿ではこのカーボンナノチューブ負極の不可逆容量に焦点をあてて議論したい。なお，議論が散漫にならないように本稿では単層のカーボンナノチューブ（SWCNT）のみについて議論する。

2　SWCNT集合体の構造的特徴とイオン吸着サイト

SWCNTはグラフェンシート1層を丸めた構造と書き表せるが，孤立したチューブのかたちで存在することはまれであり，ファンデルワールス力で凝集した集合体を形成していることが多い。SWCNTの直径がある程度均一で，欠陥が少ない構造の場合には図2(A)に示すような規則正しい2次元結晶のような集合体（バンドルと呼ばれる）を形成する。バンドルが発達してバンドルを構成するSWCNTが数十本から数百本になると擬2次元結晶からのX線回折線が観測可能となる。これは擬2次元結晶の単位格子の繰り返し数が大きくなり，回折位置付近のラウエ関数が回折線を観測できるほどにシャープになるためである。逆に回折線の線幅からバンドルの発達状態などの情報を得ることができる。

このバンドルにはチューブ中空に加えて，3本のSWCNTに囲まれた三角格子の隙間という2

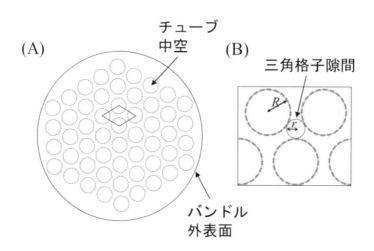

図2　(A) SWCNTバンドルの模式図。図中の菱形は単位格子の例。(B) バンドルの一部を拡大した図でSWCNT3本に囲まれた三角格子隙間を点線の円で描いたもの。

第7章 単層カーボンナノチューブ電極表面の反応特性

つの大きなスペースがあり,イオン吸着サイトとして有力な候補となる(図2(B))。もちろん,バンドルの外表面(いちばん外側のSWCNTの外表面)にもイオンは吸着可能である。まとめると,チューブ中空(SWCNT内表面),三角格子の隙間とバンドル表面(いずれもSWCNT外表面)の3か所をイオン吸着サイトとして検討すべきということになる。さきに述べたように結晶性の高いバンドルからは2次元の周期性に対応したX線回折線を観測することができ,回折図形を解析することでチューブ径やチューブ間隔に関わる情報を得ることができる。これまでに行われたいくつかの解析例をみると,チューブ間の間隔(最も近い距離)は黒鉛の層間距離よりわずかに短い程度であることがわかっている。このチューブ間隔とチューブ径を与えると,三角格子の隙間の大きさを計算できる。チューブ間隔を 0.3 nm とするとチューブ直径(図2のRの2倍)1, 2, 3 nm で三角格子隙間直径(図2のrの2倍)はそれぞれ約 0.50, 0.66, 0.81 nm となる。

次に,SWCNTバンドルをリチウムイオン電池負極として使用した場合,さきに述べたイオン吸着サイトに電解液中のリチウムイオンがどのようにアプローチするかを考える。電解液をエチレンカーボネート(EC)とジメチルカーボネート(DMC)やジエチルカーボネート(DEC)の混合液とするとリチウムイオンから溶媒分子のカルボニル基の酸素原子までの距離は約 0.2 nm,溶媒和している分子の数は4程度と多くの研究結果は示している。溶媒和している分子の配置や向きには自由度が大きく厳密なリチウムイオンの溶媒和の構造を議論することは不可能であるが,リチウムイオンに対してカルボニル基の酸素原子を図3(A)のように向けた分子を想定しこれが均等に分布していると考えると直径は小さく見積もっても1 nm 程度の大きな球になる(図3)。したがって,上で想定したSWCNTバンドルの3つのイオン吸着サイトのうち三角格子の隙間には溶媒和の状態を相当ゆがませるか脱溶媒和しない限りイオンがアクセスするの

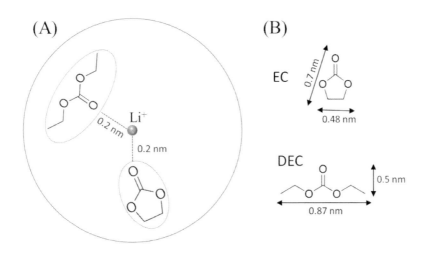

図3 (A) Li$^+$イオンに EC, DEC が溶媒和している様子の模式図。(B) EC, DEC 分子の構造図とおよその大きさ[11]。

は容易ではないことがわかる。また，直径の小さいSWCNTの場合には中空部分も溶媒和したリチウムイオンがすんなり入るのは困難だろうと思われる。

3 SWCNTのリチウムイオン電池電極としての性能

今回使用したSWCNT試料はレーザー蒸発法によって合成されたものであり，酸化処理によるアモルファスカーボンの除去，酸処理による触媒金属の除去を行ったのち真空下で高温処理（アニーリング）したものである。アニーリング処理を行うとチューブボディの欠陥の修復が行われるだけでなく，チューブ端が閉じ閉口SWCNTとなる。この閉口SWCNTをおだやかな酸化条件で短時間処理すると，チューブ端部に存在する5員環部分がより酸化されやすいため，おもにチューブ端部のみを酸化することになる。つまり，このような酸化処理によりチューブ端の開口を行うことができ開口SWCNTを得ることができる。今回調製した開口および閉口SWCNTは窒素ガスの吸着量を測定すると開口試料の方が閉口試料のおよそ倍となることが確認できる。しかし，2つのSWCNT試料のラマンスペクトル，XRD回折図形にはほとんど差がみられない。したがって，チューブ端の構造だけが異なっておりSWCNT側面の結晶性などは両者でおおよそ同じであると考えられる。測定されたXRD回折図形，ラマンスペクトルをそれぞれ図4, 5に示す。ラマンスペクトルには明瞭なGバンドが観察される一方でDバンドの強度は小さく，使用したSWCNTは欠陥が少ない良質なものであることがわかる。低波数領域にはradial breathing mode（RBM）と呼ばれるチューブ軸に垂直方向に全対称的に伸縮するSWCNT独特のラマンバンドが観測されている。直径分布の大きな試料ではRBMピークが広範囲にわたって複数本観測されるが，この試料ではそうしたことがなく直径の分布は小さいと考え

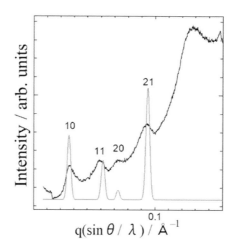

図4 SWCNT試料のXRDの測定結果（上）とシミュレーション結果（下）。

第 7 章　単層カーボンナノチューブ電極表面の反応特性

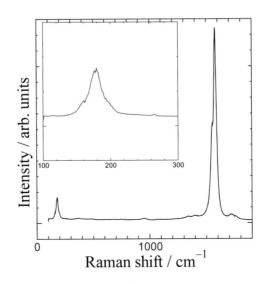

図 5　SWCNT 試料のラマンスペクトル。

られる。この RBM ピークの位置は SWCNT 直径の逆数に比例することが知られている。ピーク位置（ω cm^{-1}）と直径（d nm）を結び付ける関係式はいくつか提案されているが，$d = \dfrac{248}{\omega}$ という関係式を使うと直径は約 1.3 nm と見積もられる[12]。求められた値は図 4 の XRD のシミュレーションとも調和的であった。

　SWCNT 試料を適当な溶媒中で超音波処理などにより分散させたのちにろ取すると，ちょうど紙漉きを行ったようなかたちとなりペーパー状の試料を得ることができる。このペーパー状の SWCNT 試料のことをバッキーペーパーという。バッキーペーパーを Ni メッシュ（60 mesh）で覆って作用極とした。SWCNT 試料の吸着水を取り除くため 150℃ で 2 時間真空乾燥を行ったのちアルゴン雰囲気のドライボックス内でテストセルを構築した。対極および参照極にはリチウム金属を用いた。電解液には 1 M LiClO$_4$/EC + DEC（体積比 1 : 1）（キシダ化学社製）を用いた。

　図 6 は開口，閉口 SWCNT 試料について測定された第一サイクルの充放電曲線である。金属リチウムを対極としているのでここではリチウムイオンが挿入されていく曲線（電位が下がっていく曲線）を放電曲線と呼ぶ。図 6 に示すように放電容量と充電容量は開口，閉口 SWCNT 試料どちらについてもほぼ同じであり，放電容量が約 1300 mA h/g，充電容量は 300 mA h/g 程度である。放電容量と充電容量の差すなわち不可逆容量が 1000 mA h/g もあること，開口・閉口 SWCNT 試料でほとんどこの値に違いがないということの 2 点が重要な観測結果である。

　まず，開口・閉口 SWCNT 試料で可逆容量，不可逆容量に大きな差がないことに注目しよう。当然のことであるが，可逆容量はリチウムイオンの吸蔵サイトがどこかということと関係する。一方の不可逆容量については吸蔵イオンの死蔵や副反応などさまざまなことが要因として考えられる。図 6 の放電曲線には約 1 V のところにプラトーが観測されている。この電位は黒鉛負極

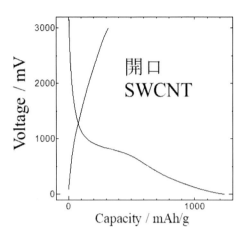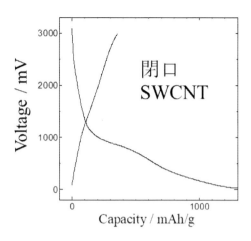

図6 開口（左），閉口（右）SWCNT試料のLiイオン充放電曲線。

がSEI（solid electrolyte interphase）を形成する電位に近く，電解液の分解反応によるプラトーと考えられる。黒鉛負極と同様にSWCNT試料の場合も大きな不可逆容量が観測されるのは第一サイクルのみである。このことも図6のプラトーがSEI形成であることを示唆している。黒鉛ではこのSEI形成に要する電気量すなわち不可逆容量は可逆容量の10%以下程度であるからSWCNT試料の不可逆容量はざっと30倍以上大きいということになる。

なぜSWCNT試料ではこのように大きな不可逆容量が観測されるのかについて考えていきたい。SWCNTバンドル試料にはチューブ中空（SWCNT内表面），三角格子の隙間とバンドル表面（SWCNT外表面）の3か所がイオン吸着サイトとして機能する可能性があることを2節で指摘した。しかし，開口処理によりチューブ中空へのイオンのアクセスを可能にしても可逆容量の増加は認められていない。すなわち，チューブ中空はイオン貯蔵サイトとして機能していないことが明らかになった。また，開口試料と閉口試料で不可逆容量にも差が認められないことから電解液の分解反応についてもチューブ中空部分は大きな役割を担っていないと判断できる。

黒鉛負極の場合にはベーサル面，エッジ面での電解液の分解反応がよく議論される。イオンの挿入ルートとしてはエッジ面を通って黒鉛層間に挿入されるのでエッジ面でのSEI形成が重要となる。多くの論文で指摘されているように溶媒和したリチウムイオンがベーサル面よりエッジ面へ吸着されやすいことから溶媒分子の分解反応もエッジ面で議論されることが多い。ところがSWCNT試料はこの点で黒鉛負極とは大きく異なっていると考えられる。まず，閉口試料にはエッジ面がないということに注意したい。チューブ端がフラーレンキャップで閉じられているためあらわなエッジが存在しないのである。それにもかかわらず閉口試料と開口試料とで不可逆容量に大きな差がないということは少なくともエッジ面が電解液の分解反応の支配的な場ではないということである。ここまでの議論で開口SWCNTと閉口SWCNT試料で構造やイオンのアクセスが異なる部位，すなわちチューブ中空やエッジは大きな不可逆容量とは関係しないと考えら

第 7 章　単層カーボンナノチューブ電極表面の反応特性

れる。そうすると，両者に共通する場所で電解液の分解反応が黒鉛よりも活発に起こっていることになる。具体的には三角格子の隙間とバンドル表面での分解反応が強く疑われる。しかし，2節ですでに議論したように三角格子の隙間の大きさは溶媒和したリチウムイオンがアクセスするには小さすぎる。したがって，SWCNT バンドル試料においては電解液の分解反応はバンドル外表面，すなわち SWCNT 外表面で主に起こっているのではないかということが結論として得られる。黒鉛負極に比べてざっと 30 倍もの大きな不可逆容量も，分解反応が起こる SWCNT 外表面の面積が圧倒的に大きいからだと説明できる。

上記の結論は意外だと感じる方が多いかもしれない。SWCNT 外表面は黒鉛のベーサル面と同じで化学的に安定で不活性ではないのかと考えるのも自然だからである。しかし，SWCNT 外表面は曲率を有しており理想的な sp^2 炭素のネットワークであるグラフェン面とは化学的な反応特性が異なるということも考えられる。次節ではこの SWCNT 外表面での化学反応特性についてみていこう。

4　SWCNT 表面での反応特性

フラーレン C_{60} は有機溶媒に可溶であるのでさまざまな有機化学反応について実験が行われ，多くの誘導体が合成されている。これらの誘導体のいくつかは有機薄膜太陽電池の重要な部材となるなど工業的にも重要な材料となっている。このフラーレンの化学で培ってきた技術の多くが SWCNT にも適用可能であることがわかっている。SWCNT に多種多様な官能基を付与することができるのである。つまり，SWCNT 外表面は意外にも化学的にそれほど不活性ではないということである。

次に，SWCNT のフレームワーク炭素への化学反応ではなく表面上での反応についてみていく。具体的には SWCNT 表面での酸素の還元反応（oxygen reduction reaction：ORR）である。炭素表面での ORR 反応は燃料電池や空気電池など応用面でも重要で活発に研究されている。SWCNT 表面での ORR 特性についても多くの研究結果が報告されている。注目すべき結果の一つは sp^2 炭素のネットワークへのヘテロ原子組み込みである。ヘテロ原子の中でもとりわけ窒素原子の組み込みが注目され多くの論文報告がある。窒素をドープした SWCNT は ORR 活性が格段に高くなるという実験結果が知られており，詳細なメカニズム解明や最適触媒の探索といった観点で実験・理論両面から研究が行われている[13, 14]。窒素原子の組み込みにより SWCNT の電子構造が摂動を受けることが ORR 活性を高めていると考えられている。しかし，窒素原子の組み込みは炭素のネットワーク構造を破壊する負の要素もある。そこで，私達はチューブ内部に SWCNT と電荷のやり取りを行う分子を内包し炭素のネットワーク構造を破壊することなく SWCNT の電子構造に摂動を与える試みを行った。図 7 はその一例であり，フラーレン C_{60} にフッ素を付与したフッ化フラーレン（$C_{60}F_x$ ($x > 40$)）を内包した試料について ORR 特性を評価し，中空の SWCNT と比較したものである。図 7 に示すように $C_{60}F_x$ を内包した SWCNT は

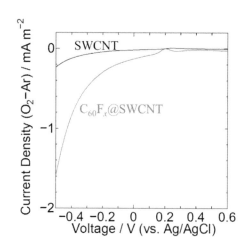

図7　中空および $C_{60}F_x$ 内包 SWCNT 試料の ORR 反応に対するリニアスイープボルタモグラム。

酸素過電圧が小さくなり中空の SWCNT より高い電位で反応電流が確認できる。また，反応電流量も $C_{60}F_x$@SWCNT のほうが圧倒的に大きい。このことは SWCNT 表面上での化学反応（電気化学反応）を内包分子により制御可能であることを示すものである。

上記したように内包分子により SWCNT の電子構造に摂動を与え，外表面上での化学反応特性を制御できることがわかった。このことを積極的に活用して SWCNT 電池電極の大きな問題である電解液の分解反応の抑制ができないものであろうか。このことに関して面白い実験例を紹介する。

SWCNT は大きな不可逆容量という致命的な欠点をもつため単体では LIB 電極活物質としては機能しない。しかし，優れた電気伝導性やチューブ中空という特異な構造は電極活物質保持材としてはとても魅力ある存在である。別の章で議論するように私たちはこの特性を活かしてさまざまな電極活物質分子を SWCNT 中空に内包させた試料について電池電極特性を評価している[16~27]。図8はそのような機能性分子内包 SWCNT 電極の一つでリンを内包した試料の充放電曲線である[19]。充放電のヒステリシスは大きいものの非常に大きな可逆容量が観測されている。SWCNT に内包されたリンが効率よく Li イオンを捕捉しているためであると考えられる。もう一つ注目すべきことは放電曲線である。図8は第一サイクルのデータであり，図6と比較してほしい。図8の放電曲線はリンが Li イオンを捕捉する約 0.5 V まですとんと落ち，この電位で保持されている。すなわち，中空 SWCNT のときに観測された約 1 V での電解液の分解反応が起こっていないのである。残念ながら詳細なメカニズムはいまだに不明であるが，SWCNT にリンを内包することで表面の化学反応特性が変化し電解液の分解反応を起こすことなく電池電極として機能している。

第7章 単層カーボンナノチューブ電極表面の反応特性

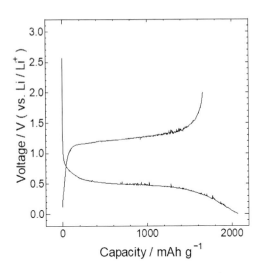

図8 リン内包 SWCNT 試料の Li イオン充放電曲線 (第一サイクル)。

5 おわりに

カーボンナノチューブやグラフェンは黒鉛負極より大きな可逆容量を示すことがあり新しい電極材料として期待を集めた時期があった。しかし,研究が進むにつれ大きな不可逆容量の問題が解決できずこれらのナノカーボン材料を単体として電極に応用可能と考える研究者は少なくなっていった。しかし,この不可逆容量の発現メカニズムが解明され不可逆反応を小さくできるようになれば,再び SWCNT を LIB 電極としてとらえなおす機会が巡ってくるかもしれない。

文　献

1) S. Iijima, *Nature*, **354**, 56 (1991)
2) S. Iijima, & T. Ichihashi, *Nature*, **363**, 603 (1993)
3) K. S. Novoselov & A. K. Geim, *Science*, **306**, 666 (2004)
4) G. Gao *et al.*, *Phys. Rev. Lett.*, **80**, 5556 (1998)
5) A. S. Claye *et al.*, *J. Electrochem. Soc.*, **147**, 2845 (2000)
6) S. Suzuki *et al.*, *Chem. Phys. Lett.*, **285**, 230 (1998)
7) A. S. Claye *et al.*, *Phys. Rev. B*, **62**, R4845 (2000)
8) 川崎晋司,東原秀和,カーボンナノチューブの合成・評価,実用化とナノ分散・配合制御技術,p.254,技術情報協会 (2003)
9) 小宮山慎悟ほか,炭素,**2005** (216), 25 (2005)

10) 川崎晋司, ディスプレイ, **19**（12）, 62（2013）
11) H. Steinruck *et al.*, *Energy Environ. Sci.*, **11**, 594（2018）
12) A. Jorio *et al.*, *Phys. Rev. Lett.*, **86**, 1118（2001）
13) K. Gong *et al.*, *Science*, **323**, 760（2009）
14) B. Shan & K. Cho, *Chem. Phys. Lett.*, **492**, 131（2010）
15) 川崎晋司, カーボンナノチューブ・グラフェンの応用研究最前線, エヌティーエス（2016）
16) S. Kawasaki *et al.*, *Mater. Res. Bull.*, **44**, 415（2009）
17) S. Kawasaki *et al.*, *Carbon*, **47**, 1081（2009）
18) H. Song *et al.*, *Phys. Chem. Chem. Phys.*, **15**, 5767（2013）
19) Y. Ishii *et al*, *AIP Adv.*, **6**, 035112（2016）
20) Y. Ishii *et al.*, *Phys. Chem. Chem. Phys.*, **18**, 10411（2016）
21) Y. Yoshida *et al.*, *J. Phys. Chem. C*, **120**, 20454（2016）
22) Y. Taniguchi *et al.*, *J. Nanosci. Nanotechnol.*, **17**, 1901（2017）
23) C. Li *et al.*, *Nanotechnology*, **28**, 355401（2017）
24) C. Li *et al.*, *Jpn. J. Appl. Phys.*, **58**, SAAE02（2019）
25) C. Li *et al.*, *Mater. Express*, **8**, 555（2018）
26) C. Li *et al.*, *ACS Omega*, **3**, 15598（2018）
27) N. Kato *et al.*, *ACS Omega*, **4**, 22547（2019）

リチウムイオン二次電池用炭素系負極材の開発動向

2019年9月30日　第1刷発行

監　　修	川崎晋司	(T1128)
発行者	辻　賢司	
発行所	株式会社シーエムシー出版	
	東京都千代田区神田錦町1-17-1	
	電話 03(3293)7066	
	大阪市中央区内平野町1-3-12	
	電話 06(4794)8234	
	https://www.cmcbooks.co.jp/	
編集担当	渡邊　翔／町田　博	

〔印刷　日本ハイコム株式会社〕　　　　　　　　© S. Kawasaki, 2019

本書は高額につき，買切商品です。返品はお断りいたします。
落丁・乱丁本はお取替えいたします。

本書の内容の一部あるいは全部を無断で複写(コピー)することは，
法律で認められた場合を除き，著作者および出版社の権利の侵害
になります。

ISBN978-4-7813-1435-8　C3054　¥63000E